消防工程

谢中朋　主编

宋晓燕　李隆庭　崔丽琴　副主编

化学工业出版社

·北京·

本书从国家规范要求以及现场使用的角度出发，系统地介绍了火灾基础知识、建筑材料与耐火等级、建筑防火、建筑灭火器的配置、建筑消火栓给水系统、自动喷水灭火系统、气体灭火系统、建筑防排烟设计、火灾自动报警系统以及性能化防火设计简介等内容。

本书可以作为高等院校消防工程、安全工程、建筑环境与设备工程、建筑技术、工程管理等专业的教材，也可供从事相关专业的科研人员、工程技术人员及管理人员参考。

图书在版编目（CIP）数据

消防工程/谢中朋主编．—北京：化学工业出版社，2010.9（2024.8重印）
ISBN 978-7-122-09222-9

Ⅰ．消…　Ⅱ．谢…　Ⅲ．消防　Ⅳ．TU998.1

中国版本图书馆 CIP 数据核字（2010）第 142530 号

责任编辑：高　震　周永红　杜进祥　　　装帧设计：关　飞
责任校对：边　涛

出版发行：化学工业出版社（北京市东城区青年湖南街 13 号　邮政编码 100011）
印　　装：北京科印技术咨询服务有限公司数码印刷分部
720mm×1000mm　1/16　印张 15¾　字数 363 千字　2024 年 8 月北京第 1 版第18次印刷

购书咨询：010-64518888　　售后服务：010-64518899
网　　址：http://www.cip.com.cn
凡购买本书，如有缺损质量问题，本社销售中心负责调换。

定　　价：40.00 元

前言

火灾是严重危害人类生命财产、直接影响社会发展和稳定的一种最常见的灾害。随着经济建设的快速发展，物质财富的急剧增多，人们的物质文化生活水平迅速提高。但是新能源、新材料、新设备的广泛开发利用，使得火灾发生的频率越来越高，造成的损失也越来越大。因此必须培养更多能够掌握火灾科学的基本理论，掌握各类民用和工业设施、设备的消防安全技术，掌握消防法规、防灭火工程技术、火灾调查和灭火救援等技术的人才。

根据我国消防科学的发展水平，为了既适应本科消防工程学科的教学需求，又能为提高我国消防技术水平作出一点努力，编者编写了这部《消防工程》。

本书从国家规范要求以及现场使用的角度出发，结合作者的实际经验，系统地介绍了火灾事故、建筑材料耐火性能与防火要求、建筑防排烟设计、火灾灭火报警系统等内容。

本书由谢中朋主编，宋晓燕、李隆庭、崔丽琴副主编，在本书的编写过程中得到了王恺、李传贵、郭永锋、周爱桃、康伯阳、李勇军、李杰、王轶波、张跃兵的大力帮助和指导，在此表示感谢。

随着科学水平的发展，我国消防工程理论与技术得到迅速发展，学者们发表了很多各具特色的与消防相关的文献和书籍。本次编写过程中也吸收了较多之前诸多教材的优点，且参阅了许多近年来发表的科技文献。为此特向文献作者表示感谢。

由于编者水平有限，加之时间紧迫，疏漏和不妥之处在所难免，恳请广大读者不吝指正。

编者

2010 年 7 月

目 录

第一章 火灾基础知识

第一节 火与人类文明

在人类文明发展史上，从来没有一项发明能像火影响那么大，从夸父追日到普罗米修斯偷火，从“长明灯”到“拜火教”，从钻木燧石到火柴的产生，在人类文明前进的每一步，火的作用和影响都不容忽视。火给人类带来了进步，人类之所以区别于其他动物的其中一个重要原因就在于人类会使用火，火的使用是人类走向文明的重要标志。恩格斯说：“只是人类学会了摩擦取火以后，人才第一次使无生命的自然力为自己服务。”

从原始人到现代人智慧产生的每一步都离不开火，可以说认识和掌握自然火是人类智慧启迪的第一步；而人类在火光中得到光明，在寒冷中取得温暖，利用火抵御野兽侵袭是火对人类智慧启迪的第二步；继而人类掌握了用火烧烤食物，摆脱了茹毛饮血的时代，使人类大脑在吃熟食过程中更加发达，人类从此揭开了认识自然改变自然的新篇章。由此可以说，是火将人类带进文明时代。

人类自学会使用火之后，生产能力不断提高，社会也随之进步与发展。由于人类对火的使用和掌握积累了大量的知识和经验，蒸汽机应运而生，从而推动了 18 世纪西方工业革命的形成。随着社会生产的发展，火的使用也越来越广泛，在冶金、能源、化工、交通运输、机械制造、纺织、造纸、食品国防等轻重工业以及人们的日常生活都和火有着密切的关系。甚至连航天事业的发展也和火的使用密不可分。

火促进了人类的进步，给人类带来了文明，但火若失去控制，也能给人类造成灾难。世界上每年发生各种火灾与爆炸（建筑火灾、森林火灾、工业性火灾与爆炸）不知要毁掉多少生命、财产与资源。为了预防与减少火灾造成的损失，提高火灾防治的科学性，在燃烧学、流体力学、测量和计算机的学科等基础上发展起一门新兴的交叉学科——火灾科学。

在《火灾统计管理规定》中，火灾的定义是：凡在时间或空间上失去控制所造成的灾害，都为火灾。俗话说：水火无情，火可以使人们辛勤劳动创造的财富，顷刻之间化为灰烬，倾家荡产；火也可以吞噬整座建筑，烧光精心备置的设备设施，从此失去经营的基础。火灾是威胁经济建设、改革开放、企业经营和人民安居乐业的大灾害，必须认真对待，严加防范。

第二节 火灾的性质

火灾是火失去控制而蔓延的一种灾害性燃烧现象。火灾发生的必要条件是可燃物、热源和氧化剂（多数情况为空气）。火灾是各种灾害中发生最频繁、且极具毁灭性的灾害之一，其直接损失约为地震的五倍，仅次于干旱和洪涝。

一、火灾的性质

1. 火灾的发生既有确定性又有随机性

火灾作为一种燃烧现象，其规律具有确定性，同时又具有随机性。可燃物着火引起火灾，必须具备一定的条件，遵循一定的规律。条件不具备，物质无论如何不会燃烧；条件具备时，火灾必然会发生。但在一个地区、一段时间内，什么单位、什么地方、什么时间发生火灾，往往是很难预测的，即对于一场具体的火灾来说，其发生又具有随机性。火灾的随机性由于火灾发生原因极其复杂所致。因此必须时时警惕火灾的发生。

2. 火灾的发生是自然因素和社会因素共同作用的结果

火灾的发生首先与建筑科技、消防设施、可燃物燃烧特性，以及火源、天气、风速、地形、地物等物理化学因素有关。但火灾的发生绝对不是纯粹的自然现象，还与人们的生活习惯、文化修养、操作技能、教育程度、法律知识，以及规章制度、文化经济等社会因素有关。因此，消防工作是一项复杂的、涉及各个方面的系统工程。

二、火灾事故的特点

1. 严重性

火灾易造成重大的伤亡事故和经济损失，使国家财产蒙受巨大损失，严重影响生产的顺利进行，甚至迫使工矿企业停产，通常需较长时间才能恢复，有时火灾与爆炸同时发生，损失更为惨重。

2. 复杂性

发生火灾的原因往往比较复杂，主要表现在着火源众多、可燃物广泛、灾后事故调查和鉴定环境破坏严重等。此外，由于建筑结构的复杂性和多种可燃物的混杂也给灭火和调查分析带来很多困难。

3. 突发性

火灾事故往往是在人们意想不到的时候突然发生，虽然存在有事故的征兆，但一方面是由于目前对火灾事故的监测、报警等手段的可靠性、实用性和广泛应用尚不理想；另一方面则是因为至今还有相当多的人员对火灾事故的规律及其征兆了解甚微，耽误救援时间，致使对火灾的认识、处理、救援造成很大困难。

三、火灾的分类

1. 按照燃烧对象分类

（1）固体可燃物火灾

普通固体可燃物燃烧引起的火灾，又称为A类火灾。固体物质是火灾中最常见的燃烧对象，主要有木材及木制品，纸张、纸板、家具；棉花、布料、服装、床上用品；粮食；合成橡胶、合成纤维、合成塑料、电工产品、化工原料、建筑材料、装饰材料等，种类极其繁杂。

固体可燃物的燃烧方式有熔融蒸发式燃烧、升华燃烧、热分解式燃烧和表面燃烧四种类型。大多数固体可燃物是热分解式燃烧。由于固体可燃物种类繁多、用途广泛、性质差异较大，导致固体物质火灾危险性差别较大，评定时要从多方面进行综合考虑。

(2) 液体可燃物火灾

油脂及一切可燃液体引起的火灾，又称为B类火灾。油脂包括原油、汽油、煤油、柴油、重油、动植物油；可燃液体主要有酒精、苯、乙醚、丙酮等各种有机溶剂。

液体燃烧是液体可燃物首先受热蒸发变成可燃蒸气，其后是可燃蒸气扩散，并与空气掺混形成预混可燃气，着火燃烧后在空间形成预混火焰或扩散火焰。轻质液体的蒸发属相变过程，重质液体的蒸发时还伴随有热分解过程。评定可燃液体的火灾危险性的物理量是闪点。闪点小于28℃的可燃液体属甲类火险物质，例如汽油；闪点大于及等于28℃，小于60℃的可燃液体属乙类火险物质，例如煤油：大于等于60℃的可燃液体属丙类火险物质，例如柴油、植物油。

(3) 气体可燃物火灾（C类火灾）

可燃气体引起的火灾。可燃气体的燃烧方式分为预混燃烧和扩散燃烧。可燃气与空气预先混合好的燃烧称为预混燃烧，可燃气与空气边混合边燃烧称为扩散燃烧。失去控制的预混燃烧会产生爆炸，这是气体可燃物火灾中最危险的燃烧方式。可燃气体的火灾危险性用爆炸下限进行评定。爆炸下限小于10%的可燃气为甲类火险物质，例如氢气、乙炔、甲烷等：爆炸下限大于或等于10%的可燃气为乙类火险物质，例如一氧化碳、氨气、某些城市煤气。应当指出，绝大部分可燃气属于甲类火险物质，极少数才属于乙类火险物质。

(4) 可燃金属火灾（D类火灾）

可燃金属燃烧引起的火灾。例如锂、钠、钾、钙、锶、镁、铝、锆、锌、钚、钍和铀，由于它们处于薄片状、颗粒状或熔融状态时很容易着火，称它们为可燃金属。可燃金属引起的火灾之所以从A类火灾中分离出来，单独作为D类火灾，是因为这些金属在燃烧时，燃烧热很大，为普通燃料的5～20倍，火焰温度较高，有的甚至达到3000℃以上；并且在高温下金属性质活泼，能与水、二氧化碳、氮、卤素及含卤化合物发生化学反应，使常用灭火剂失去作用，必须采用特殊的灭火剂灭火。

(5) 物体带电燃烧的火灾（E类火灾）

(6) 烹饪器具内的烹饪物（如动植物油脂）火灾（F类火灾）

2. 根据火灾损失严重程度分类

(1) 特别重大火灾

指造成30人以上死亡，或者100人以上重伤，或者1亿元以上直接财产损失的火灾。

(2) 重大火灾

指造成10人以上30人以下死亡，或者50人以上100人以下重伤，或者5000万元以上1亿元以下直接财产损失的火灾。

(3) 较大火灾

指造成3人以上10人以下死亡，或者10人以上50人以下重伤，或者1000万元以上5000万元以下直接财产损失的火灾。

(4) 一般火灾

指造成3人以下死亡，或者10人以下重伤，或者1000万元以下直接财产损失的火灾。

此外，根据起火原因火灾又可分为由违反电器燃气等安装规定、抽烟、玩火、用火不慎、自然原因等造成的火灾，而且随着社会和经济的发展，这些火灾的发生越来越普遍，也引起了人们越来越多的关注。

第三节 可燃、易燃物质的燃烧

一、气体可燃物的着火

可燃混合气体的着火方式有两种，一种称为自燃着火，另一种称为强迫着火或点燃。自燃和点燃过程统称为着火过程。

把一定体积的可燃混合气体预热到某一温度，在该温度下，气体可燃物发生缓慢的氧化还原反应。并放出热量，导致气体温度增加。从而使反应速度逐渐加速，产生更多的热量，最终使反应速度急剧增大直至着火，这种过程称为自燃。

强迫着火是指在可燃混合气体内的某一部分用点火源点着相邻一层混合气，然后燃烧波自动传播到混合气的其余部分。点火源可以是火焰、高温物体、电火花等。

着火机理可分为两类，即热自燃机理和链式自燃机理。

1. 热自燃机理

热自燃机理也称谢苗诺夫热自燃理论，它是指在外部热源加热的条件下，使反应混合气达到一定的温度，在此温度下，可燃混合气发生化学反应所释放出的热量大于容器器壁所散失的热量，从而使混合气的温度升高，这又促使混合气的反应速率和放热速率增大，这种相互促进的结果，导致极快的反应速率而达到着火。

2. 链式自燃机理

所谓链式自燃机理是指在混合气体中，由于自由基反应链的分支，使活动中心（自由基）迅速增值，从而使反应速率急剧升高而导致着火。按照该理论，使反应自动加速不一定要依靠热量的逐渐积累，通过自由基链式反应（尤其是有分支的链式反应）也能逐渐积累活化中心，使反应自动加速，直至着火。

实际燃烧过程中，不可能有纯粹的热自燃或链式自燃存在。事实上，它们是同时存在而且是相互促进的。可燃混合气的自行加热不仅加强了热活化，而且亦加强了每个链反应的基元反应。低温时链反应可使系统逐渐加热，加强了分子的热活化。所以，自燃现象就不可能用单一的自燃理论来解释。一般来说，在高温时，热自燃是着火的主要原因，而在低温时支链反应是着火的主要原因。

着火反应有以下两个特征。

① 具有一定的着火温度 T_i。当反应系统达到该温度时，反应速率急剧增大，气体压力急升，并伴有放热、发光等着火现象。

② 在着火温度达到之前有一个感应期，即着火延迟时间。在着火延迟时间内，反应速率极慢，可燃混合气体浓度变化很小。

二、液体可燃物的着火

液体可燃物燃烧时其火焰并不紧贴在液面上，而是在液面上方空间的某个位置。这是因为液体可燃物着火前先蒸发，在液面上方形成一层可燃物蒸气，并与空气混合形成可燃混合气。液体可燃物的燃烧实际上是可燃混合气的燃烧，是一种气态物质的均相燃烧。

液体可燃物的着火过程如图 1-1 所示。

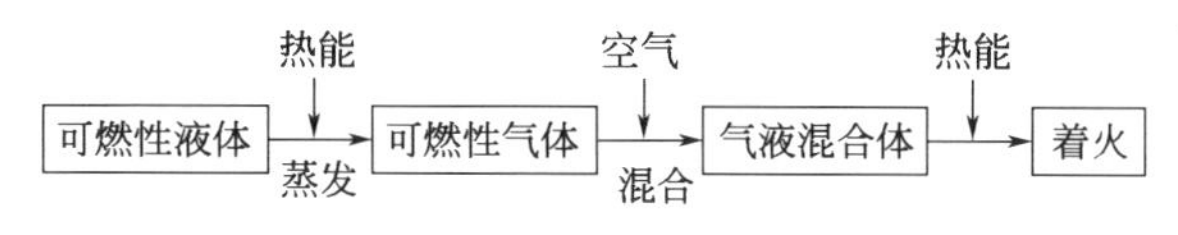

图 1-1 液体可燃物的着火过程

液体蒸发汽化过程对液体可燃物的燃烧起决定性的作用。可燃液体挥发的蒸气与空气混合达到一定浓度遇明火发生一闪即逝的燃烧，或者将可燃固体加热到一定温度后，遇明火会发生一闪即灭的闪燃现象，叫闪燃。发生闪燃时的固体最低温度称为闪点。闪点是表示蒸发特性的重要参数。闪点越低，越易蒸发，反之则不易蒸发。表 1-1 中给出一些液体可燃物的闪点值。

表 1-1 一些液体可燃物的闪点值

可燃物名称	乙醇	正丁醇	丙酮	石油	机油	汽缸油	汽油	润滑油
闪点/℃	10	34	−20	30	196	215	10	285

三、固体可燃物的着火

在火灾燃烧中遇到的可燃固体种类繁多，除了常见的煤外，还包括多种其他的建筑材料和构件、工业原材料与产品、室内生活与办公用品等，这些大多是由人工聚合物或木材制造的。

固体可燃物在着火之前，一般因受热而发生热分解，并释放出可燃性气体，剩下的基本上是由碳和灰分组成的固体残留物。可燃性气体如遇到适量的空气并具有足够高的温度，就会着火燃烧，形成气相火焰。而固体残留物常常在可燃性气体开始燃烧或几乎全部燃烧掉之后才开始燃烧，成为固体表面燃烧。以上便是固体可燃物着火的一般过程。

随着可燃物的不同，上述各个阶段所占的时间存在较大差别。例如木材热解，生成的挥发分多，固定炭较少，挥发分燃烧占的时间比例相对较大；而煤中的挥发分相对少得多，通常在煤的燃烧过程中，从开始干燥到大部分挥发分烧完所需的时间约占煤的总燃烧时间的十分之一，其余的为固定炭的燃烧时间。由于这些基本组成的不同，从而使得木材的燃烧时间要比煤短得多。还有一些固体材料的质地致密，不容易吸附水分，例如一些人工合成的橡胶、塑料，因而其干燥阶段的时间很短。

总之，不同物质的燃烧过程可以分为以下几个阶段如图 1-2。

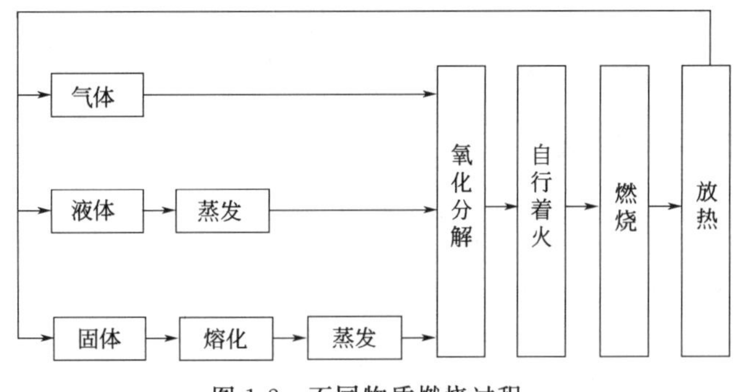

图 1-2　不同物质燃烧过程

四、爆炸引起的火灾

气相、液相和固相可燃物都可能发生爆炸而引发火灾。表 1-2 给出了爆炸的分类和特征。

表 1-2　爆炸的分类和特征

爆炸种类	特征
气相爆炸	可燃混合气的爆炸
	可燃性液雾的爆炸
	可燃性粉尘的爆炸
	可燃性流体或固体层与气体氧化剂的爆炸
液相爆炸	不稳定液体物体爆炸
固相爆炸	不稳定固体物质爆炸

在一空间范围内，当可燃气体、可燃蒸气或粉尘浓度处于可燃界限之内，并且有足够大能量的点火源和温度足够高时，就会发生气相爆炸，并引发火灾。

液相爆炸与固相爆炸是一种与空气中的氧气无关的爆炸现象，也就是说爆炸物内含有氧化剂，例如液体炸药和固体炸药均为不稳定物质，当其受到摩擦、撞击之后，容易局部升温，从而在其内部放热而引起爆炸。

第四节　火灾的发生

一、燃烧的条件

燃烧是一种放热发光的化学反应。燃烧过程中的化学反应十分复杂，有化合反应，有分解反应。有的复杂物质燃烧，先是物质受热分解，然后发生氧化反应。

任何物质发生燃烧，都有一个由未燃状态转向燃烧状态的过程。这一过程的发生必须具备三个条件，即可燃物、助燃物（氧化剂）、着火源。

1. 可燃物

凡是能与空气中的氧或其他氧化剂发生化学反应的物质称可燃物。可燃物按其物理状态分为气体、液体和固体三类。

① 气体可燃物　凡是在空气中能燃烧的气体都称为可燃气体。可燃气体在空气中燃烧，同样要求与空气的混合比在一定范围——燃烧（爆炸）范围，并需要一定的温度（着火温度）引发反应。

② 液体可燃物　液体可燃物大多数是有机化合物，分子中都含有碳、氢原子，有些还含有氧原子。液体可燃物中有不少是石油化工产品。

③ 固体可燃物　凡遇明火、热源能在空气中燃烧的固体物质称为可燃固体，如木材、纸张、谷物等。在固体物质中，有一些燃点较低、燃烧剧烈的称为易燃固体。

2. 助燃物（氧化剂）

能帮助支持可燃物燃烧的物质，即能与可燃物发生反应的物质称为助燃物（氧化剂）。火灾发生时，空气中的氧气是一种最常见的助燃剂。在热源能够满足持续燃烧要求的前提下，氧化剂的量和供应方式是影响和控制火灾发展事态的决定性因素。

3. 着火源

着火源是指供可燃物与氧或助燃物发生燃烧反应的能量，常见的是热能。其他还有化学能、电能、机械能和核能等转变成的热能。根据着火的能量来源不同，着火源可分为：明火、高温物体、化学热能、电热能、机械热能、生物能、光能、核能。

二、建筑物火灾的发展

绝大部分火灾是发生在建筑物内，火最初都是发生在建筑物内的某一区域或房间内的一点，随着时间的增长，开始蔓延扩大直到整个空间、整个楼层，甚至整座建筑物。火灾的发生和发展的整个过程是一个非常复杂的过程，其所受到的影响因素众多，但是热量的传播是影响火灾发生和发展的决定性的因素，伴随着热量的传导、对流和辐射，建筑物室内环境的温度迅速升高，如果超过了人所能承受的极限，便会危及生命。随着室内温度进一步升高，建筑物构建和金属失去其强度，从而造成建筑物结构损害，房屋倒塌，造成更为严重的生命和财产损失。

通常室内平均温度随时间的变化可用曲线表示，来说明建筑物室内的发展过程，如图 1-3 所示。

由图 1-3 可以看出，火灾的发生发展可以归结为以下几个阶段。

1. 阴燃阶段

没有火焰的缓慢燃烧现象称为阴燃。很多固体物质，如纸张、锯末、纤维织物、纤维素板、胶乳橡胶以及某些多孔热固性塑料等，都有可能发生阴燃，特别是当它们堆积起来的时候。阴燃是固体燃烧的一种形式，是无可见光的缓慢燃烧，通常产生烟和温度上升等现象，它与有焰燃烧的区别是无火焰，它与无焰燃烧的区别是能热分解出可燃气，因此在一定条件下阴燃可以转换成有焰燃烧。

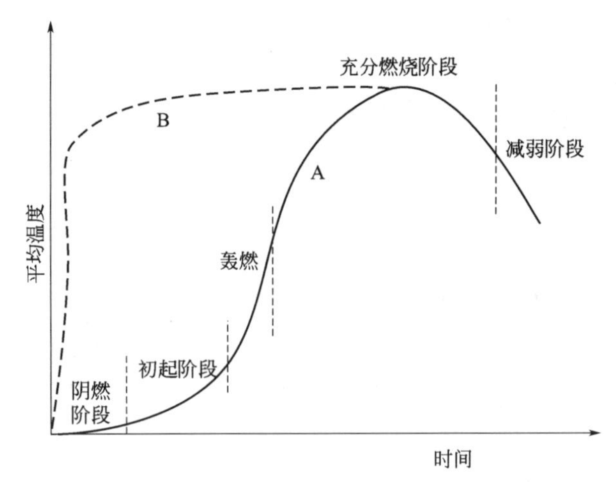

图 1-3 建筑物火灾发展过程

A—可燃固体火灾室内平均温度的上升曲线；

B—可燃液体室内火灾的平均升温曲线

2. 火灾初起阶段

当阴燃达到足够温度以及分解出了足够的可燃气体，阴燃就会转化成有焰燃烧现象。通常把可燃物质，如气体、液体和固体的可燃物等，在一定条件下形成非控制的火焰称为起火。在建筑火灾中，初始起火源多为固体可燃物。在某种点火源的作用下，固体可燃物的某个局部被引燃起火，并失去控制，称为火灾初起阶段。

火灾初起阶段是火灾局限在起火部位的着火燃烧阶段。火是从某一点或某件物品开始的，着火范围很小，燃烧产生的热量较小，烟气较少且流动速度很慢，火焰不大，辐射出的热量也不多，靠近火点的物品和结构开始受热，气体对流，温度开始上升。

火灾初起，如果能及时发现，是灭火和安全疏散最有利的时机，用较少的人力和简易灭火器材就能将火扑灭。此阶段，任何失策都会导致不良后果。比如，惊慌失措，不报警、不会报警、不会使用灭火器材、灭火方法不当、不及时提醒和组织在场人员撤离等，都会错过有利的短暂时机，使火势得以扩大到发展阶段。因此，人们必须学会正确认识和处置起火事故，将事故消灭在初起阶段。

3. 火灾发展阶段

在火灾初起阶段后期，火焰由局部向周围物质蔓延、火灾范围迅速扩大，当火灾房间温度达到一定值时，聚积在房间内的可燃气体突然起火，整个房间都充满了火焰，房间内所有可燃物表面部分都卷入火灾之中，燃烧很猛烈，温度升高很快。房间内局部燃烧向全室性燃烧过渡形成轰燃现象。

所谓轰燃是指房间内的所有可燃物几乎瞬间全部起火燃烧，火灾面积扩大到整个房间，火焰辐射热量最多，房间温度上升并达到最高点，火焰和热烟气通过开口和受到破坏的结构开裂处向走廊或其他房间蔓延。建筑物的不燃材料和结构的机械强度大大下降，甚至发生变形和倒塌。轰燃是室内火灾最显著的特征之一，它标志着火灾全面发展阶段的开始。对于安全疏散而言，人们若在轰燃之前还没有从室内逃出，则很难幸存。

轰燃发生后，房间内所有可燃物都在猛烈燃烧，放热速度很快，因而房间内温度升高很快，并出现持续性高温，最高温度可达1100℃左右。火焰、高温烟气从房间的开口部位大量喷出，把火灾蔓延到建筑物的其他部分。室内高温还对建筑构件产生热作用，使建筑物构件的承载能力下降，造成建筑物局部或整体倒塌破坏。

耐火建筑的房间通常在起火后，由于其四周墙壁和顶棚、地面坚固而不会烧穿，因此发生火灾时房间通风开口的大小没有什么变化，当火灾发展到全面燃烧阶段，室内燃烧大多由通风控制着，室内火灾保持着稳定的燃烧状态。火灾全面发展阶段的持续时间取决于室内可燃物的性质和数量、通风条件等。

为了减少火灾损失，针对火灾全面发展阶段的特点，在建筑防火设计中应采取的主要措施是在建筑物内设置具有一定耐火性能的防火分隔物，把火灾控制在一定的范围内，防止火灾大面积蔓延；选用耐火程度较高的建筑结构作为建筑物的承重体系，确保建筑物发生火灾时不倒塌破坏，为火灾中人员疏散、消防队扑救火灾、火灾后建筑物修复及继续使用创造条件，并应注意防止火灾向相邻建筑蔓延。

4. 熄灭阶段

在火灾全面发展阶段后期，随着室内可燃物的挥发物质不断减少以及可燃物数量的减少，火灾燃烧速度递减，温度逐渐下降。当室内平均温度降到温度最高值的80%时，则一般认为火灾进入熄灭阶段。随后，房间温度明显下降，直到把房间内的可燃物全部烧尽，室内外温度趋于一致，宣告火灾结束。

该阶段前期，燃烧仍十分猛烈，火灾温度仍很高。针对该阶段的特点，应注意防止建筑构件因较长时间受高温作用和灭火射水的冷却作用而出现裂缝、下沉、倾斜或倒塌破坏，确保消防人员的人身安全。

三、火灾的蔓延

“星星之火可以燎原”，发生在固体表面的火焰，如若不加以控制并扑灭，极有可能使火焰蔓延开来，造成不可挽回的损失。火焰蔓延的蔓延速度计算如下。

$$\rho \cdot V \cdot \Delta H = Q$$

式中 ρ——可燃物密度；

V——火焰蔓延速度；

ΔH——单位质量的可燃物从初温 T_0 上升到相当于火焰温度 T_1 时的焓的增量；

Q——火焰的传热量。

火灾发生、发展的整个过程始终伴随着热传播过程，热传播是影响火灾发展的决定性因素。热传播除了火焰直接传播外，还有三个途径：热传导、热对流、热辐射。

1. 热传导

热传导是指热量通过直接接触的物体从温度较高部位，传递到温度较低部位。

影响热传导的主要因素为温差、导热系数和导热物体的厚度和截面积。一般来说，固体物质是强的导热体，液体物质次之，气体物质的导热能力较差。金属为热的良导体，非金属为不良导体。如传导与导体物质的厚度和截面积有关，截面积越大，厚度愈小，则传导的热量愈多。热传导引起的火灾很多，如电熨斗、电褥子、电焊起火等。

2. 热对流

热对流是指通过流动介质将热量由空间中的一处传到另一处的现象。是建筑物内火灾蔓延的一种主要方式，是影响早期火灾的最主要因素。遇到火灾时，通风孔愈高，热对流速度愈快。

建筑火灾发展到旺盛期后，一般说来窗玻璃在轰燃之际已经破坏，又经过一段时间的猛烈燃烧，内走廊的木质门被烧穿，或者门框之上的窗玻璃被破坏，导致烟火涌入内走廊。一般着火建筑可达1000～1100℃高温。这时，火灾分区内外的压差更大，遇到冷空气就会使之强度降低，压差减少，失主浮力，流动速度就会降下来。若走廊里存在可燃、易燃物品，或者走廊里有可燃吊顶等，被高温烟火点燃，火灾就会在走廊里蔓延，再由走廊向其他空间传播。除了在水平方向对流蔓延外，火灾在竖向管井也是由热对流方式蔓延的。

3. 热辐射

热辐射是一种以电磁波形式传递热量的现象。热辐射不需要通过任何介质，通过真空也能辐射。当火灾处于发展阶段时，热辐射成为热传播的主要形式。正是由于热辐射的原因，建筑防火中要进行防火分区，以防止火焰辐射引起相邻建筑着火。

在建筑物中，经常采用木材或类似木材的可燃构件、装修或家具等，因此，木材在建筑中是主要的火灾荷载。世界各国都特别注意对木材火灾的研究。工业发达国家把$12.6kW/m^2$作为木材点燃的临界辐射强度，在这一辐射强度下烘烤20min，无论在室内还是在室外，火场飞散的小火星就可引燃木材，而引起木材自燃的临界辐射强度是$33.5kW/m^2$。

第五节 火灾烟气

如果遇到火灾发生，火会对人造成直接的伤害，然而，据统计，火灾中有85%左右的死亡情况是由烟气造成的，其中大部分是由于吸入了烟尘及有毒气体使人昏迷后而致死的。另外，烟气在房间内的传播和扩散使能见度降低，对人员疏散和消防救援造成严重影响，也是造成火灾伤亡的主要原因之一。

一、烟气的产生

火灾烟气是燃烧过程的一种混合物产物，主要包括：①可燃物热解或燃烧产生的气相产物，如未燃气体、水蒸气、CO_2、CO、多种低分子的碳氢化合物及少量的硫化物、氯化物、氰化物等；②由于卷吸而进入的空气；③多种微小的固体颗粒和液滴。

当火灾发生时，建筑物中大量的建筑材料、家具、衣服、纸张等可燃物受热分解，并与空气中的氧气发生氧化反应，产生各种生成物。完全燃烧所产生的烟气的成分中，主要为CO_2、水、NO_2、五氧化二磷或卤化氢等，有毒有害物质相对较少。但是，根据火灾的产生过程和燃烧特点，除了处于通风控制下的充分发展阶段以及可燃物几乎耗尽的减弱阶段，火灾的过程常常处于燃料控制的不完全燃烧阶段。不完全燃烧所产生的烟气的成分中，除了上述生成物外，还可以产生一氧化碳、有机磷、烃类、多环芳香烃、焦油以及炭屑等固体颗粒。这些小颗粒的直径约为10～100μm，在温度和氧浓度足够高的前提下，这些碳烟颗粒可以在火焰中进一步氧化，或者直接以碳烟的形式离开火焰区。火灾初期有焰燃烧产生的烟气颗粒则几乎全部由固体颗粒组成。其中只有一小部分颗粒在高热通量作用下脱离固体灰分，大部分颗粒则是在氧浓度较低的情况下，由于不完全燃烧和高温分解而在气相中形成的碳颗粒。这两种类型的烟气都是可燃的，一旦被点燃，在通风不畅的受限空间内极有可能发展为爆炸。

烟气降低了空气中的氧浓度，妨碍人们的呼吸，造成人员逃生能力的下降，也可能直接造成人体缺氧致死。

各种建筑材料在不同的温度下，其单位质量所产生的烟量是不同的，几种建筑材料燃烧在不同温度下燃烧，当达到相同的减光程度时的发烟量见表1-3，其中K_c为烟气的减光系数。

表1-3　几种建筑材料在不同温度下的发烟量（$K_c=0.5m^{-1}$）

材料名称	发烟量/(m^3/g)		
	300℃	400℃	500℃
松	4.0	1.8	0.4
杉木	3.6	2.1	0.4
普通胶合板	4.0	1.0	0.4
难燃胶合板	3.4	2.0	0.6
硬质纤维板	1.4	2.1	0.6
玻璃纤维增强塑板	2.8	2.0	0.4
聚氯乙烯		4.0	10.4
聚苯乙烯		12.6	10.0
聚氨酯		14.0	4.0

随着我国经济水平不断提高，高层民用建筑尤其是宾馆、饭店、写字楼、综合楼等高层公共建筑大量出现，高分子材料大量越来越多地应用于家具、建筑装修、管道及其保温、电缆绝缘等方面。一旦发生火灾，建筑物内着火区域的空气中充满了大量的有毒的浓烟，毒性气体可直接造成人体的伤害，甚至致人死亡，其危害远远超过了一般可燃材料。

二、烟气对人体的危害

烟气中的一氧化碳、二氧化碳、氰化氢等气体极易与人体血液中的血红蛋白络合，从而阻碍了血红蛋白正常的氧气交换，人会因缺氧而导致死亡，有资料显示，火灾时因缺氧、烟气侵害而造成的人员伤亡可达火灾死亡人数的50%～80%。火灾烟气对人体的危害主要体现在三个方面。

1. 燃气的毒害性造成大量人员伤亡

当烟气中的含氧量低于正常所需的数值时，人的活动能力减弱、智力混乱，甚至晕倒窒息；当烟气中含有各种有毒气体的含量超过人正常生理所允许的最低浓度时，就会造成人体中毒死亡。

例如，当空气中一氧化碳的含量为0.1%时，人1h后便会感到头痛、作呕、不舒服；当含量达到0.5%时，在20～30min内人员就会死亡；含量为1%时，人员吸气数次后便失去知觉，1～2min内会即会死亡。又如羊毛丝织品及含氮的塑料制品燃烧时会产生氰化氢气体，氰化氢对人体的影响要远远严重于一氧化碳，当氰化氢在空气中的浓度为110ppm[1]时，超过1h人即死亡；当浓度为181ppm时，10min人即死亡；当浓度为280ppm时，人会立即死亡。

2. 烟气的减光性影响人员的安全疏散和火灾的施救

烟气中的烟粒子对可见光有完全的遮蔽作用，烟气弥漫时，可见光受到烟粒子的遮蔽而大大减弱，能见度大大降低，并且烟气对人的眼睛有极大的刺激，使人不能睁开眼睛，人在疏散中就影响着行进速度，当大量人群拥挤避难时，极易造成踩踏事故，造成更严重的后果。

3. 烟气的恐怖性造成人心理和生理上的反射

火灾发生尤其是发生轰燃时，火焰和烟气冲出门窗孔洞，烈火熊熊、浓烟滚滚，使人产生极大恐惧，会造成疏散时的混乱。

空气中正常含氧量为21%，而建筑物发生火灾时，会消耗掉大量的氧气，氧含量缺少时，就会导致人员窒息。当氧气含量为12%～15%时，人的呼吸就会急促、头痛、眩晕、浑身疲劳无力，动作迟钝；当氧气含量为10%～12%时，人就会出现恶心呕吐、无法行动乃至瘫痪；当氧气含量为6%～8%时，人便会昏倒并失去知觉；当氧气含量低于6%时，6～8min的时间内，人就会死亡；当氧气含量为2%～3%时，人在1min内窒息死亡。

三、防控火灾烟气的主要措施

从上可见，火灾烟气对人体的危害巨大，因此预防火灾烟气的产生和防范烟气对人们的危害十分重要，所以应当采取以下措施做好火灾烟气的防控工作。

1. 减少火灾烟气的产生

由于烟气是火灾燃烧产物，因此，要尽量控制建筑物内的可燃物数量。建筑构件要采用不燃烧体或难燃烧体材料，室内装修材料应该选用A级或B_1级材料，尤其是卡拉OK歌厅、舞厅、电影放映厅、宾馆、饭店、商场、网吧等人员密集场所，不能使用海绵、塑料、纤维等高分子化合物进行室内装修。

办公场所、居民住宅的室内装修也要尽量减少木材的使用量，窗帘、家具应满足防火要求。

2. 采取有效的防、排烟措施

建筑物发生火灾后，有效的烟气控制可以为人员疏散提供安全环境；控制和减少烟气从火灾区域向周围相邻空间的蔓延；为火灾扑救人员提供安全保证；保护人员生命财产安全；帮助火灾后烟气的及时排除。

---

[1] $1ppm=1\times10^{-6}$。

控制烟气在建筑物内的蔓延主要有两条途径：一是合理划分防烟分区，二是选择合适的防、排烟设置方式。防烟分区的划分，即用某些耐火性能好的物体或材料把烟气阻挡在某些限定区域，不让它蔓延到可能对人和物产生危害的地方。这种方法适用于建筑物与起火区没有开口、缝隙或漏洞的区域。

防、排烟系统可分为防烟系统和排烟系统。防烟系统是指采用机械加压送风方式或自然通风方式，防止烟气进入疏散通道的系统。排烟系统是指采用自然通风或机械排烟方式，使烟气沿着对人和物没有危害的渠道排到建筑外，从而消除烟气的有害影响。排烟有自然排烟和机械排烟两种形式。排烟窗、排烟井是建筑物中常见的自然排烟形式，它们主要适用于烟气具有足够大的浮力、可能克服其他阻碍烟气流动的驱动力的区域。机械排烟的方式可克服自然排烟的局限，能够有效地排出烟气。在《建筑设计防火规范》、《高层民用建筑设计防火规范》等技术规范规定的地点，要设置机械排烟设施，确保火灾后将火灾烟气及时排除。

很多大规模建筑的内部结构是相当复杂的，其烟气控制往往是几种方法的有机结合。防、排烟形式的合理性不仅关系到烟气控制的效果，而且具有很大的经济意义。

3. 逃生时避免火灾烟气侵害

由于烟气的相对密度比空气轻，起火后烟气向上蔓延迅速，地面烟雾浓度相对较低，毒气相对较少。因此，人们从火场逃生时应紧贴地面匍匐前行。当火灾后人们被困在室内时，逃生时应先用手摸摸房门，如果房门发烫，说明外面火势较大，穿过大火和烟雾逃生困难，此时，应关好房门，用棉絮、床单将门缝塞严，泼水降温，防止烟雾进入，另想办法逃生。如若必须穿过烟雾逃生时可采用毛巾防烟法。将毛巾折叠起来捂住口鼻可起到很好的防烟作用，使用毛巾捂住口鼻时，一定使过滤烟的面积尽量增大，确实将口鼻捂严，在穿过烟雾区时，即使感到呼吸阻力增大，也绝不能将毛巾从口鼻上拿开，一旦拿开就可能立即导致中毒。消防队员在灭火救援过程中也应该做好个人防护工作，佩戴空气呼吸器进入火灾现场开展灭火救人，防止烟气袭击。

第六节　烟气的蔓延过程分析

一、烟气流动的几个阶段

1. 羽流阶段

火灾燃烧中，起火可燃物上方的火焰及流动烟气通常称为羽流。羽流大体上由火焰和烟气两个部分组成。羽流的火焰大多数为自然扩散火焰，而烟气部分则是由可燃物释放的烟气产物和羽流在流动过程中卷吸的空气。羽流在烟气的流动与蔓延的过程中具有重要的作用，因此研究羽流的特性是进行烟气流动分析不可或缺的内容。

羽流的质量流量由可燃物的质量损失速率、燃烧所需的空气量及上升过程中卷吸的空气量三部分组成。在火灾规模一定的条件下，可燃物的质量损失速率、燃烧所需的空气量是一定的，因此一定高度上羽流的质量流量主要取决于羽流对周围空气的卷吸能力。

火灾发生在不同的位置会形成不同形状的羽流，常见的羽流形式有以下几种。

① 轴对称烟羽流　如图1-4所示，起火点发生在远离墙体的地面上，火灾产生的高温气体上升到火焰上方形成烟羽流。当该烟羽流在上升过程中不断卷吸四周的空气且不触及空间的墙壁或其他边界面时所形成的烟羽流就是轴对称烟羽流。

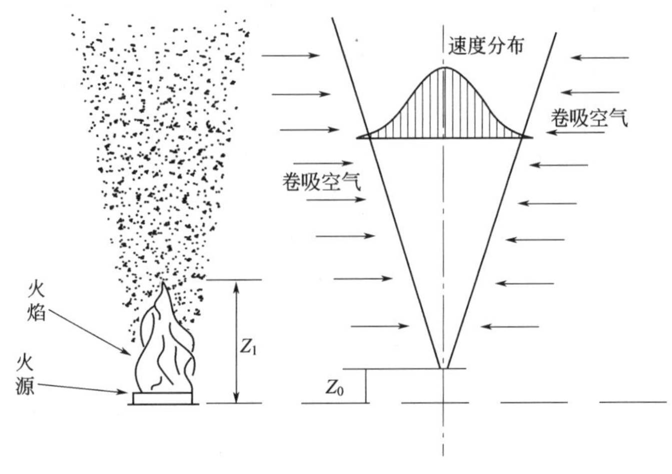

图1-4　轴对称烟羽流

② 墙烟羽流　靠墙发生的火灾，火源和羽流在几何形状上来看只是轴对称羽流的一半，因此墙羽流卷吸的空气量可视为相应轴对称羽流的一半。

③ 角烟羽流　如果火灾发生在墙角，并且两墙成90°角，这种火灾产生的羽流为角羽流。角羽流也和轴对称羽流相似。其羽流卷吸的空气量可视为相应轴对称羽流的1/4。

④ 窗烟羽流　如图1-5所示，烟气通过墙上开口门或窗向相邻空间扩散，这样形成的烟羽流称为窗烟羽流。

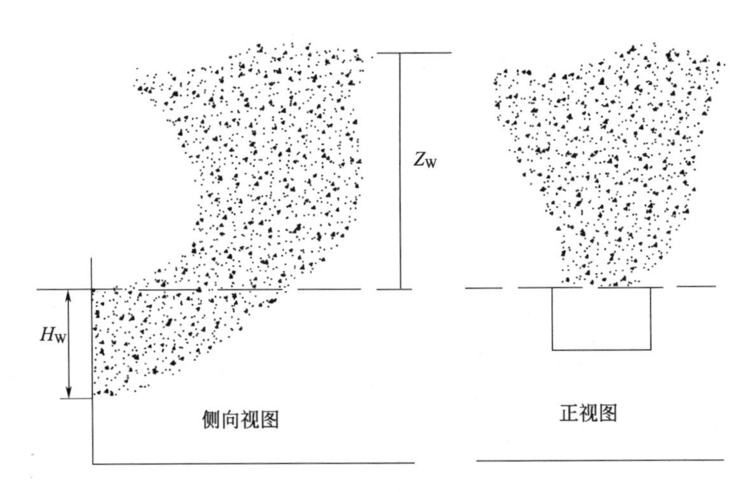

图1-5　窗烟羽流

2. 顶棚射流阶段

如果烟气羽流受到顶棚的阻挡，则热烟气将形成沿顶棚下表面水平流动的顶棚射流。顶棚射流是一种半受限的重力分层流。当烟气在水平顶棚下积累到一定的厚度时，便发生水平流动。羽流在顶棚上撞击区大体为圆形，刚离开撞击区边缘的烟气层不太厚，顶棚射流由此向四周扩散。顶棚的存在将表现出固壁边界对流动的黏性影响，因此在十分贴近顶棚的薄层内，烟气的流速较低；随着垂直向下离开顶棚距离的增加，其速度不断增加；而超过一定距离后，速度便逐渐降低为零。这种速度分布使得射流前锋的烟气转向下流，然而热烟气仍具有一定浮力，还会很快上浮。于是顶棚射流中便形成一连串的漩涡，他们可将烟气层下放的空气卷吸进来，因此顶棚射流的厚度逐渐增加，而速度逐渐降低。

3. 烟气溢流阶段

在大空间建筑中，如果裙房或者中庭内的小房间起火，火灾烟气将会在起火房间内充填。当烟气层的高度下降到房间开口的上沿时，将会从房间内溢出到中庭内，从而形成烟气溢流。容易预见，当火灾到达溢流阶段时建筑物内的通风状况将对烟气的走向产生很大的影响，另外建筑物内各个房间的开口尺寸、开口位置和数量也是影响烟气溢流的重要因素。

二、典型烟气流动形式

1. 烟气在着火房间内外的流动

如图 1-6 所示，a、b 为室内外隔墙，A 为室内，B 为室外，相应的气体温度为 t_n、t_w，密度为 ρ_n、ρ_w，房间高度为 H，现以地面为基准面，分析沿高度方向上室内外的压力分布情况。

令室内外地面上的静压分别为 P_{1n}、P_{1w}，则在离地面垂直高度为 h 处室内外的静压力分别为：

室内：$P_{hn}=P_{1n}-\rho_n gh$；室外：$P_{hw}=P_{1w}-\rho_w gh$。

在地面上室内外的压力差为：

$$\Delta P_1=P_{1n}-P_{1w}$$

在离地面 h 处，室内外压力差为：

$$\Delta P_h=\Delta P_1+(\rho_w-\rho_n)gh$$

则当 $h=H$ 时，即顶棚处的压力差为：

$$\Delta P_a=\Delta P_b+(\rho_w-\rho_n)gH$$

实验证明，在垂直的地面的某一高度处，必将出现内外压力差为 0，即室内外压力相等，通过该位置的水平面称为着火房间的中性层，令中性层离地面的高度为 h_1，则

$$\Delta P_{h1}=\Delta P_1+(\rho_w-\rho_n)gh_1=0$$

发生火灾时，$t_n>t_w$，所以 $\rho_n<\rho_w$，$(\rho_w-\rho_n)>0$，那么：

在中性层以下，即 $h<h_1$ 时，$\Delta P_h=\Delta P_1+(\rho_w-\rho_n)gh<\Delta P_1+(\rho_w-\rho_n)gh_1$，$\Delta P_h<0$；

在中性层以上，即 $h>h_1$ 时，$\Delta P_h=\Delta P_1+(\rho_w-\rho_n)gh>\Delta P_1+(\rho_w-\rho_n)gh_1$，$\Delta P_n>0$。

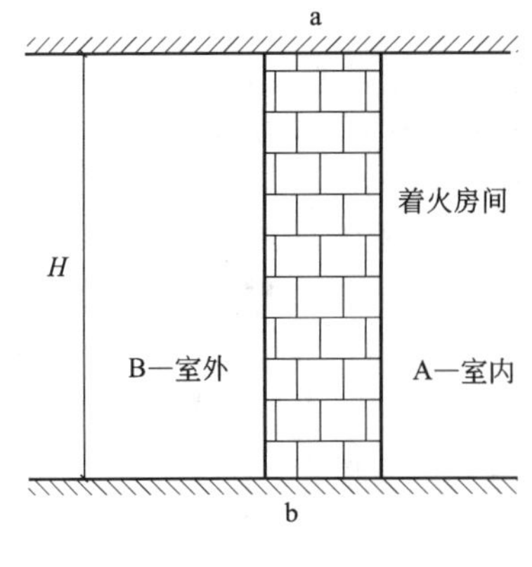

图 1-6 着火房间

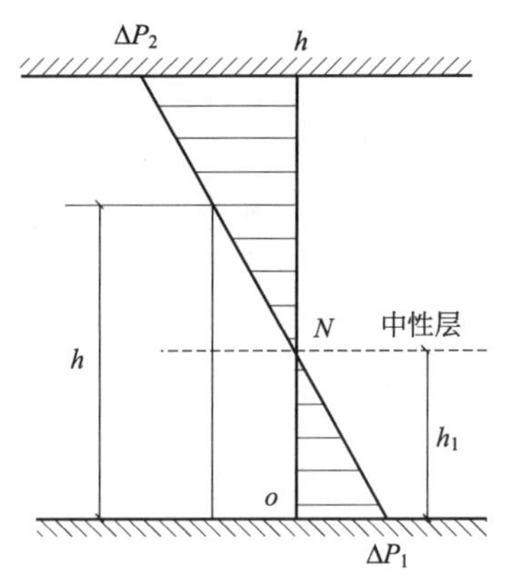

图 1-7 着火房间内外压力分布

由此可见，在中性层以下，室内外空气的压力总高于着火房间内气体的压力，空气将从室外流入室内；在中性层以上，着火房间内气体的压力总高于室外空气的压力，烟气从室内排至室外，着火房间内外压力分布见图 1-7。

2. 火灾烟囱效应

当火势在建筑物内部形成时，内部空气因受热而密度变低，烟流因浮力效应向上流动，而在高层建筑中，有楼梯间、电梯竖井及管路间等垂直通路，正好提供烟流垂直流动的管道，烟层于是向上蓄积，理想上烟层会到达楼顶后再以水平的方向蔓延到楼层内部，而夹在起火层及烟层蓄积层间的楼层是不会有烟流蔓延到楼层内部，一直要到烟层下降到该面的楼层，才会有烟流蔓延。这种现象称为正向烟囱效应。

当建筑物内部温度低于外界空气时，烟气会随着建筑物内的各种竖井通道形成下降气流，这种现象称为反向烟囱效应。反向烟囱效应一般发生在夏季，而且内外温差越大越明显。另外，在密封性较强的建筑内，当竖井靠墙外布置，而外界气温又较低时，可能出现靠外墙布置的竖井中的气温低于建筑物内部其他部位的气温的情况，这时竖井中也会出现下降的气流。

实际情形下，烟层是否会在楼顶蓄积要视楼层高度、外界温度、火场温度等决定，譬如说，大楼为 30 层的建筑，由于上述条件的交互影响，烟层有可能到达不了楼顶，可能在楼层第 20 层开始蓄积，并向水平蔓延，此时，20 层以上的楼层不会感受到有烟流的存在。

要防止烟囱效应对生命财产的危害，最重要的就是要做好各垂直通道、管道间的防火阻绝，不要有空隙让烟流可往水平方向流窜，就能将危害减到最小。另外也建议于垂直通道、管道间设置专用的侦测器，用以掌控借烟囱效应流窜的烟流。

第七节 典型火灾案例分析

一、深圳市龙岗区坪地洋华高新科技厂“2·11”火灾

1. 火灾基本情况

2007 年 2 月 11 日 14 时许，深圳市龙岗区坪地街道洋华高新科技厂发生火灾，火灾

造成10人死亡、3人受伤，着火面积2000m²，烧毁触摸屏成品、半成品、原料及生产设备等物质一批，直接财产损失587万元。

2. 起火单位概况

洋华高新科技厂位于坪地街道六联社区罗屋村18号，主要生产电脑触摸屏等产品，2004年12月开业，属台资企业。该厂房是租用六联社区罗屋村土地自建的单层钢架结构建筑，面积2700m²，有工人720人，发生火灾时厂区内有350人上班，其中起火车间有230人。

3. 火灾发生及扑救经过

2007年2月11日14时许，该厂制造部10号印刷机上班工人成某某突然听到背后“砰”一声响，看到8号印刷机西侧的台车着火，并伴有大量黑烟冒出，于是成某某拿灭火器灭火，但无法扑灭，火势越来越大，成某某随即和同事张某逃生。龙岗区公安分局指挥中心接到报警后，立即调动坪地、龙岗、坑梓、横岗4个消防中队120人、8辆消防车前往扑救，先期到达现场的坪地公安消防中队和坪地专职消防队得知有人员被困立即积极展开营救，共救出10人，15时火势得到控制，15时30分火灾被扑灭。

4. 火灾损失及火灾原因情况

该起火灾烧毁触摸屏成品、半成品、原料、包装纸盒及生产设备等物质一批，厂房一间，火灾造成10人死亡，3人受伤，直接财产损失587万元。火灾事故原因是该厂违章使用易燃易爆液体，遇火花发生爆燃起火。

5. 主要教训

① 该厂严重违反安全生产管理法规、制度和操作规程，违法违规配制、储存、使用大量的易燃易爆危险化学物品，是引起火灾事故并导致重大人员伤亡的直接原因。

该厂因生产工艺要求需要使用清洗剂等化学品，但该厂一直存在违法违规配制、储存、使用洗网水、无水乙醇、防白水、玻璃水、除塞剂五种属于危险化学品的清洗溶剂，其中洗网水每天需要使用且用量较大。经技术部门检测，洗网水闪点为－23°，属一级易燃液体。该厂在采购、配制、储存、分装、使用、处理残液等各个过程中，没有制定或遵守规范的安全管理制度和操作规程，上述易燃易爆溶剂在仓库、车间作业场所没有设置相应的监测、通风、防火、防静电等防护措施。该厂房备料员从仓库领取时自行灌装，领回后的溶剂摆放在备料间，任由使用人员随意自行取用。使用人员缺乏必要的安全防范知识，随意将未用完的溶剂临时存放在印刷机旁边的不锈钢台车上，为使用方便甚至长期将之处于敞开状态。在现场空间封闭，通风条件不畅的情况下，诱发了爆燃性火灾。

现场条件造成的爆燃性火灾具有较大的毁灭性。现场是一个工艺要求无尘洁净的较大作业场所，具有相对的封闭性和空气非流通性。车间易燃易爆化学液体及其挥发气体遇明火燃烧后爆燃，由于现场可燃物多，火灾迅速蔓延产生高温和大量浓烟。楼顶吊装的通风管道和隔离板主要使用的是铁皮夹泡沫等材料，耐热时间短（耐受性不超过15min)，在短时间内坍塌下来。浓烟、坍塌的高温铁皮阻塞了通道，使被困人员难以逾越逃生。

② 员工安全生产知识和自救能力培训不够。该厂对安全生产和消防安全工作疏于

管理，没有实行持证上岗制度，对特殊岗位的员工使用易燃易爆物品前没有进行必要的上岗培训，对易燃溶剂的火灾爆炸危险认识不足，导致洗网水等易燃溶剂长期随意存放，随意使用并处于敞开状态。员工不懂得处置，惊慌失措，没有在最初时间组织有序的疏散，造成近二十人无法疏散被困。

③ 该厂在公安消防机关依法进行安全检查之后，违反公安消防机关明令禁止事项的规定，进行厂房结构性改建、扩建，改变了原有良好的消防布局。起火的 2 栋连体厂房，原是相邻的 2 栋厂房，每栋 1200m² 左右，一直作为仓库使用。但该厂在投入使用后，于 2005 年 7～8 月期间，为达到洁净无尘的生产工艺要求，按洁净厂房的要求擅自对厂房进行了多次改变结构性的装修，内部进行了封闭和分隔，并擅自违章搭建，特别是东西北三面原有的一些门被封闭，使该厂房与当初申报的厂房有较大的改变，并未向消防部门申报。该厂上述违法行为改变了原有良好的消防布局。

二、河南洛阳东都商厦火灾

2000 年 12 月 25 日，河南省洛阳市东都商厦发生特大火灾事故。火灾是由地下二层开始的，并迅速蔓延开来，大量有毒高温烟雾通过楼梯间迅速扩散到第四层娱乐城，使其中的 309 人中毒窒息死亡，直接经济损失 275 万元。

1. 商厦概况

东都商厦位于洛阳市老城区中州东路，始建于 1988 年 12 月，1990 年 12 月 4 日开业。该商厦为 6 层建筑，地上 4 层、地下 2 层，占地 3200m²，总建筑面积 17900m²，东北、西北、东南、西南角共有 4 部楼梯。2000 年 11 月前，商厦的地下一、二层经营家具，地上一层经营百货、家电等，二层经营床上用品、内衣、鞋帽等，三层经营服装，四层为东都商厦的办公区及东都娱乐城。

自 1996 年起，东都商厦实行承包经营。1997 年 6 月，将东都娱乐城承包给某个体业主，东都娱乐城舞厅面积 460m²，定员 200 人。其西侧以一走道相隔，另有 7 间 KTV 包房，面积 100m²；2000 年 11 月，东都商厦又与洛阳丹尼斯量贩有限公司合作成立该公司的东都分店，以东都商厦的地下一层和地上一层为经营场所。

12 月初，东都分店在装修时已将地下一层大厅中间通往地下二层的楼梯通道用钢板焊封，但在楼梯两侧扶手穿过钢板处留有两个小方孔。地下二层大厅的西南角、东北角和西北角的门为铁栅栏门，东南角为实门，当时处于关闭状态。

2. 事故基本过程

12 月 25 日 19 时许，东都分店负责人为封闭楼梯扶手处的小方孔，安排无焊工资质的王某进行电焊作业。在施焊过程中没有采取任何防护措施，电焊火花由方孔溅入地下二层，引燃了绒布、海绵床垫、沙发和木制家具等物品。王某等人发现后，用室内消火栓的水枪从方孔向地下二层射水灭火。在未能扑灭的情况下，既未报警也没有通知楼上人员便逃离现场。在现场的商厦负责人及为开业准备商品的员工也见势迅速撤离，同样未及时报警和通知四层的人员。

着火时，大厅西南角的门进风，大量烟气顺着东北、西北楼梯间向楼上蔓延。而在这两处的楼梯间，自地下一层至地上三层均采用防火门、防火墙与商场分隔，于是高温烟气迅速扩散到四层的娱乐城。由于东北角的楼梯被烟气封堵，其余的 3 部楼梯均上锁，人员无法通行，仅有少数人员逃到靠外墙的窗户处才得获救。

21时35分、21时38分，洛阳市消防支队119和公安局110相继接到报警，立即调集800余名消防官兵和公安民警、30余台消防车辆进行扑救。22时50分，火势得到有效控制；26日零时37分，大火被完全扑灭。

3. 事故原因

事故的直接原因是东都分店安排无证人员进行非法施焊。施焊人员明知商厦地下二层存有大量可燃家具，却未采取任何防护措施。发生火灾后，肇事人员和在现场的领导、职工既不报警，也不通知四层东都娱乐城人员撤离，使其中的许多人员丧失及时逃生的机会。

事故的基础原因是商厦存在的重大火灾隐患。商厦的地下二层和地上第四层没有防火分隔，地下二层没有自动喷水灭火系统，火灾自动报警系统已被损坏，东都商厦还沿其西墙兴建了南北长约60m、宽2.4～2.6m、总面积约150m^{2}的门面房，占用了商厦唯一的消防车通道，严重妨碍了灭火救援工作的开展。

商厦的娱乐城无照经营、超员纳客是造成众多人员死亡的重要原因。该娱乐城2年未参加年检，故自1998年2月28日后属无照经营。该娱乐城纳客定额为200人，但在2000年12月25日圣诞节之夜，娱乐城无限制出售门票及赠送招待票，致使参加娱乐人员高达350多人。娱乐城的4个疏散通道中有3个被铁栅栏封堵，导致人员无路逃生。

4. 主要教训

东都商厦被多个单位分别承包使用，但承包单位对大厦的消防安全工作的职责不清，消防安全管理制度不健全、不落实。原本为一个整体的建筑却缺乏统一的、系统的安全管理，出现了一些消防安全管理的空白区，为事故的发生埋下重大隐患。

东都商厦领导和管理人员的消防法制观念和消防安全意识也极为淡薄，对于严重的火灾隐患久拖不改，对于消防安全主管部门提出的多次整改要求，均以经济困难或影响经营为由拒不整改。商厦对职工没有进行有效的安全教育，使得相当多的人消防安全意识淡漠。

事故还反映出该商厦员工缺乏火灾安全知识，在没有任何保护的情况下轻易地进行动火作业，发生事故后又处理失当，光顾自己逃离，不进行必要的报警。因此需要大力加强对企事业单位的法人、防火安全管理人员、易燃易爆等特定岗位和工种人员的消防安全培训，增强其自防自救能力。

三、新疆克拉玛依友谊馆火灾

1994年12月8日，新疆克拉玛依市友谊馆在进行文艺演出时发生火灾。火灾始于舞台处，在这场火灾中，共死亡325人，其中小学生288人；烧伤130人，其中重伤68人；直接经济损失约100万元。

1. 友谊馆概况

友谊馆位于克拉玛依市人民公园南侧，始建于1958年，是前苏联派专家协助我国开发克拉玛依油田时共同建造的一座中西合璧式的中型剧场。1991年重新装修后投入使用。友谊馆系文化事业单位，隶属于市工会下的文化艺术中心。该馆建筑为砖混结构，设有前厅、观众厅、南北过厅和舞台，建筑面积 3556m²。友谊馆共有 8 个对外安全出口，西侧正门有 3 个出口，安装有铝合金卷帘门，它们的开启与闭合均用电动控制；南北两侧过厅的出口全部加装了防盗栅栏门，并上了锁。

2. 事故概况

1994 年 12 月 7 日，新疆维吾尔族自治区教委组织义务教育和扫盲教育检查验收团一行 25 人，到克拉玛依市检查工作。12 月 8 日，克拉玛依市组织 15 所中小学的 15 个规范班及教师、家长等 796 人，在友谊馆进行文艺汇报演出。

演出和观看演出的 700 多名孩子的年龄均在 8～14 岁之间。演到一半时，即 18 点 20 分左右，舞台纱幕上方一排光柱灯处，突然有火花飘落。开始大家都以为是用来渲染演出气氛的焰火，但待一块如同桌布大小的幕布卷着火团掉下来时，大家才意识到起火了。

由于舞台的 13 道幕布都是高分子化纤织物，火势迅速扩大，形成立体燃烧，火场内温度迅速上升，并生产大量有毒烟气。伴随悬吊在舞台上空 15m 处的银幕、配重钢管及大量可燃物、高温灯具从空中坠落，瞬时产生了强大灼热的气浪，使火势由舞台以极快的速度向观众厅蔓延。现场灯光因电线短路而全部熄灭，近 800 人只能从仅有的一个开启着的出口疏散。然而正当人们从这唯一敞开出口涌出时，该处的卷帘门也因为停电而自动下落，将 300 多名师生关在里面，从而导致重大人员伤亡。

3. 事故原因

事故的直接原因是舞台上方的照明灯温度过高，引燃了幕布。剧场舞台的照明灯距幕布 20～30cm，不符合安全规定。消防部门检查时已发现幕布被烤变颜色，要求立即整改。该馆负责人虽然在检查意见书上签字认可，却没有采取整改措施。

造成重大人员伤亡的主要原因是疏散出口被堵，致使人员无法逃生。发生火灾时，由观众厅通往过厅的 6 个门有 2 个被锁；而剧场通往室外的 8 个出口，只有前厅的 1 个外门开启，但由于该处卷帘门采取了不合理的动作程序，在人员逃生的关键时刻却自动关闭了。

疏散指挥的不当也是造成人员、尤其是儿童伤亡的重要因素。由于某些负责人盲目地指示让领导先走，造成许多孩子未能及时疏散。

4. 主要教训

对于大型公共活动场所，保证人员疏散安全具有十分重要的意义，有关的安全出口必须畅通。克拉玛依友谊馆的安全出口却大部分上锁关闭，并安装防盗铁栅栏，严重妨碍了人员通行。友谊馆正面和南、北两侧共有 8 个出口，而平常和火灾发生时通往室外的出口，仅前厅一个外门开启，且南、北两侧疏散出口均加装了栅栏门并上锁。

公共活动场所的装修必须控制火灾载荷，有些物品应用阻燃材料。但友谊馆的内部装饰装修及舞台用品大量采用有机高分子可燃材料，导致火灾增长迅速，并产生大量含有有毒气体的烟气，使现场人员短时间内便中毒窒息，丧失逃生能力。

对初起火灾应当采取有效的处置措施。而友谊馆的工作人员缺乏应有的消防安全基本常识和技能，未能迅速采取有效措施，扑灭初起火灾。

火灾隐患久拖不改是个突出问题。友谊馆负责人及上级主管部门对于火灾隐患缺乏认识，失职渎职。友谊馆改建未经消防设计审核和消防验收即投入使用；明知友谊馆存在火灾隐患且多次发生火险，但无人过问和解决，最终导致悲剧发生。

需要加强市政消防基础设置建设。克拉玛依市的公共消防设施没有纳入城市建筑总体规划，市区只有5个消火栓，还有2处被埋压。这次救火，消防车要到5km外去加水，影响了灭火战斗。

四、美国米高梅旅馆火灾

1. 基本情况

米高梅旅馆投资一亿美元，于1973年建成，同年12月营业。该旅馆大楼为26层，占地面积$3000m^2$，客房2076套，拥有$4600m^2$的大赌场，有1200个座位的剧场，有可供11000人同时就餐的80个餐厅以及百货商场等。旅馆设备豪华、装饰精致，是一个富丽堂皇的现代化旅馆。

2. 起火经过和扑救情况

1980年11月21日上午7时10分左右，“戴丽”餐厅（与一楼赌场邻接）发生火灾，使用水枪扑救，未能成功。由于餐厅内有大量可燃塑料、纸制品和装饰品等，火势迅速蔓延，不久餐厅变成火海。因未设置防火分隔，火势很快发展到邻接的赌场。7时25分，整个赌场也变成火海。大量易燃装饰物、胶合板、泡沫塑料坐垫等，在燃烧中放出有毒烟气。着火后，旅馆内空调系统没有关闭，烟气通过空调管道处扩散。火和烟气通过楼梯井、电梯井和各种竖向孔洞及缝隙向上蔓延。在很短时间内，烟雾充满了整个旅馆大楼。

发生火灾时，旅馆内有5000余人。由于没有报警，客房没有及时发现火灾。许多人闻到焦臭味，见到浓烟或听到敲门声、玻璃破碎声和直升机声后才知道旅馆发生了火灾。一部分人员及时疏散出大楼，一部分人员被困在楼内，许多人穿着睡衣，带着财物涌向楼顶，等待直升机营救。有些旅客因楼梯间门反锁，进入死胡同而丧命。经2个多小时扑救，才将大火扑灭。由于楼内人员多，疏散营救工作用了4个多小时。

清理火场时发现，遇难者大部分是因烟气中毒而窒息死亡。84名死者中有64人死于旅馆的上部楼层，其中大部分死于21～25层的楼面上，29人死于房间，21人死于走廊或电梯厅，5人死于电梯内，9人死于楼梯间。

据调查，火灾是吊顶上部空间的电线短路，隐燃了数小时之后才被发现的。火灾损失火灾造成$4600m^2$的大赌场室内装饰、用具和“戴丽”餐厅以及许多公共房间的装饰、家具等物大部分被烧毁，死亡84人，受伤679人。

3. 经验教训

① 室内装修、陈设均用木质、纸质及塑料制品（壁纸、地毯），不仅加大了火灾荷载，而且燃烧速度快，产生大量有毒气体，加之火灾时，没有关闭空调设备，有毒烟气经空调设备迅速吹到各个房间。在清理火场时发现，全部死亡84人中，就有67人是被烟熏窒息死亡的。

② 大楼未采取防火分隔措施，甚至$4600m^2$的大赌场也没有采取任何防火分隔和挡烟措施。防火墙上开了许多大孔洞，穿过楼板的各种管道缝隙也未堵塞，电梯和楼梯井

也没有防火分隔。因而给火灾蔓延形成了条件，烟火通过这些竖井迅速向上蔓延，使得在很短时间内，浓烟笼罩整个大楼，浓烟烈焰翻滚冲上，高出大楼顶约150m。

③ 全大楼内的消防设施很不完善，仅安装了手动火灾报警装置和消火栓给水系统，只有赌场、地下室、26层安装了自动喷水灭火设备。起火部位的“戴丽”餐厅没有安装自动喷水灭火设备，烧损最为严重。拥有1200座位的剧场没有设置消火栓系统。死人最多的20～25层均未安装自动喷水灭火设备，这是非常沉痛的教训，在设计中应认真吸取。

建筑材料与耐火等级

第一节 建筑材料的高温性能

建筑材料是建筑物的基本组成部分。建筑材料可以分为结构材料、装饰材料和某些专用材料。结构材料包括木材、竹材、石材、水泥、混凝土、金属、砖瓦、陶瓷、玻璃、工程塑料、复合材料等，承受各种载荷的作用；装饰材料包括各种涂料、油漆、镀层、贴面、各色瓷砖、具有特殊效果的玻璃等；专用材料指用于防水、防潮、防腐、防火、阻燃、隔音、隔热、保温、密封等。这些建筑材料高温下的性能直接关系到建筑物的火灾危险性大小，以及发生火灾后火势扩大蔓延的速度。

一、建筑材料高温性能

在建筑防火方面，研究建筑材料高温下的性能包括以下五个方面。

1. 燃烧性能

燃烧性能包括着火性、火焰传播性、燃烧速度和发热量等。它是指建筑材料燃烧或遇火时所发生的一切物理和化学变化，这项性能由材料表面的着火性和火焰传播性、发热、发烟、炭化、失重以及毒性生成物的产生等特性来衡量。我国国家标准 GB 8624—2006 将建筑材料的燃烧性能分类如表 2-1。表 2-2 是常用建筑内部装修材料燃烧性能等级划分举例。

表 2-1 燃烧性能的级别和名称

级别	名称	级别	名称
A 级	不燃性建筑材料	B_2 级	可燃性建筑材料
B_1 级	难燃性建筑材料	B_3 级	易燃性建筑材料

表 2-2 常用建筑内部装修材料燃烧性能等级划分举例

材料类别	级别	材料举例
各部位材料	A	花岗岩、大理岩、水磨石、水泥制品、混凝土制品、石膏板、石灰制品、黏土制品、玻璃、瓷砖、马赛克、钢铁、铝、铜合金等
顶棚材料	B_1	纸面石膏板、纤维石膏板、水泥刨花板、矿棉装饰吸声板、玻璃棉装饰吸声板、珍珠岩装饰吸声板、难燃胶合板、难燃中密度纤维板、岩棉装饰板、难燃木材、铝箔复合材料、难燃酚醛胶合板、铝箔玻璃钢复合材料等

续表

材料类别	级别	材 料 举 例
墙面材料	B_1	纸面石膏板、纤维石膏板、水泥刨花板、矿棉板、玻璃棉板、珍珠岩板、难燃胶合板、难燃中密度纤维板、防火塑料装饰板、难燃双面刨花板、多彩涂料、难燃墙纸、难燃墙布、难燃仿花岗岩装饰板、氯氧镁水泥装配式墙板、难燃玻璃钢平板、PVC 塑料护墙板、轻质高强复合墙板、阻燃模压木质复合板材、彩色阻燃人造板、难燃玻璃钢等
	B_2	各类天然木材、木制人造板、竹材、纸制装饰板、装饰微薄木贴面板、印刷木纹人造板、塑料贴面装饰板、聚酯装饰板、复塑装饰板、塑纤板、胶合板、塑料壁纸、无纺贴墙布、墙布、复合壁纸、天然材料壁纸、人造革等
地面材料	B_1	硬 PVC 塑料地板、水泥刨花板、水泥木丝板、氯丁橡胶地板等
	B_2	半硬质 PVC 塑料地板、PVC 卷材地板、木地板、氯纶地毯等
装饰织物	B_1	经阻燃处理的各类难燃织物等
	B_2	纯毛装饰布、纯麻装饰布、经阻燃处理的其他织物等
其他装饰材料	B_1	聚氯乙烯塑料、酚醛塑料、聚碳酸酯塑料、聚四氟乙烯塑料。三聚氰胺、脲醛塑料、硅树脂塑料装饰型材、经阻燃处理的各类织物等。另见顶棚材料和墙面材料内的有关材料
	B_2	经阻燃处理的聚乙烯、聚丙烯、聚氨酯、聚苯乙烯、玻璃钢、化纤织物、木制品等

2. 力学性能

材料的力学性能是指材料在不同环境（温度、介质、湿度）下，承受各种外加载荷（拉伸、压缩、弯曲、扭转、冲击、交变应力等）时所表现出的力学特征。研究材料在高温作用下的力学性能随温度的变化关系，以及建筑结构在火灾高温作用下强度的变化是至关重要的。

3. 发烟性能

材料燃烧时会产生大量的烟，它除了对人身造成危害之外，还严重妨碍人员的疏散行动和消防扑救工作的进行。在许多火灾中，大量死难者并非烧死，而是烟气窒息造成。

4. 毒性性能

在烟气生成的同时，材料燃烧或热解中还产生一定的毒性气体。据统计，建筑火灾中人员死亡 80%为烟气中毒而死，因此对材料的潜在毒性必须加以重视。

5. 隔热性能

在隔绝火灾高温热量方面，材料的导热系数和热容量是两个最为重要的影响因素。此外，材料的膨胀、收缩、变形、裂缝、熔化、粉化等也对隔热性能有较大的影响。

研究建筑材料在火灾高温下的性能时，要根据材料的种类、使用目的和作用等具体确定应侧重研究的内容。例如对于砖、石、混凝土、钢材等材料，由于它们同属无机材料，具有不燃性，因此在研究其高温性能时重点在于高温下的物理力学性能及隔热性能。而对于塑料、木材等材料，由于其为有机材料，具有可燃性，且在建筑中主要用做装修和装饰材料，所以研究其高温性能时则应侧重于燃烧性能、发烟性能及潜在的毒性性能。

二、建筑材料的耐火性能

建筑材料受到火烧以后，有的要随着起火燃烧，如纸板、木材；有的是不见火焰的微燃，如含砂石较多的沥青混凝土；有的只炭化成灰，不起火，如毛毡和防火处理过的针织品；也有不起火、不微燃、不碳化的砖、石、钢筋混凝土等。按照燃烧性能可将建筑材料分为三类。

① 非燃烧材料　是指在空气中受到火烧或高温作用时不起火、不微燃、不炭化的材料，如金属材料和无机矿物材料。

② 难燃烧材料　是指在空气中受到火烧或高温作用时，难起火、难微燃、难炭化，当火源移走后，燃烧或微燃立即停止的材料。如刨花板和经过防火处理的有机材料。

③ 燃烧材料　是指在空气中受到火烧或高温作用时，立即起火或微燃，且火源移走后，仍能继续燃烧或微燃的材料，如木材等。

下面介绍几种典型建筑材料的高温耐火性能。

1. 钢材的高温性能

建筑用钢材可分为钢结构用钢材（各种型材、钢板）和钢筋混凝土结构用钢筋两类。它是在严格的技术控制下生产的材料，具有强度大、塑性和韧性好、品质均匀、可焊可铆、制成的钢结构重量轻等优点。但就防火而言，钢材虽然属于不燃性材料，耐火性能却很差。

（1）强度

钢材在200℃时，力学性质（强度、弹性模量、线胀系数、蠕变性质）基本不变；400℃时，可与混凝土共同抵抗外力；540℃时，强度下降50%。温度再继续上升，结构很快软化，失去承载能力，不可避免地发生扭曲倒塌。一般火场上，当大火延续5～7min后，可使温度升至500～600℃以上，这样高的温度均超过钢梁、钢柱的临界温度，建筑物的钢结构便会因强度缺失、扭曲而塌毁。试验证明，常用钢结构件的耐火极限很低，在600℃左右时，只有15～30min。要提高钢结构的耐火能力，只有对其采取有效的防火保护，这是钢结构建筑唯一的有效措施。

钢材在高温下屈服点降低是决定钢结构和钢筋混凝土结构耐火性能的最重要因素。如有一钢构件，在常温下受荷载作用时截面应力值是屈服点的一半。若该构件在火灾条件下受到加热作用，则随着钢材温度的升高，屈服强度降低，当屈服强度下降到常温的一半时构件就发生塑性变形而破坏。即由于钢材在火灾高温作用下屈服强度降低，当实际应力值达到降低了的屈服强度，就表现出屈服现象而破坏。

钢材高温下的强度变化因钢材种类不同而异。

普通低合金钢在高温下的强度变化与普通碳素钢基本相同，在200～300℃的温度范围内极限强度增加，当温度超过300℃后，强度逐渐降低。

冷加工钢筋是普通钢筋经过冷拉、冷拔、冷轧等加工强化过程得到的钢材，其内部晶格架构发生畸变，强度增加而塑性降低。这种钢材在高温下，内部晶格的畸变随着温度升高而逐渐恢复正常，冷加工所提高的强度也逐渐减少和消失，塑性得到一定恢复。因此，在相同温度下，冷加工钢材强度降低值比未加工钢筋大很多。当温度达到300℃时，冷加工钢筋强度降低约30%；500℃时强度急剧下降，降低约50%；500℃左右时，其屈服强度接近甚至小于未冷加工钢筋在相应温度时的强度。

高强钢丝用于预应力钢筋混凝土结构。它属于硬钢，没有明显的屈服极限。在高温下，高强钢丝的抗拉强度的降低比其他钢筋更快。当温度在 150℃以内时，强度不降低；温度达到 350℃以上，强度降低约 50%；400℃时强度下降约 60%；500℃时强度下降 80%以上。

预应力钢筋混凝土构件由于所用的冷加工钢筋和高强钢丝，在火灾高温下强度下降明显大于普通低碳钢筋和低合金钢筋，因此耐火性能低于非预应力钢筋混凝土构件。

(2) 弹性模量

普通低碳钢弹性模量随温度的变化情况如图 2-1 所示。由图可见，钢材弹性模量随温度升高而降低，但降低的幅度比强度降低的小。高温下弹性模量的降低与钢材种类和强度级别没有多大关系。

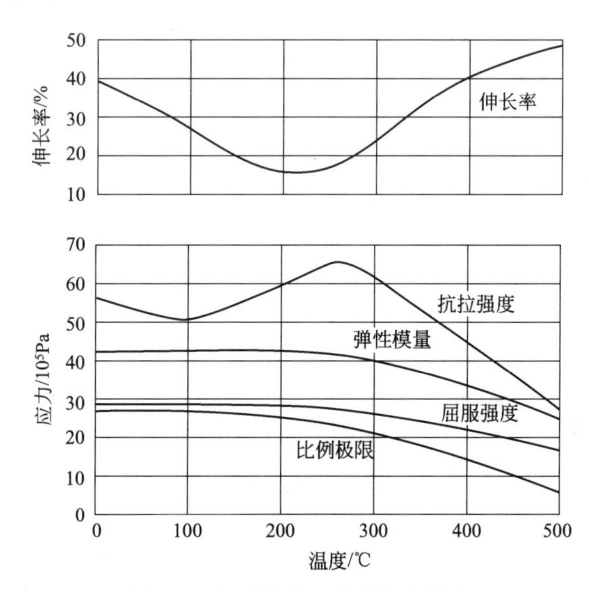

图 2-1　普通低碳钢高温热力性质

(3) 变形性能

钢材的伸长率和截面收缩率随着温度升高总的趋势是增大的，表明高温下钢材塑性性能增大，易于产生变形。

另外，钢材在一定温度和应力作用下，随时间的推移，会发生缓慢塑性变形，即蠕变。蠕变在较低温度时就会产生，在温度高于一定值时比较明显，对于普通低碳钢这一温度为 300～350℃，对于合金钢为 400～450℃，温度愈高，蠕变现象愈明显。蠕变不仅受温度的影响，而且也受应力大小影响，若应力超过了钢材在某一温度下屈服强度时，蠕变会明显增大。

(4) 导热系数

钢材在常温下的导热系数为 58W/(m·℃)，约为混凝土的 38 倍。随着钢材温度升高，导热系数逐渐减小，当温度达到 750℃时，导热系数几乎变成了常数，约为 30W/(m·℃)。钢材导热系数大是造成钢结构在火灾条件下极易破坏的主要原因之一。

2. 混凝土的高温性能

混凝土是由胶凝材料、水和粗、细骨料按适当比例配合，拌制成拌和物，经一定时间硬化而成的人造石材。

（1）强度

① 抗压强度　图 2-2 表示了混凝土的抗压强度随温度升高而变化的情况。

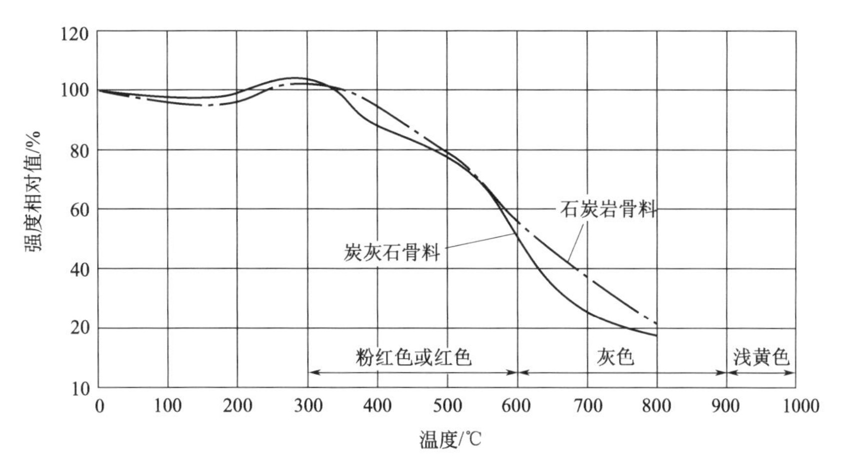

图 2-2　高温混凝土抗压强度变化

在温度为 300℃以下，混凝土的抗压强度基本上没有降低，甚至还有些增大。当温度超过 300℃以上，随着温度升高，混凝土抗压强度逐渐降低。

影响混凝土抗压强度的因素如下。

a. 加热温度。混凝土所受加热温度越高，抗压强度下降幅度越大。

b. 混凝土的组成材料。骨料在混凝土组成中占绝大部分。骨料的种类不同，性质也不同，直接影响混凝土的高温强度。用膨胀性小、性能较稳定、粒径较小的骨料配制的混凝土在高温下抗压强度保持较好。此外，采用高标号水泥、减少水泥用量、减少含水量也有利于保持混凝土在高温下的强度。

c. 消防射水。消防水急骤射到高温的混凝土结构表面时，会使结构产生严重破坏。在火灾高温作用下，当混凝土结构表面温度达到 300℃左右时，其内部深层温度依然很低，消防水射到混凝土结构表面急剧冷却会使表面混凝土中产生很大的收缩应力，因而构件表面出现很多由外向内的裂缝。当混凝土温度超过 500℃以后，从中游离的 CaO 遇到喷射的水流，发生熟化，体积迅速膨胀，造成混凝土强度急剧降低。射水冷却后混凝土剩余抗压强度的相对值见表 2-3。

表 2-3　射水冷却后混凝土剩余抗压强度的相对值

温度/℃	常值	100	200	300	400	500	600	700	800
相对值/%	1	0.75～0.08	0.76～0.97	0.75～0.94	0.71～0.81	0.51～0.61	0.41～0.59	0.21～0.28	0.12～0.08

混凝土在火灾条件下温度不超过 500℃时，火灾后在空气中冷却一个月时抗压强度降至最低，此后随着时间的增长，强度逐渐回升，一年时的强度可恢复到加热前的

90%。混凝土温度超过500℃后，强度则不能恢复。

② 抗拉强度　在火灾高温条件下，混凝土的抗拉强度随温度上升明显下降，下降幅度比抗压强度大10%～15%。当温度超过600℃以后，混凝土抗拉强度则基本丧失。混凝土抗拉强度发生下降的原因是在高温下混凝土中的水泥石产生微裂缝造成的。

③ 黏结强度　对于钢筋混凝土结构而言，在火灾高温作用下钢筋和混凝土之间的黏结强度变化对其承载力影响很大。钢筋混凝土结构受热时，其中的钢筋发生膨胀，虽然混凝土中的水泥石对钢筋有环向挤压、增加两者间摩擦力作用，但由于水泥石中产生的微裂缝和钢筋的轴向错动，仍将导致钢筋与混凝土之间的黏结强度下降。螺纹钢筋表面凹凸不平，与混凝土间机械咬合力较大，因此在升温过程中黏结强度下降较少。高温下混凝土与钢筋之间黏结强度相对值如表2-4所列。

表2-4　混凝土与钢筋之间黏结强度相对值

温度/℃	100	200	300	400	500	600	700
光圆钢筋	0.7	0.55	0.4	0.32	0.05	—	—
螺纹钢筋	1.00	1.00	0.85	0.63	0.45	0.28	0.10

(2) 弹性模量

混凝土在高温下弹性模量降低明显，其呈现明显的塑性状态，形变增加。主要原因是：水泥石与骨料在高温时产生差异，两者之间出现裂缝，组织松弛以及混凝土发生脱水现象，内部孔隙率增加。

(3) 混凝土的爆裂

在火灾初期，混凝土构件受热表面层发生的块状爆炸性脱落现象，称为混凝土的爆裂。它在很大程度上决定着钢筋混凝土结构的耐火性能，尤其是预应力钢筋混凝土结构。混凝土的爆裂会导致构件截面减小和钢筋直接暴露于火中，造成构件承载力迅速降低，甚至失去支持能力，发生倒塌破坏。

影响爆裂的因素有混凝土的含水率、密实性、骨料的性质、加热的速度、构件施加预应力的情况以及约束条件等。解释爆裂发生的原因有蒸汽压锅炉效应理论和热应力理论。

根据耐火试验发现在下列情况容易发生爆裂：耐火试验初期；急剧加热；混凝土含水率大；预应力混凝土构件；周边约束的钢筋混凝土板；厚度小的构件；梁和柱的棱角处以及工字形梁的腹板部位等。

(4) 混凝土的热学性质

混凝土构件在火灾条件下的升温速度及内部的温度分布，取决于混凝土的热学性质和构件的截面尺寸、形状等。

① 导热系数　大量试验结果表明，普通混凝土在常温下的导热系数约为1.63W/(m·℃)，随着其温度升高，导热系数减小，在温度500℃时为常温的80%，在1000℃时只有常温的50%。

② 比热容　混凝土在温度升高时比热容缓慢增大。在火灾高温下混凝土的比热容可取常值921J/(kg·℃)。

③ 密度　在升温条件下，混凝土由于内部水分的蒸发和发生热膨胀，密度降低。试验研究得出普通混凝土密度随其温度变化的关系为：

$$\rho=2400-0.56T$$

式中　ρ——普通混凝土在高温下的密度，kg/m^3；

T——混凝土温度,℃。

3. 其他建筑材料的高温性能

(1) 石材

石材抗压强度随温度升高的变化情况如图 2-3 所示。

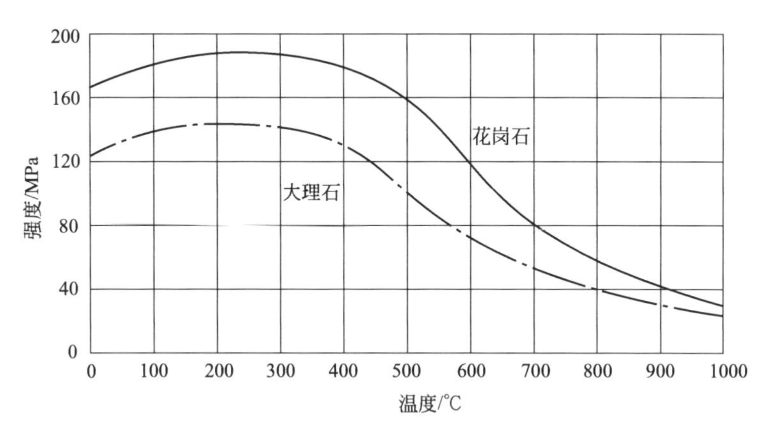

图 2-3　石材抗压强度随温度升高的变化情况

石材在温度超过 500℃以后，强度显著降低，含石英质的岩石还发生爆裂。出现这种情况的原因如下。

① 热膨胀　石材在火灾高温作用下，沿厚度方向存在较大的温度梯度，迎火面温度高，膨胀大；内部温度低，膨胀小。由此而引起的内应力，轻则使石材强度降低，严重时则会使石材破裂。

石材中的石英晶体，在 573℃和 870℃还发生晶形转变，体积增大，造成强度急剧下降并出现爆裂现象。

② 热分解　含碳酸盐的石材（如大理石、石灰石），在高温下会发生分解反应，分解出 CaO。在扑救火灾时，如果将水射到加热的石材上，表面受到急剧冷却，或者 CaO 再消解成 $Ca(OH)_2$，都会加剧石材的破坏。

(2) 黏土砖

黏土砖是由黏土制成砖坯，经过干燥，然后入窑烧至 900～1000℃而成。黏土砖经过高温煅烧，不含结晶水等水分，即使含极少量石英，也不会对制品性能造成多大影响，因而再次受到高温时性能保持平稳，耐火性良好。

对于用黏土砖和 1∶1∶3 混合砂浆砌成的砖柱和墙，按照标准火灾升温曲线升温进行耐火试验，观测到：在试验开始 1h 以后灰缝及砖内水分析出，冒出水蒸气；继续升温，砖内应力分布不均，产生细小裂缝；当炉内温度达到 1100℃左右，受火面的砖开始熔化；砌体倒塌破坏时，砂浆变得疏松，砌体失去整体性，产生纵向裂缝。砖砌体受火后发生破坏的主要原因是砌筑砂浆在温度超过 600℃以后强度迅速下降，发生粉化所致。耐火试验得出，非承重240mm砖墙可耐火8h，承重240mm砖墙可耐火5.5h，可见砖砌体耐火性能良好。

(3) 砂浆

砂浆由胶结材料（水泥、石灰等）、细骨料（砂）和水拌和而成。由水泥、砂、水拌和而成的称为水泥砂浆。由石灰、砂、水拌和而成的称为石灰砂浆。由水泥、石灰、砂、水一起拌和而成的称为混合砂浆。由于砂浆骨料细，含量少，因此骨料对凝结硬化后的坚硬砂浆高温性质的影响不如混凝土那样显著。砂浆在温度400℃以前，强度不降低，甚至有所增大；在超过400℃以后，强度显著降低，且在冷却后强度更低。这是由于砂浆中含有较多的石灰，这些石灰加热时会分解出CaO，冷却过程中CaO吸湿消解为$Ca(OH)_2$，体积急剧增大组织酥松而引起的。

从砖砌体的耐火试验观测到，当炉温达到1100℃左右，距砖体受火表面80mm深的砌筑砂浆（1∶1∶3混合砂浆）已变得酥松，实际上已丧失强度。

砂浆粉刷层作为结构的保护层，当与结构表面结合牢固，具有一定的厚度时，可以很好地改变结构构件的燃烧性能（对可燃材料制作的构件）和提高结构构件的耐火时间。

(4) 石膏

建筑石膏凝结硬化后的主要成分是二水石膏（$CaSO_4 \cdot 2H_2O$），其在高温时发生脱水，要吸收大量的热，延缓了石膏制品的破坏，因此隔热性能良好。但是二水石膏在受热脱水时会产生收缩变形，因而石膏制品容易开裂，失去隔火作用。此外，石膏制品在遇到水时也容易发生破坏。

① 装饰石膏板　这种板材以建筑石膏为主要原料，掺加适量纤维增强材料和外加剂，与水一起搅拌成均匀的料浆，经浇注成型、干燥而成为不带护面纸的装修板材。它质量轻、安装方便、具有较好的防火、隔热、吸声和装饰性，属于不燃板材，大量用于宾馆、住宅、办公楼、商店、车站等建筑的室内墙面和顶棚装修。

② 纸面石膏板　纸面石膏板是以建筑石膏为主要原料，掺加人工纤维和外加剂构成芯材，并与护面纸牢固地结合在一起的建筑板材，属于一种难燃板材。按耐火特性可分为普通纸面石膏板和耐火纸面石膏板两种。耐火纸面石膏板在高温明火下烧烤时，具有保持不断裂的性能，这种遇火稳定性是区分普通纸面石膏板和耐火纸面石膏板的重要技术指标。

纸面石膏板质量轻，强度高，易于加工装修，具有耐火、隔热和抗震等特点，常用于室内非承重墙和吊顶。

(5) 石棉水泥材料

石棉水泥材料是以石棉加入水泥浆中硬化后制成的人造石材。石材水泥材料根据用途可分为屋面材料（小块石棉瓦、大块波形石棉瓦）、墙壁材料（加压平板、大型波板）、管材（压力管、外压力管和通风管）、电气绝缘板四种。它虽然属于非燃材料，但在火灾高温下容易发生爆裂现象，常常会破裂失去隔火作用，并且强度在500～600℃时急剧降低，在高温时遇水冷却便立即发生破坏。

影响石棉水泥材料发生爆裂的因素有：含水量、水泥和石棉的配合比例、密实程度以及制品的厚度等。石棉在500～600℃发生热分解，释放出结晶水，导致制品强度急剧下降。

石棉水泥瓦、板除了具有质量小、耐水、不燃烧的特性外，还具有一定的强度和脆性性能，因而成为建造有爆炸危险建筑轻质泄压盖和墙体的理想材料。

(6) 玻璃

玻璃是以石英砂、纯碱、长石和石灰石等为原料，在1550～1600℃高温下烧至熔融，再经急冷而得的一种无定形硅酸盐物质。

① 普通平板玻璃　这种玻璃大量用于建筑的门窗，虽属于不燃材料。但耐火性能很差，在火灾高温作用下由于表面的温差会很快破碎。门、窗上的玻璃在火灾条件下大多在250℃左右，由于其变形受到门、窗框的限制而自行破裂。

② 夹丝玻璃　夹丝玻璃是在玻璃成型过程中，将经过预热处理的金属丝网加入已软化的玻璃中，经压延辊压制而成。常用夹丝玻璃的厚度为6mm。金属丝网在夹丝玻璃中主要起增大强度作用。当夹丝玻璃表面受到外力或高温作用时，同样会炸裂，但在金属丝网的支撑拉结下，裂而不散。当温度升高到700～800℃后，夹丝玻璃表面发生熔融，会填实已经出现的裂缝，直至整个玻璃软化熔融，顺着金属丝网垂落下来，形成孔洞，才失去隔火作用。

夹丝玻璃属于阻火非隔热型防火玻璃。目前生产的夹丝玻璃透光性差，难以满足高标准建筑室内装修的需要。

③ 复合防火玻璃　复合防火玻璃又称为防火夹层玻璃，它是将两片或两片以上的普通平板玻璃用透明防火黏结剂胶结而成的一种防火玻璃，属于阻火隔热型防火玻璃。这种玻璃在正常使用时和普通玻璃一样具有透光性能和装饰性能；发生火灾后，随着火势的蔓延扩大，火灾区域的温度升高，防火夹层不但能将炸裂的玻璃碎片牢固地黏结在其他玻璃上，而且受热膨胀发泡，厚度增大8～10倍，形成致密的蜂窝状防火隔热层，阻止了火焰和热量向外穿透，从而起到隔火隔热作用。复合防火玻璃主要用于防火门、窗和防火隔断，此外也用于楼梯间、电梯井的某些部位。

复合防火玻璃起防火隔热作用的主要组成材料是黏结剂。黏结剂由黏料、固化剂、溶剂和其他添加剂等组成。它必须满足在火灾高温作用以前是透明的，对玻璃有一定的黏结作用；在火灾高温作用时能发泡膨胀，起隔热作用，而且发泡致密，具有一定的强度，对玻璃仍有一定的黏结作用，能防止破裂的玻璃脱落。

(7) 防火隔热材料

在防火工程中，防火隔热材料占有极为重要的地位。无论是民用、工业建筑，还是油田、电站、水陆码头，凡涉及防火保护的装备设施或建筑工程都要根据不同的防火要求来选择不同性能的防火隔热材料。防火隔热材料有矿渣棉、岩棉、玻璃棉以及硅酸铝纤维等无机纤维材料，也包括膨胀珍珠岩、膨胀蛭石粉、碳酸镁石棉灰、硅藻土石棉灰、石棉粉等粉状粒状材料。

这其中无机纤维材料的耐热度一般为600～700℃，硅酸铝纤维的耐热度能够达到1700℃以上。这种材料普遍具有不燃、质轻、导热系数小、防蛀、耐腐、化学稳定性好、吸声性能好、价格便宜等优点。因此在建筑行业内得到了广泛应用。

所谓粉状和粒状材料是指未经过特殊加工成固定几何形状的松散原材料。这些材料的耐热度跨度范围广，例如碳酸镁石棉灰的耐热度为450℃左右，膨胀珍珠岩的耐热度为800℃，石棉粉的耐热度为500～4700℃。

第二节 建筑构件的耐火性能

建筑构件起火或受热会因受到结构破坏而失去稳定，造成建筑物倒塌和人员伤亡，因此建筑物必须具有一定的耐火能力。《建筑构件耐火试验方法》（GB/T 9978.1—2008）将标准耐火试验条件下，建筑构件、配件或结构从受火的作用时起，到失去稳定性、完整性或隔热性时止的这段时间称为耐火极限。并将在标准耐火试验条件下，承重或非承重建筑构件在一定时间内抵抗垮塌的能力，称为耐火稳定性。

我国防火设计中，构件的耐火极限时衡量建筑物耐火等级的主要指标，而承重构件的耐火极限是结构能否于火灾中保持稳定不倒塌的唯一保证。

一、建筑构件的耐火试验

对耐火构件经行耐火试验，研究构件的耐火极限，可以为正确制定和贯彻建筑防火法规提供依据，为提高建筑结构耐火性能和建筑物的耐火等级，降低防火投资，减小火灾损失提供技术措施，也和火灾烧损后建筑结构加固工作直接相关。

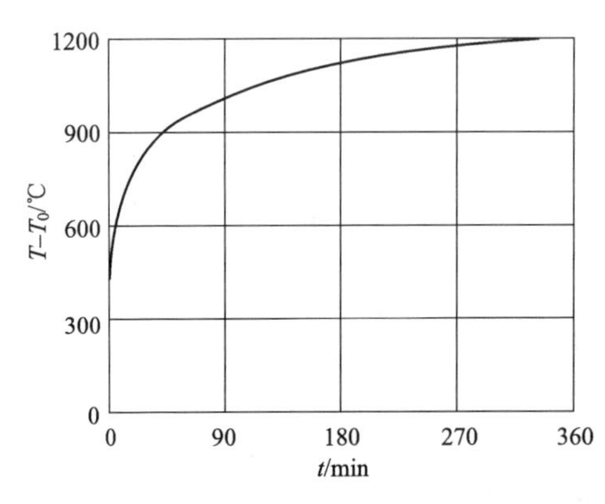

图 2-4　标准时间-温度曲线

图 2-4 为标准时间-温度曲线，该曲线最早由英国提出，后来成为国际上通用的标准耐火实验的升温条件。它是为了方便按统一方法进行实验，根据数据积累给出的火灾在爆炸后的一种理想状态下的温度与时间的关系曲线。

耐火试验采用明火加热，使试件受到与实际火灾相似的火焰作用。为了模拟一般室内火灾的发展阶段，试验时，炉内气体的温度按下式控制：

$$T-T_0=345\lg(8t+1)$$

式中　t——升温时间，min；

T——t 时刻的炉内温度，℃；

T_0——炉内初始温度，℃，一般在 5～40℃范围内。

在试验中，由于多种原因的影响，炉内温度完全按照上式升高是不可能的，会存在一定的误差。炉温偏离标准升温曲线的偏差 d 按照下式计算。

$$d=\frac{|A-B|}{B}\times 100$$

式中　A——实际平均炉温曲线下的面积；

B——标准升温曲线下的面积；

d——偏离标准升温曲线的偏差。

当 $t\leqslant 10$min 时，要求 $d\leqslant 15\%$；当 $10<t\leqslant 30$min 时，要求 $d\leqslant 10\%$；当 $t\geqslant 30$min 时，要求 $d\leqslant 5\%$。

面积 A、B 的计算方法为：试验开始 10min 内，时间间隔小于 1min；在 10～30min 内，时间间隔小于 2min；在 30min 以后，时间间隔小于 5min。在此时间间隔下，把各间隔内温度曲线下的面积相加即得到 A、B 面积。

二、影响建筑构件耐火性能的因素

构件耐火极限的判定条件有：完整性、绝热性和稳定性。所有影响构件这三条性能的因素都影响构件的耐火极限。

1. 完整性

根据试验结果，凡易发生爆裂、局部破坏穿洞、构件接缝等都可能影响试件的完整性。当构件混凝土含水量较大时，受火时易于发生爆裂，使构件局部穿透，失去完整性。当构件接缝，穿管密封处不严密，或填缝材料不耐火时，构件也易于在这些地方形成穿透性裂缝而失去完整性。

2. 绝热性

影响构件绝热性的因素主要有两个：材料的导温系数和构件厚度。材料导温系数越大，热量越易于传到背火面，所以绝热性差；反之则好。由于金属的导温系数比混凝土、砖大得多，所以墙体或楼板当有金属管道穿过时，热量会由管道传向背火面而导致失去绝热性。由于热量是逐层传导，所以当构件厚度较大时，背火面达到某一温度的时间长，绝热性好。

3. 稳定性

凡影响构件高温承载力的因素都影响构件的稳定性。

① 构件材料的燃烧性能　可燃材料构件由于本身发生燃烧，截面不断削弱，承载力不断降低。当构件自身承载力小于有效荷载作用下的内力时，构件破坏而失去稳定性。所以木材承重构件的稳定性总是比钢筋混凝土构件差。

② 有效荷载量值　所谓有效荷载是指试验时构件所承受的实际重力荷载。有效荷载大时，产生的内力大，构件失去承载力的时间短，所以耐火性差；反之则好。

③ 钢材品种　不同的钢材，在温度作用下强度降低系数不同。普通低合金钢优于普通碳素钢，普通碳素钢优于冷加工钢，而高强钢丝最差。所以配置 16Mn 钢的构件稳定性较好，而预应力构件（多配冷拉钢筋或高强钢丝）最差。

④ 实际材料强度　由于钢材和混凝土的强度受各种因素影响，是一随机变量。构件材料实际测定强度高者，耐火性好；反之则差。

⑤ 截面形状与尺寸　矩形截面上热量为二维传导，温度较高，耐火性差；而圆形构件截面上为一维热传导，温度较低，耐火性较好。同为矩形截面，当截面周长与截面面积之比大者，截面接受热量多，内部温度高，耐火性较差；反之则好。矩形截面宽度小者，高温易于损伤内部材料，耐火性较差；反之则好。截面尺寸越大，热量越不易传进内部，耐火性好；反之则差。

⑥ 配筋方式　当截面双层配筋或大直径钢筋配于中部，小直径钢筋配于角部，则内层或中部钢筋温度低，强度高，耐火性好；反之则差。

⑦ 配筋率　柱子配筋率高者，耐火性差。因钢材强度降低幅度大于混凝土。

⑧ 表面保护　当构件表面有非燃性保护层时，如抹灰、喷涂防火涂料等，构件温度低，耐火性好。

⑨ 受力状态　轴心受压柱耐火性优于小偏心受压柱，小偏心受压柱优于大偏心受压柱。原因也是钢材和混凝土在温度作用下强度降低系数不同。

⑩ 支承条件和计算长度　连续梁或框架梁受火后会产生塑性变形内力重分布现象，所以耐火性大大优于简支梁。柱子计算长度越大，纵向弯曲作用越明显，耐火性越差；反之则好。

三、建筑耐火构件的耐火极限要求

建筑物的耐火等级分为四级，其构件的燃烧性能和耐火极限不应低于表 2-5 中的规定（另有规定者除外）。

表 2-5　建筑物构件的燃烧性能和耐火极限/h

构件名称		耐火等级			
		一级	二级	三级	四级
墙	防火墙	不燃烧 4.00	不燃烧体 4.00	不燃烧体 4.00	不燃烧体 4.00
	承重墙,楼梯间、电梯井的墙	不燃烧体 3.00	不燃烧体 2.50	不燃烧体 2.50	难燃烧体 0.50
	非承重外墙,疏散走道两侧的隔墙	不燃烧体 1.00	不燃烧体 1.00	不燃烧体 0.50	难燃烧体 0.25
	房间隔墙	不燃烧体 0.75	不燃烧体 0.50	难燃烧体 0.50	难燃烧体 0.25
柱	支承多层的柱	不燃烧体 3.50	不燃烧体 2.50	不燃烧体 2.50	难燃烧体 0.50
	支承单层的柱	不燃烧体 2.50	不燃烧体 2.00	不燃烧体 2.00	燃烧体
梁		不燃烧体 2.00	不燃烧体 1.50	不燃烧体 1.00	难燃烧体 0.50
楼板		不燃烧体 1.50	不燃烧体 1.00	不燃烧体 0.50	难燃烧体 0.25
屋顶承重构件		不燃烧体 1.50	不燃烧体 0.50	燃烧体	燃烧体
疏散楼梯		不燃烧体 1.50	不燃烧体 1.00	不燃烧体 1.00	燃烧体
吊顶(包括吊顶格栅)		不燃烧体 0.25	难燃烧体 0.25	难燃烧体 0.15	燃烧体

注：1. 以木柱承重且以非燃烧材料作为墙体的建筑物，其耐火等级应按四级确定。

2. 高层工业建筑的预制钢筋混凝土装配式结构，其节缝隙或金属承重构件节点的外露部位，应做防火保护层，其耐火极限不应低于本表相应构件的规定。

3. 二级耐火等级的建筑物吊顶，如采用非燃烧体时，其耐火极限不限。

4. 在二级耐火等级的建筑中，面积不超过 100m^2 的房间隔墙，如执行本表的规定有困难时，可采用耐火极限不低于 0.3h 的非燃烧体。

5. 一、二级耐火等级民用建筑疏散走道两侧的隔墙，按本表规定执行有困难时，可采用 0.75h 非燃烧体。

二级耐火等级的多层和高层工业建筑内存放可燃物的平均重量超过 200kg/m^2 的房间，其梁、楼板的耐火极限应符合一级耐火等级的要求，但设有自动灭火设备时，其梁、楼板的耐火极限仍可按二级耐火等级的要求。

承重构件为非燃烧体的工业建筑（甲、乙类库房和高层库房除外），其非承重外墙为非燃烧体时，其耐火极限可降低到 0.25h，为难燃烧体时，可降低到 0.5h。

二级耐火等级建筑的楼板（高层工业建筑的楼板除外），如耐火极限达到 1h 有困难时，可降低到0.5h。上人的二级耐火等级建筑的平屋顶，其屋面板的耐火极限不应低于1h。

二级耐火等级建筑的屋顶如采用耐火极限不低于0.5h的承重构件有困难时，可采用无保护层的金属构件。但甲、乙、丙类液体火焰能烧到的部位，应采取防火保护措施。

建筑物的屋面面层，应采用不燃烧体，但一、二级耐火等级的建筑物，其不燃烧体屋面基层上可采用可燃卷材防水层。

高级旅馆的客房及公共活动用房、演播室、录音室及电化教室，大型中型电子计算机机房等建筑或部位的室内装修，宜采用非燃烧材料或难燃烧材料。

四、提高构件耐火极限的措施

提高构件耐火极限的措施可以采取以下措施。

① 处理好构件接缝构造，防止发生穿透性裂缝。

② 使用热导率低的材料，或增大构件厚度以提高构件隔热性。

③ 使用非燃性材料。

④ 构件表面抹灰或喷涂防火材料。

⑤ 加大构件截面，主要加大宽度。

⑥ 配置综合性能好、具有较高强度和良好的塑性、韧性的钢材料，把粗钢筋配于截面中部或构件内层，细钢筋配于角部或构件外层；梁采用相对较细、根数较多的钢筋。

⑦ 柱子和连续梁可提高混凝土强度等级，其余承重构件可提高材料强度等级。

⑧ 改变构件支撑条件，增加多余约束，做成超静定形式。

第三节 建筑物耐火等级

一、耐火等级的定义和作用

耐火等级是衡量建筑物耐火程度的分级标准。规定建筑物的耐火等级是建筑设计防火技术措施中最基本的措施之一。对于不同类型、不同性质的建筑物，提出不同的耐火等级要求，可做到既有利于消防安全，又有利于节约基本建设投资。

建筑物具有较高的耐火等级，可以起到以下几方面作用：在建筑物发生火灾时，确保其在一定的时间内不破坏，不传播火灾，延缓和阻止火势的蔓延；为人们安全疏散提供必要的疏散时间，保证建筑物内的人员安全脱险；为消防人员扑救火灾创造条件；为建筑物火灾后修复重新使用提供可能。

火灾实例说明，耐火等级高的建筑物，发生火灾的次数少，火灾时被火烧坏、倒塌的很少；耐火等级低的建筑，发生火灾概率大，火灾时往往容易被烧坏，造成局部或整体倒塌，火灾损失大。对于不同类型、性质的建筑提出不同的耐火等级要求。可做到既有利于消防安全，又有利于节约基本建设投资。建筑物具有较高的耐火等级，可以起到以下几方面的作用。

① 在建筑物发生火灾时，确保其能在一定的时间内不破坏，不传播火灾，延缓和阻止火势的蔓延。

② 为人们安全疏散提供必要的疏散时间，保证建筑物内人员安全脱险。建筑物层数越多，疏散到地面的距离就越长，所需疏散时间也愈长。为了保证建筑物内人员安全疏散，在设计中除了要周密地考虑完善的安全疏散设施外，还要做到承重构件具有足够的耐火能力。

③ 为消防人员扑救火灾创造有利条件。扑救建筑火灾，消防人员大多要进入建筑物内进行扑救。如果其主体结构没有足够的抵抗火烧的能力，在较短时间内发生局部或全部破坏、倒塌，不仅会给消防扑救工作造成许多困难，而且还可能造成重大伤亡事故。

④ 为建筑物火灾后重新修复使用提供有利条件。在通常情况下，其主体结构耐火能力好，抵抗火烧时间长，则其火灾时破坏少，灾后修复快。如韩国“大然阁”旅馆，其主体结构是型钢框架外包混凝土的劲性钢结构，采用钢筋混凝土楼板。发生火灾后，大火延烧了8个多小时，其主体结构依然完好。又如巴西“安得斯”大楼为钢筋混凝土框架结构，大火延烧了十几个小时，其内部装修和其他可燃物品全部烧光，但其主体结构基本完好。这两座高层建筑在事后都进行了修复，得以重新使用。

二、建筑物耐火等级的划分

各类建筑由于使用性质、重要程度、规模大小、层数高低和火灾危险性存在差异，所要求的耐火程度应有所不同。

1. 建筑物耐火等级的划分依据

划分耐火等级应考虑的因素如下。

(1) 建筑物的重要性

建筑物的重要程度是确定其耐火等级的重要因素。对于性质重要，功能、设备复杂，规模大，建筑标准高的建筑，如国家机关重要的办公楼、中心通信枢纽大楼、中心广播电视大楼、大型影剧院、礼堂、大型商场、重要的科研楼、藏书楼、档案楼、高级旅馆、高层工业和民用建筑、高架仓库等，其耐火等级应选定一、二级。由于这些建筑一旦发生火灾，往往经济损失大、人员伤亡大、政治影响大，因此要求其有较高的耐火能力是完全必要的。

(2) 建筑物火灾危险性

建筑物的火灾危险性大小对选定其耐火等级影响很大，一般住宅的火灾危险性小，而使用人数多的大型公共建筑火灾危险性大，在耐火标准上就要区别对待。火灾危险性大的建筑应该具有相应的高的耐火等级。

(3) 建筑物的高度

建筑物高度越高，功能越复杂，火灾时人员的疏散和火灾扑救越困难，损失也越大。由于高层建筑的特殊性，有必要对其采取一些特别严格的措施。《高层民用建筑设计防火规范》根据使用性质、火灾危险性、疏散和扑救难度等把高层建筑分为两类，要求一类建筑物的耐火等级应为一级；二类建筑物的耐火等级不应低于二级。

对高度较大的建筑物选定较高的耐火等级，提高其耐火能力，可以确保其在火灾条件下不发生倒塌破坏，给人员安全疏散和消防扑救创造有利条件。

（4）建筑物的火灾荷载

火灾荷载大的建筑物发生火灾后，火灾持续燃烧时间长，燃烧猛烈，火场温度高，对建筑构件的破坏作用大。为了保证火灾荷载较大建筑物，在发生火灾时建筑结构构件的安全，应相应地提高这种建筑的耐火等级，使建筑构件具有较高的耐火极限。

2. 一般民用建筑物耐火等级的分级标准

各类建筑由于使用性质、重要程度、规模大小、层数高低、火灾危险性存在差异，所要求的耐火程度应有所不同。

建筑物耐火等级是由组成建筑物的墙、柱、梁、楼板、屋顶承重构件和吊顶等主要建筑构件的燃烧性能和耐火极限决定的。按照我国建筑设计、施工及建筑结构的实际情况，并考虑到今后建筑的发展趋势，本章第四节已经提到，将建筑物的耐火等级划分为四个级别，见表2-6。建筑物所要求的耐火等级确定之后，其各种建筑构件的燃烧性能和耐火极限均不应低于表中相应耐火等级的规定。

表2-6　民用建筑的耐火等级分类

耐火等级	最多允许层数	防火分区的最大允许建筑面积/m^2	备　注
一、二级	9层及9层以下的居住建筑（包括设置商业服务网点的居住建筑）	2500	①体育馆、剧院的观众厅，展览建筑的展厅，其防火分区最大允许建筑面积可适当放宽 ②托儿所、幼儿园的儿童用房和儿童游乐厅等儿童活动场所不应超过三层或设置在四层及四层以上楼层或地下、半地下建筑（室）内
三级	5层	1200	①托儿所、幼儿园的儿童用房和儿童游乐厅等儿童活动场所、老年人建筑和医院、疗养院的住院部分不应超过二层或设置在三层及三层以上楼层或地下、半地下建筑（室）内 ②商店、学校、电影院、剧院、礼堂、食堂、菜市场不应超过二层或设置在三层及三层以上楼层
四级	2层	600	学校、食堂、菜市场、托儿所、幼儿园、老年人建筑、医院等不应该设置在二层
	地下、半地下建筑（室）	500	—

3. 高层民用建筑的耐火等级

（1）高层民用建筑的划分

我国《高层民用建筑设计防火规范》规定，高层民用建筑系指10层及10层以上的居住建筑（包括首层设置商业服务网点的住宅）；建筑高度超过24m，且层数为2层及2层以上的其他民用建筑。

建筑高度为建筑物室外地面到其檐口或屋面面层的高度，屋顶上的瞭望塔、水箱间、电梯机房、排烟机房和楼梯出口小间等不计入建筑高度和层数内；住宅建筑的地下室、半地下室的顶板面高出室外地面不超过1.5m时，不计入层数内。

（2）高层建筑的火灾特点

在防火条件相同的情况下，高层建筑比低层建筑火灾危害性大，而且发生火灾后容易造成重大的损失和伤亡，其火灾特点主要有四个方面。①火势蔓延途径多、速度快；②安全疏散困难；③扑救难度大；④功能复杂，起火因素多。

综上所述，高层建筑的火灾危险性是十分严重的，一旦发生火灾损失将十分惨重。为了确保其消防安全，在高层建筑设计中，必须认真贯彻“以防为主，防消结合”的消防工作方针，针对火灾蔓延快、危害大和疏散、扑救困难等特点，综合实际情况，积极创造条件，在防火设计中采用先进的防火技术，消除和减少起火因素，在其一旦发生火灾时，能够及时有效地进行扑救，减少损失。

(3) 高层民用建筑耐火等级的划分

根据高层民用建筑防火安全的需要和高层建筑结构的现实情况，将高层民用建筑的耐火等级分为两级，见表 2-7。

表 2-7　高层民用建筑构件的燃烧性能和耐火极限

构件名称		耐火等级	
		一级	二级
墙	防火墙	不燃烧体 3.00	不燃烧体 3.00
	承重墙，楼梯间，电梯井和住宅单元之间的墙	不燃烧体 2.00	不燃烧体 2.00
	非承重外墙、疏散走道两侧的隔墙	不燃烧体 1.00	不燃烧体 1.00
	房间隔墙	不燃烧体 0.75	不燃烧体 0.50
柱		不燃烧体 3.00	不燃烧体 2.50
梁		不燃烧体 2.00	不燃烧体 1.50
楼板、疏散楼梯、屋顶承重构件		不燃烧体 1.50	不燃烧体 1.00
吊顶(包括吊顶格栅)		不燃烧体 0.25	难燃烧体 0.25

(4) 高层民用建筑耐火等级

高层民用建筑耐火等级的选定是在高层建筑分类的基础上进行的，见表 2-8。

表 2-8　高层民用建筑分类

项目	一类	二类
居住建筑	高级住宅 19 层及 19 层以上的普通住宅	10～18 层的普通住宅
公共建筑	医院 高级旅馆 建筑高度超过 50m 或每层建筑面积超过 1000m^2 的商业楼、展览楼、综合楼、电信楼、财贸金融楼 建筑高度超过 50m 或每层建筑面积超过 1500m^2 的商住楼 中央级和省级(含计划单列市)广播电视楼 网局级和省级(含计划单列市)电力调度楼 省级(含计划单列市)邮政楼、防灾指挥调度楼 藏书超过 100 万册的图书馆、书库 重要的办公楼、科研楼、档案楼 建筑高度超过 50m 的教学楼和普通的旅馆、办公楼、科研楼、档案楼等	除一类建筑以外的商业楼、展览楼、综合楼、电信楼、财贸金融楼、商住楼、图书馆、书库 省级以下的邮政楼、防灾指挥调度楼、广播电视楼、电力调度楼 建筑高度不超过 50m 的教学楼和普通的旅馆、办公楼、科研楼

根据高层民用建筑类别，《高层民用建筑设计防火规范》(GB 50045—95) 对选定耐火等级作了如下规定，耐火设计时应严格执行。

① 一类高层建筑的耐火等级应为一级。二类高层建筑的耐火等级不应低于二级。

② 裙房的耐火等级不应低于二级，高层建筑地下室的耐火等级应为一级。

在选定了建筑物的耐火等级后，必须保证建筑物的所有构件均满足该耐火等级对构件耐火极限和燃烧性能的要求。

4. 厂房（仓库）的耐火等级

(1) 厂房（仓库）火灾危险性分类

生产的火灾危险性应根据生产中使用或产生的物质性质及其数量等因素，分为甲、乙、丙、丁、戊类，并应符合表 2-9 的规定。

表 2-9 生产的火灾危险性分类

生产类别	火灾危险性特征	
	项别	使用或生产下列物质的生产
甲	1	闪点小于 28℃的液体
	2	爆炸下限小于 10%的气体
	3	常温下能自行分解或在空气中氧化能导致迅速自燃或爆炸的物质
	4	常温下受到水或空气中的水蒸气的作用，能产生可燃气体并引起燃烧或爆炸的物质
	5	遇酸、受热、撞击、摩擦、催化以及遇有机物或硫黄等易燃的无机物，极易引起燃烧或爆炸的强氧化剂
	6	受撞击、摩擦或氧化剂、有机物接触时能引起燃烧或爆炸的物质
	7	在密闭设备内操作温度大于等于物质本身自燃点的生产
乙	1	闪点大于等于 28℃，但小于 60℃的液体
	2	爆炸下限大于等于 10%的气体
	3	不属于甲类的氧化剂
	4	不属于甲类的化学易燃危险固体
	5	助燃气体
	6	能与空气形成爆炸型混合物的浮游状态的粉尘、纤维、闪点大于等于 60℃的液体雾滴
丙	1	闪点大于等于 60℃的液体
	2	可燃固体
丁	1	对不燃烧物质进行加工，并在高温或融化状态下经常产生前辐射热火花或火焰的生产
	2	利用气体、液体、固体作为燃料或将气体、液体进行燃烧作其他用的各种生产
	3	常温下使用或加工难燃烧物质的生产
戊		常温下使用或加工不燃烧物质的生产

同一座厂房或厂房的任一防火分区内有不同火灾危险性生产时，该厂房或防火分区内的生产火灾危险性分类应按火灾危险性较大的部分确定。当符合下述条件之一时，可按火灾危险性较小的部分确定：

① 火灾危险性较大的生产部分占本层或本防火分区面积的比例小于5%或丁、戊类厂房内的油漆工段小于10%，且发生火灾事故时不足以蔓延到其他部位或火灾危险性较大的生产部分采取了有效的防火措施。

② 丁、戊类厂房内的油漆工段，当采用封闭喷漆工艺，封闭喷漆空间内保持负压、油漆工段设置可燃气体自动报警系统或自动抑爆系统，且油漆工段占其所在防火分区面积的比例小于等于20%。

③ 储存物品的火灾危险性应根据储存物品的性质和储存物品中的可燃物数量等因素，分为甲、乙、丙、丁、戊类，并应符合表2-10的规定。

表 2-10 储存物品的火灾危险性分类

仓库类别	项别	储存物品的火灾危险性特征
甲	1	闪点小于28℃的液体
	2	爆炸下限小于10%的气体，以及受到水或空气中的水蒸气的作用能产生爆炸下限小于10%气体的固体物质
	3	常温下能自行分解或在空气中氧化能导致迅速自燃或爆炸的物质
	4	常温下受到水或空气中的水蒸气的作用，能产生可燃气体并引起燃烧或爆炸的物质
	5	遇酸、受热、撞击、摩擦以及遇有机物或硫黄等易燃的无机物，极易引起燃烧或爆炸的强氧化剂
	6	受撞击、摩擦或氧化剂、有机物接触时能引起燃烧或爆炸的物质
乙	1	闪点大于等于28℃，但小于60℃的液体
	2	爆炸下限大于等于10%的气体
	3	不属于甲类的氧化剂
	4	不属于甲类的化学易燃危险固体
	5	助燃气体
	6	常温下与空气接触能缓慢氧化，积热不散引起自燃的物品
丙	1	闪点大于等于60℃的液体
	2	可燃固体
丁		难燃烧物品
戊		不燃烧物品

④ 同一座仓库或仓库的任一防火分区内储存不同火灾危险性物品时，该仓库或防火分区的火灾危险性应按其中火灾危险性最大的类别确定。

⑤ 丁、戊类储存物品的可燃包装重量大于物品本身重量1/4的仓库，其火灾危险性应按丙类确定。

(2) 厂房（仓库）的耐火等级与构件的耐火极限

① 厂房（仓库）的耐火等级可分为一、二、三、四级。其构件的燃烧性能和耐火极限除本规范另有规定者外，不应低于表2-11的规定。

② 甲、乙类厂房和甲、乙、丙类仓库建筑中的防火墙，其耐火极限应按表2-10的规定提高1.00h。

表 2-11 厂房（仓库）建筑构件的燃烧性能和耐火极限/h

名称		耐火等级			
构件		一级	二级	三级	四级
墙	防火墙	不燃烧体 3.00	不燃烧体 3.00	不燃烧体 3.00	不燃烧体 3.00
	承重墙	不燃烧体 3.00	不燃烧体 2.50	不燃烧体 2.00	不燃烧体 0.50
	楼梯间和电梯井的墙	不燃烧体 2.00	不燃烧体 2.00	不燃烧体 1.50	不燃烧体 0.50
	疏散走道两侧的隔墙	不燃烧体 1.00	不燃烧体 1.00	不燃烧体 0.50	难燃烧体 0.25
	非承重墙	不燃烧体 0.75	不燃烧体 0.50	难燃烧体 0.50	难燃烧体 0.25
	房间隔墙	不燃烧体 0.75	不燃烧体 0.50	难燃烧体 0.50	难燃烧体 0.25
柱		不燃烧体 3.00	不燃烧体 2.50	不燃烧体 2.00	难燃烧体 0.50
梁		不燃烧体 2.00	不燃烧体 1.50	不燃烧体 1.00	难燃烧体 0.50
楼板		不燃烧体 1.50	不燃烧体 1.00	不燃烧体 0.75	难燃烧体 0.50
屋顶承重构件		不燃烧体 1.50	不燃烧体 1.00	难燃烧体 0.50	燃烧体
疏散楼梯		不燃烧体 1.50	不燃烧体 1.00	不燃烧体 0.75	燃烧体
吊顶(包括吊顶搁栅)		不燃烧体 0.25	难燃烧体 0.25	难燃烧体 0.15	燃烧体

注：二级耐火等级建筑的吊顶采用不燃烧体时，其耐火极限不限。

③ 一、二级耐火等级的单层厂房（仓库）的柱，其耐火极限可按表 2-11 的规定降低 0.50h。

④ 设置自动灭火系统的单层丙类厂房以及丁、戊类厂房（仓库）等二级耐火等级建筑的梁、柱可采用无防火保护的金属结构，其中能受到甲、乙、丙类液体或可燃气体火焰影响的部位，应采取外包敷不燃材料或其他防火隔热保护措施。

⑤ 一、二级耐火等级建筑的非承重外墙应符合下列规定：

a. 除甲、乙类仓库和高层仓库外，当非承重外墙采用不燃烧体时，其耐火极限不应低于 0.25h；当采用难燃烧体时，不应低于 0.50h；

b. 4 层及 4 层以下的丁、戊类地上厂房（仓库），当非承重外墙采用不燃烧体时，其耐火极限不限；当非承重外墙采用难燃烧体的轻质复合墙体时，其表面材料应为不燃材料、内填充材料的燃烧性能不应低于 B2 级。B1、B2 级材料应符合现行国家标准《建筑材料及制品燃烧性能分级》(GB 8624—2006) 的有关要求。

⑥ 二级耐火等级厂房（仓库）中的房间隔墙，当采用难燃烧体时，其耐火极限应提高 0.25h。

⑦ 二级耐火等级的多层厂房或多层仓库中的楼板，当采用预应力和预制钢筋混凝土楼板时，其耐火极限不应低于 0.75h。

⑧ 一、二级耐火等级厂房（仓库）的上人平屋顶，其屋面板的耐火极限分别不应低于 1.50h 和 1.00h。

一级耐火等级的单层、多层厂房（仓库）中采用自动喷水灭火系统进行全保护时，其屋顶承重构件的耐火极限不应低于 1.00h。

二级耐火等级厂房的屋顶承重构件可采用无保护层的金属构件，其中能受到甲、乙、丙类液体火焰影响的部位应采取防火隔热保护措施。

⑨ 一、二级耐火等级厂房（仓库）的屋面板应采用不燃烧材料，但其屋面防水层和绝热层可采用可燃材料；当丁、戊类厂房（仓库）不超过4层时，其屋面可采用难燃烧体的轻质复合屋面板，但该板材的表面材料应为不燃烧材料，内填充材料的燃烧性能不应低于B2级。

⑩ 除以上规定外，以木柱承重且以不燃烧材料作为墙体的厂房（仓库），其耐火等级应按四级确定。

⑪ 预制钢筋混凝土构件的节点外露部位，应采取防火保护措施，且该节点的耐火极限不应低于相应构件的规定。

第四节 钢结构耐火设计

随着科学技术的发展，钢结构的建筑不断涌现，钢结构由于其强度高、塑性及韧性好等诸多优点，在超高层、大空间等建筑中得到广泛应用。前面已经讲到，钢结构的耐火性能差，在使用中必须进行耐火保护。

一、裸钢及受保护构件的热反应

未加保护的钢构件一旦遇火会立即升温。如果对钢构件以低热导率材料加以保护，其温度上升会比较慢。对于混凝土楼板的梁、嵌在壁中的柱子等进行了保护的梁和柱也有一定的耐火极限，对于钢结构的保护应具体情况具体分析，做到既经济又安全。

1. 钢结构的截面系数

在未保护钢构件的温升中起着决定作用的控制参数是钢构件的受热周长（L）与构件截面积（A）的比，这一比值 L/A 的单位由 m^{-1} 表示，我们称其为钢构件的截面系数。截面系数小的构件，其温升较慢，而截面系数相对较大的构件其受火后的温升则较快。因此就裸钢而言，截面系数较小的构件可获得相对较高的耐火极限。如果采用这一观点对钢构件进行设计的话，截面系数不同，钢构件的防火保护层的厚度也应不同。对于完全暴露于火中的工字形钢构件其截面系数为：

$$L/A=(4B+2D-2t)/A$$

式中 B——梁截面的宽，m；

D——梁截面的高，m；

t——腹板的厚度，m；

A——截面面积，m^2；

L——受热周长，m。

对于梁上铺有混凝土楼板的工字形钢梁，可认为梁的上翼缘上表面被低热导率的材料保护，不会通过楼板而将热量传给梁的上翼缘。因此，在这种情况下构件的截面系数应该为 $L/A=(3B+2D-2t)/A$。但对于木质或其他可燃材料的楼板或墙体来说，其截面系数应为构件的全部周长。

钢构件受火后温度的上升是由热辐射和热传导造成的，而热辐射是其温度升高的主要因素。对于未受保护的钢构件在400～600℃这一温度段间与时间的关系可近似看成线性的。如图2-5所示。

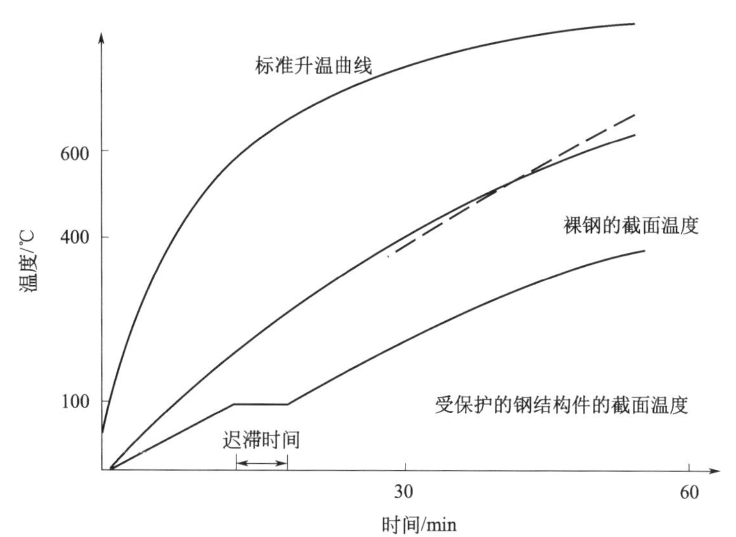

图2-5　受保护及裸露钢构件在标准耐火试验时升温情况

2. 受保护钢截面受火后的特性

钢结构构件由于其不可避免的弱点若想达到预期的耐火等级，则必须采取有效的保护措施，如喷涂法、包敷法、水喷淋及注水冷却法，前三项是以隔热方式对钢结构进行保护，以阻隔来自火焰的热辐射；而注水冷却法则是以散热方式来消耗钢构件的热量，使其温度低于钢材的破坏温度。

从图2-5中可以看出受保护钢构件截面的温升形式与裸钢的温升形式基本相同，只是其温升速率较低。在实际应用中，多数防火材料都有一些自然湿度，在升温过程中总会出现一个可被称为“迟滞”或“停顿”的过程。这一阶段依据含湿量的不同其持续时间略有不同。另外，某些具有一定热容的较为厚重的防火材料，可储存一定的热量，这些对于钢结构的保护都是有利的因素。

另外，受保护钢构件的截面系数与其保护方式及构件位置的不同而有所差别。如图2-6所示。

二、钢结构防火保护方法

对于钢结构防火保护材料，无论采取何种方法都应具备以下几点：①安全无毒；②易于与钢构件结合；③在预期的耐火极限内可有效地保护钢结构；④在钢构件受火后发生允许变形时，防火保护材料应不至破坏而仍能保持原有的保护作用。钢结构防火材料的成本也是值得关注的问题，因此做到安全合理，又经济实用，是人们在防火材料研究中所追求的目标。

钢结构防火材料的耐火性能，是依靠标准耐火试验对构件进行实测而得出的数据，尽管这种方法较烦琐，但可靠性较高。我国目前所采用的标准包括《建筑构件耐火试验方法》(GB 9978.1—2008)、《钢结构防火涂料》(GB 14907—2002) 等。

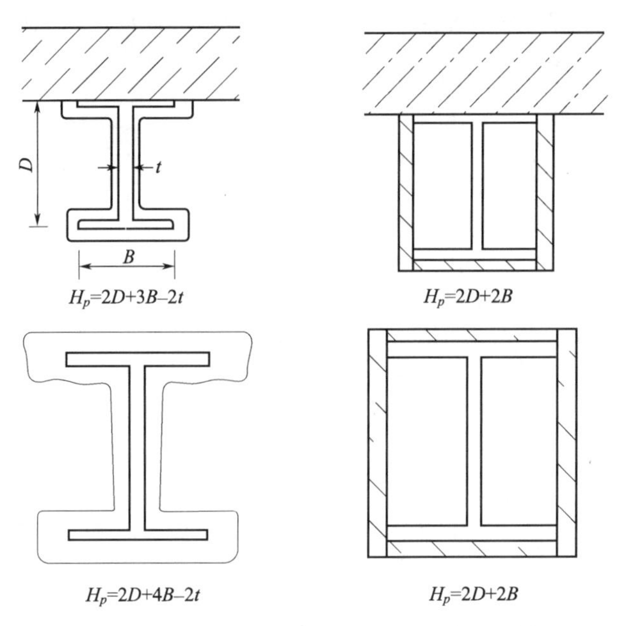

图 2-6　工字截面不同防火形式下的截面系数

1. 防火涂料

目前，我国在大型钢结构防火工程中常采用喷涂法，这种方法有利于梁柱结点及桁架的处理，但施工时对环境略有污染。防火涂料包括以无机材料为主的厚型非膨胀涂料，或以有机材料为主的薄型膨胀涂料。厚型防火涂料一般喷涂厚度在10～40mm，耐火极限可达 0.5～3h，甚至更长时间。由于厚型防火涂料的成分多为无机材料，因此其防火性能较稳定，长期使用效果较好，但其单位重量较大，外观不平整等缺陷使其大多用于结构隐蔽工程。而薄型防火涂料喷涂厚度 1～10mm，耐火极限亦可达 0.5～2h，有些性能较好的薄型防火涂料即使很薄也可达到 1～1.5h 的耐火极限。因此某些结构需要暴露、荷载量要求苛刻的钢结构建筑常采用薄型防火涂料。薄型防火涂料多属于有机膨胀型，而有机材料的长期老化问题，也是不容忽视的。因此薄型防火涂料长期使用的防火稳定性需进行深入的研究，同时也应引起研制、生产及使用者的充分关注。

2. 包敷法

这种方法目前在发达国家采用的较多，它多采用无机防火板材对大型钢构件进行箱式包裹，如石膏板、蛭石板等，包板的厚度根据耐火极限要求而定。这种方法虽然可使构件的装修面平整光滑、施工环境好，但造价较高，施工安装技术含量高，因此目前在我国采用较少，但却是一种发展趋势。包敷法值得注意的问题是板与板的连接部位，若此处处理不当，一旦遇火，该处会形成热桥，使局部温升加快，从而影响整体防火性能。

3. 防火保护材料厚度的确定

对于钢结构防火保护材料的厚度与耐火极限的关系，目前并无明确的计算方法，特别是对膨胀型防火材料更是无法准确地计算出其与时间的关系。英国在为完善其钢结构设计规范的研究中，对这一问题进行了探讨，认为在标准火灾升温条件下，受保护的钢构件在400～600℃间的温升与保护层厚度的关系可由下式得出。

$$t_s=38(\theta_s-140)\cdot\left(\frac{d_iA}{k_iL}\right)^{0.7}$$

式中 A——截面面积，m^2；

L——受热周长，m，

t_s——升温时间，min；

k_i——防护材料的导热系数，W/m·℃；

d_i——防护材料的厚度，m；

θ_s——在时间 t 时的钢截面的平均温度，℃。

考虑到大多数防火材料都具有一定的自然湿度而造成的温升迟滞段，而这一现象又是延长耐火极限的有利因素，计算时如忽略此段时间就过于保守了，因此可以下式作为估算时间段的方法：

$$t_v=\frac{p\rho_i d_i^2}{5k_i}$$

式中 p——防火材料的含湿量，%；

这样受保护的钢构件的耐火极限为 t_s 及 t_v 之和了。经与标准耐火试验结果相比较，该公式的计算结果可比性相对较高。是一种估算防火材料耐火极限的简便方法。但该方法不适用于薄型膨胀防火涂料的计算。

目前，我国钢结构涂料厚度的确定还是基于一种较为保守的规定，并未对钢构件本身的特点加以考虑，而仅仅对涂料本身做了相应的规定。而在某些发达国家中，对于由无机材料构成的非膨胀型防火涂料的保护层厚度的确定，已可按钢构件截面系数来确定保护层的厚度了，这样不仅可节约材料的使用量，还可充分发挥钢材自身的优势。

随着我国钢结构建筑的不断涌现，钢结构防火材料的市场逐步扩大，对它的应用与理论研究也会更加深入，相应的设计规范与技术标准不断完善与发展。

第三章 建筑防火

第一节 防火分区与防烟分区

一、防火分区的概述

1. 定义与分类

防火分区，从广义上来讲，是用具有较高耐火极限的墙体和楼板等构件（作为一个区域的边界构件）划分出来的，能在一定时间内将火势控制在一个范围内，从而阻止火势向同一建筑的其他区域蔓延的防火单元。如果建筑物内某一个房间失火，由于燃烧产生的对流热、辐射热和传导热使火灾很快蔓延到周围区域，最终导致整个建筑物起火。因此，在建筑设计中合理地进行防火分区，不仅能有效控制火势的蔓延以利于人员的疏散和扑灭火灾，还可以减少火灾造成的损失，保护国家和人民财产安全。

防火分区按其功能可以划分为水平防火分区和竖向防火分区两类。水平防火分区是指在同一水平面内，利用防火分隔物（防火墙或防火门、防火卷帘）将建筑平面分为若干防火分区或防火单元，目的是防治火灾在水平方向上扩大蔓延；竖向防火分区则是指上、下层分别用耐火极限不低于 1.50h 或 1.00h 的楼板或窗间墙（两上、下窗之间的距离不小于 1.2m 的墙）等构件进行防火分隔，可以防止多层或高层建筑的层与层之间发生竖向火灾蔓延。

2. 防火分区的划分原则

建筑防火分区的划分，从消防角度去认识，其分区越小则效果越好，但从建筑的使用功能、建筑的美观要求以及建筑的经济性等方面考虑，则希望防火分区的面积能够大些。因此，划分防火分区除必须满足防火规范中规定的面积及构造要求外，尚应满足以下原则。

① 做避难通道使用的楼梯间、前室和某些有避难功能的走廊，必须受到安全保护，保证其不受火灾的侵害，并时刻保持畅通无阻。

② 发生火灾危险性大、火灾燃烧时间长的部分应与其他部分分隔开。如饭店的厨房与餐厅部分，由于厨房有明火作业，火灾发生的危险性大，故两者间应考虑作为两个不同的防火分区处理。

③ 高层建筑的各种竖井、如电缆井、管道井、垃圾井等，其本身应是独立的防火

单元，保证井道外部火灾不得传入井道内部，井道内部火灾也不得传到井道外部。

④ 有特殊防火要求的建筑，如医院的特殊重点病房、贵重设备和物品的储存间，在正常的防火分区内还应设置更小的防火单元。

⑤ 高层建筑在垂直方向应以每个楼层为单元划分防火分区。

⑥ 所有的建筑地下室，在垂直方向应以每个楼层为单元划分防火分区。

⑦ 为扑救火灾而设置的消防通道，其本身应受到良好的防火保护。

⑧ 设置有自动喷水设备的防火分区，其允许面积可以适当扩大。

⑨ 使用不同灭火方式的房间应加以分隔，如配电房、自动发动机房等。当采用二氧化碳或卤代烷灭火剂时，由于这些灭火剂毒性大，应分割为封闭单元，以便施放灭火剂后能密封起来防止毒性气体扩散伤人。此外，不能用水灭火的化学物品的使用与储存间，应单独分隔开。

二、防火分区的分隔设施

防火分区的分割设施是指防火分区间的能保证在一定时间内阻燃的边缘构建及设施，主要包括防火墙、防火门、防火窗、防火卷帘、耐火楼板、防火水幕带等。防火分割设施可以防止火势由外部向内部或由内部向外部，或在内部之间蔓延，为扑救火灾创造良好条件。

防火分隔设施可以分为两类：一是固定式的，如普通的砖墙、楼板、防火墙、防火悬墙、防火墙带等；二是可以开启和关闭的，如防火门、防火窗、防火卷帘、防火吊顶、防火幕等。防火分区之间应采用防火墙进行分隔，如设置防火墙有困难时，可采用防火水幕带或防火卷帘进行分隔。

1. 防火窗

防火窗是一种采用钢窗框、钢窗扇及防火玻璃（防火夹丝玻璃或防火复合玻璃）制成的能隔离或阻止火势蔓延的窗。它具有一般窗的功效，更具有隔火、隔烟的特殊功能。防火窗按其构造可分为单层钢窗和双层钢窗，耐火极限分别为 0.7h 和 1.2h。

按照安装方法的不同可分为固定防火窗和活动防火窗两种。固定防火窗的窗扇不能开启，平时可以起到采光、遮挡风雨的作用，发生火灾时能起到隔火、隔热、阻烟的功能。活动防火窗的窗扇可以开启，起火时可以自动关闭。为了使防火窗的窗扇能够开启和关闭自如，需要安装自动和手动两种开关装置。防火窗按耐火极限可分为甲级、乙级、丙级三种。甲级防火窗的耐火极限为 1.2h，乙级防火窗的耐火极限为 0.9h，丙级的为 0.6h。防火窗的选用与防火门相同，凡是需用甲级防火门且有窗处，均应选用甲级防火窗；需用乙级防火门且有窗处，均应选用乙级防火窗。

2. 防火卷帘

防火卷帘是一种不占空间、关闭严密、开启方便的较现代化的防火分隔物，它有可以实现自动控制、可以与报警系统联动的优点。防火卷帘与一般卷帘在性能要求上存在的根本区别是：它具备必要的非燃烧性能、耐火极限及防烟性能。

(1) 防火卷帘的分类和构造

防火卷帘按耐火时间可分为普通型防火卷帘门和复合性防火卷帘门。前者耐火时间有 1.5h 和 2h 两种，后者耐火时间有 2.5h 和 3h 两种。防火卷帘按帘板构造分为普通型钢质防火卷帘和复合型钢质防火卷帘。前者帘板由单片钢板制成，耐火极限有 2.5h 和 3h 两种。后者帘板由双片钢板制成，中间加隔热材料，耐火极限有 2.5h 和 3h 两种。防火卷帘还可按帘板厚度不同区分为轻型卷帘和重型卷帘。轻型卷帘用厚度为 0.5～0.6mm 的钢板制成，重型卷帘用厚度为 1.5～1.6mm 的钢板制成。

防火卷帘由帘板、导轨、传动装置、控制机构组成。帘板是卷帘门门帘的组成零件，常用 A3 钢、A3F 钢或不锈钢等材料制成，其两端嵌入导轨装配成门帘后，就不允许有孔或缝隙存在。导轨按照安装设计需要的不同，分为外露形和隐蔽埋藏形两种，使用材料应为不燃材料。导轨的滑动面应光滑平直，使得门帘在导轨内运行平稳、顺畅，不产生碰撞冲击现象。传动装置是防火卷帘门的驱动启闭机构，除了要具有耐用性、可靠的制动性、简单方便的控制性能外，最重要的是要有一定的启闭速度，这对保证人员的安全疏散起着积极的作用。通常规定：门洞口高度在 2m 以内时，启闭速度应在 2～6m/min 之间；门洞口高度在 5m 以内时，启闭速度应在 2.5～6.5m/min 之间；门洞口高度超过 5m 时，启闭速度应在 3～9m/min 之间。控制机构主要指自动控制电源、保险装置及电器按钮等，每模防火卷帘门均设置两套按钮，即门洞内、外各一套。

（2）防火卷帘的选用

对于公共建筑中不便设置防火墙或防火分隔墙的地方，最好使用防火卷帘，以便把大厅分隔成较小的防火分区。在穿堂式建筑物内，可在房间之间的开口处设置上下开启或横向开启的卷帘。在多跨的大厅内，可将卷帘固定在梁底下，以柱为轴线，形成一道临时性的防火分隔。防火卷帘在安装时，应避免与建筑洞口处的通风管道、给排水管道及电缆电线管等发生干涉，在洞口处应留有足够的空间位置进行卷帘门的就位与安装。若用卷帘代替防火墙，则其两侧应设水幕系统保护，或采用耐火极限不小于 3h 的复合防火卷帘。设在疏散走道和前室的防火卷帘，最好应同时具有自动、手动和机械控制的功能。

3. 防火门

防火门除了具有一般门的功效外，还具有能保证一定时限的耐火、防烟隔火等特殊的功能，通常用于建筑物的防火分区以及重要防火部位，能在一定程度上阻止火灾的蔓延，并能确保人员的疏散。

（1）防火门的分类

防火门按耐火极限可分为三种：甲级、乙级和丙级。甲级防火门耐火极限不低于 1.2h，乙级防火门耐火极限不低于 0.9h，丙级防火门耐火极限不低于 0.6h。通常甲级防火门用于防火分区中，作为水平防火分区的分隔设施；乙级防火门用于疏散楼梯间的分隔；丙级防火门用于管道井等的检修门上。防火门按其材质分有木质防火门、钢质防火门和复合材料防火门三类；按开启方式分有平开防火门和推拉防火门两类；按门扇的做法和构造分，有带上亮窗和不带上亮窗的防火门、镶玻璃和不镶玻璃的防火门等。

（2）防火门的一般要求

防火门是一种活动的防火阻隔物，不仅要求其具备较高的耐火极限，还应满足启闭性能好、密闭性能好的特点。对于民用建筑还应保证其美观、质轻等特点。

为了保证防火门能在火灾时自动关闭，通常采用自动关门装置，如弹簧自动关门装置和与火灾探测器联动、由防灾中心遥控操纵的自动关闭防火门。

设置在防火墙上的防火门宜做成自动兼手动的平开门或推拉门，并且关门后能从门的任何一侧用手开启，亦可在门上设便于通行的小门。用于疏散通道的防火门，宜做成带闭门器的防火门，开启方向应与疏散方向一致，以便紧急疏散后门能自动关闭，防止火灾的蔓延。

(3) 防火门的选用

防火门的选用一定要根据建筑物的使用性质、火灾的危险性、防火分区的划分等因素来确定。通常防火墙上的防火门必须采用甲级防火门，耐火极限不低于 1.2h，且在防火门上方不再开设门窗洞口。地下室、半地下室楼梯间的防火墙上的门洞，也应采用甲级防火门。对于附设在高层民用建筑或裙房内的设备室、通风、空调机房等，应采用具有一定耐火极限的隔墙，用于与其他部位隔开，隔墙的门应采用甲级防火门。

疏散楼梯间的防火门应选用耐火极限不小于 0.9h 的乙级防火门；消防电梯前室的门、防烟楼梯间和通向前室的门、高层建筑封闭楼梯间的门均应选用乙级防火门，并应向疏散方向开启；与中庭相通的过厅、通道等，应设乙级防火门或耐火极限大于 3h 的防火卷帘。对于建筑工程中的电缆井、管道井、排烟道、垃圾道等竖向管井的井壁上的检查门，应采用耐火极限不小于 0.6h 的内级防火门。

4. 防火墙

防火墙是建筑中采用最多的防火分隔软件。我国传统居民中的马头墙，其主要功能就是防止发生火灾时火势的蔓延。大量的火灾实例显示，防火墙对阻止火势蔓延起着很大的作用。如某高层办公楼相邻两办公室以防火墙封隔，其中一间发生火灾，大火燃烧了 3 个小时之久，内部可燃物基本烧完，但隔壁放有大量办公文件、写字台、椅子等可燃物的办公室则安然无恙。所以，防火墙通常是水平防火分区的分隔首选。

根据在建筑平面上的关系，防火墙可分为横向防火墙（与建筑物长轴方向垂直的）和纵向防火墙（与建筑物长轴方向一致的）；从防火墙在建筑中的位置分，有内墙防火墙和外墙防火墙。内墙防火墙是划分防火分区的内部隔墙，外墙防火墙是两幢建筑间因防火间距不够而设置的无门窗（或设有防火门、窗）的外墙。防火墙应由非燃烧材料构成。为了保证防火墙的防火可靠性，现行规范规定其耐火极限应不低于 4h，高层建筑防火墙耐火极限应不低于 3h。同时，防火墙的设置在建筑构造上还应满足以下要求。

① 防火墙应该直接设置在建筑的基础上或耐火性能符合设计规范要求的梁上。此外，防火墙在设计和建造中应注意其结构强度和稳定性，应保证防火墙上方的梁、板等构件在受到火灾影响破坏时，不致使防火墙发生倒塌现象。

② 可燃烧构件不得穿过防火墙体，同时，防火墙也应截断难燃烧体的屋顶结构，且应高出非燃烧体屋面 40cm，高出燃烧体或难燃烧体屋面 50cm 以上。当建筑物的屋盖为耐火极限不低于 0.5h 的非燃烧体、高层工业建筑屋盖为耐火极限不低于 1h 的非燃烧体时，防火墙可以只砌至屋面基层的底部，不必高出屋面。

③ 当建筑物的外墙为难燃烧体时，防火墙应突出难燃烧体墙的外表面 40cm；两侧防火带的宽度从防火墙中心线起，每侧不应小于 2m。

④ 当建筑设有天窗时，应注意保证防火墙中心距天窗端面的水平距离不小于 4m；出现小于 4m 的情况且天窗端面为可燃烧体时，应将防火墙加高，使之超出天窗 50cm，以防止火势蔓延。

⑤ 防火墙上通常不应开设门和窗，若必须设置时，应采用甲级防火门窗（耐火极限为 1.2h），且能自动关闭。防火墙应设置排烟道，民用建筑的使用上若需设置时，应保证烟道两侧墙身的截面厚度均不小于 12cm。

可燃气体和甲、乙、丙类液体管道，其发生火灾的危险性大，一旦发生燃烧和爆炸，危及面也很大，因此，这类管道严禁穿过防火墙。输送其他液体的管道必须穿过防火墙时，应用非燃烧材料将其周围缝隙填密实。走道和大面积房间的隔墙穿过各种管道时，其构造可参照防火墙构造实施处理。

⑥ 建筑设计中，若在靠近防火墙的两侧开设门、窗洞口，为避免火灾发生时火苗互串，要求防火墙两侧门窗洞口间墙的距离应不小于 2m。若装有乙级防火窗时，其距离可不受限制。

建筑物的转角处应避免设置防火墙，若必须设在转角附近，则必须保证在内转角两侧的门、窗洞口间最小水平距离不小于 4m。若在一侧装有固定乙级防火窗时，其间距可不受限制。

三、建筑的防火分区

建筑防火分区的面积大小应考虑建筑物的使用性质、建筑物高度、火灾危险性、消防扑救能力等因素。因此，对于多层民用建筑、高层民用建筑、工业建筑的防火分区其划定有不同的标准。

1. 多层民用建筑的防火分区

我国现行《建筑设计防火规范》对多层民用建筑防火分区的面积作了如下规定，如表 3-1 所示。

在划分防火分区面积时还应注意以下几点。

① 建筑内设有自动灭火设备时，每层最大允许建筑面积可按表 3-1 中的规定增加一倍。局部设有自动灭火设备时，增加面积可按该局部面积的一倍计算。

表 3-1　多层民用建筑的耐火等级、层数、长度和面积

耐火等级	最多允许层数	防火分区		说　明
		最大允许长度/m	每层最大允许建筑面积/m^2	
一、二级	不限	150	2500	①体育馆、剧院展览馆等建筑的观众厅、展览厅的长度和面积可以根据需要确定 ②托儿所、幼儿园的儿童用房及儿童游乐厅等儿童活动场所不应设置在四层及四层以上或地下、半地下建筑内
三级	5层	100	1200	①托儿所、幼儿园的儿童用房及儿童游乐厅等儿童活动场所和医院、疗养院的住院部分不应设在三层以上或地下、半地下建筑内 ②商店、学校、电影院、剧场、礼堂、食堂、菜市场不应超过2层
四级	2层	60	600	学校、食堂、菜市场、托儿所、幼儿园、医院等不应超过一层

② 防火分区间应采用防火墙分隔。如有困难时，可采用防火卷帘和水幕分隔。

③ 对于贯通数层的有封闭式中庭的建筑，或者是有自动扶梯的建筑，一般都是上下两层甚至是几层相连通，其防火分区被上下贯通的大空间所破坏，发生火灾时，烟气易于蔓延扩大，对上层人员的疏散、消防和扑救带来一系列的困难。为此，应将相连通的各层作为一个防火分区考虑，参照表 3-1 中的规定，对于耐火等级为一、二级的多层建筑，上下数层面积之和不应超过 $2500m^2$；耐火等级为三级的多层建筑，上下数层面积之和不应超过 $1200m^2$。若房间、走道与中庭相通的开口部位设有可自行关闭的乙级防火门或防火卷帘，中庭每层回廊设有火灾自动报警系统和自动喷水灭火系统，且封闭屋盖设有自动排烟设施时，防火分区以防火门等分隔设施加以划分，不再以相连通的各层作为一个防火分区。

④ 建筑物的地下室、半地下室发生火灾时，人员不易疏散，因此地下室、半地下室的防火分区面积应严格控制在 $500m^2$ 以内。

2. 高层民用建筑的防火分区

高层建筑防火分区的划分是非常重要的。一般说来，高层建筑规模大，用途广泛，可燃物量大，一旦发生火灾，火势蔓延迅速，烟气迅速扩散，必然造成巨大的损失。因此，减少这种情况发生的最有效的办法就是划分防火分区，且应采用防火墙等分隔设施。每个防火分区最大允许建筑面积不应超过表 3-2 的规定。

表 3-2　每个防火分区的最大允许建筑面积

建筑类别	每个防火分区建筑面积/m^2
一类建筑	1000
二类建筑	1500
三类建筑	500

① 防火分区面积的大小应根据建筑的用途和性能的不同而加以区别。有些高层建筑的商业营业厅、展览厅常附设在建筑下部，面积往往超出规范很多，对这类建筑，其地上部分防火分区的最大允许建筑面积可增加到 $4000m^2$，地下部分防火分区的最大允许建筑面积可增加到 $2000m^2$。但为了保证安全，厅内应设有火灾自动报警系统和自动灭火系统，装修材料应采用不燃或难燃材料。一般的高层建筑，若防火分区内设有自动灭火系统，则其允许最大建筑面积可按表 3-2 的规定增加一倍；当局部设置自动灭火系统时，增加面积可按该局部面积的一倍计算。

② 与高层建筑相连的裙房，建筑高度较低，火灾的扑救难度相对较小。若裙房与主体建筑之间用防火墙等分隔设施分开时，其最大允许建筑面积不应大于 $2500m^2$；若设有自动喷水灭火系统时，防火分区最大允许建筑面积可增加一倍。

③ 高层建筑内设有上下层连通的走廊、敞开楼梯、自动扶梯等开口部位时，为了保障防火安全，应将上下连通层作为一个整体看待，其最大允许建筑面积之和不应超过表 3-2 的规定。若总面积超过规定，则应在开口部位采取防火分隔设施，如采用耐火极限大于 3h 的防火卷帘或水幕等分隔设施，此时面积可不叠加计算。

④ 高层建筑多采用垂直排烟道（竖井）排烟，一般是在每个防烟区设一个垂直烟道。如防烟区面积过小，使垂直排烟道数量增多，则会占用较大的有效空间；如防烟分

区的面积过大，使高温的烟气波及面积加大，会使受灾面积增加，不利于安全疏散和扑救。因此，规范中规定，每个防烟分区的建筑面积不宜超过 500m²，且防烟分区不应跨越防火分区。

3. 工业建筑的防火分区

对于厂房的防火分区，应根据其生产的火灾危险性类别、厂房的层数和厂房的耐火等级确定防火分区的面积。火灾危险性类别是按生产或使用过程中物质的火灾危险性进行分类的，共分为甲、乙、丙、丁、戊五个类别。甲类厂房火灾危险性最大，乙类次之，戊类危险性最小。

各类厂房的防火分区面积大小如表 3-3 所示。

表 3-3　厂房的耐火等级、层数和建筑面积

生产类别	耐火等级	最多允许层数	防火区最大允许建筑面积/m²	
			单层厂房	多层厂房
甲	一级	除生产必须采用多层者外,宜采用单层	4000	3000
	二级		3000	2000
乙	一级	不限	5000	4000
	二级	6	4000	3000
丙	一级	不限	不限	6000
	二级	不限	8000	4000
	三级	2	3000	2000
丁	一、二级	不限	不限	不限
	三级	3	4000	2000
	四级	1	1000	—
戊	一、二级	不限	不限	不限
	三级	3	5000	3000
	四级	1	1500	—

在防火分区内设有自动灭火设备时，厂房的安全程度大大提高，因此对甲、乙、丙类厂房的防火分区面积可增加一倍，丁、戊类厂房防火分区面积的增加则不限。当局部设置自动灭火设备时，则增加面积按该局部面积的一倍计算。

库房及其每个防火分区的最大允许建筑面积应符合表 3-4 的要求。

表 3-4　库房的耐火等级、层数和建筑面积

储存物品分类	耐火等级	最多允许层数	防火区最大允许建筑面积/m²			
			单层厂房		多层厂房	
			每座库房	防火墙间	每座库房	防火墙间
甲	一级	1	180	60		
	一、二级	1	750	250		

储存物品分类	耐火等级	最多允许层数	防火区最大允许建筑面积/m²			
			单层厂房		多层厂房	
			每座库房	防火墙间	每座库房	防火墙间
乙	一、二级	3	2000	500	300	
	三级	1	500	250		
丙	一、二级	5	4000	1000	700	150
	三级	1	1200	400		
丁	一、二级	不限	不限	3000	1500	500
	三级	3	3000	1000	500	
	四级	1	2100	700		
戊	一、二级	不限	不限	不限	2000	1000
	三级	3	3000	2100	700	
	四级	1	2100	700		

高层厂房每个防火分区的最大允许建筑面积应符合表3-5的要求。

表3-5　高层厂房的耐火等级和建筑面积

生产火灾危险性类别	耐火等级	防火分区最大允许建筑面积/m²
乙	一级 二级	2000 1500
丙	一级 二级	3000 2000
丁	一、二级	4000
戊	一、二级	6000

此外要注意高层厂房防火分区间应采用防火墙分隔。当乙、丙类厂房设有自动灭火系统时，防火分区最大允许建筑面积可按表3-5的规定增加一倍；丁、戊类厂房设有自动灭火系统时，其建筑面积不限。局部设置了自动灭火系统时，增加面积可按该局部面积的一倍计算。

4. 中庭的防火

中庭是以大型建筑内部上下楼层贯通的大空间为核心而创造的一种特殊建筑形式，在大多数情况下，其屋顶或外墙由钢结构和玻璃制成。

① 中庭火灾的危险性由于中庭是上下贯通的大空间，当防火设计不合理或管理不善时，火灾有急速扩大的可能性，危险性较大，具体表现在：a. 火灾不受限制地急剧扩大。中庭一旦失火，火势和烟气可以不受限制地急剧扩大。中庭空间形似烟囱，若在中庭下层发生火灾，烟气便会十分容易地进入中庭空间；若在中庭上层发生火灾，烟气不能及时排出，则会向周围楼层扩散。b. 疏散困难。中庭起火，整幢楼的人员都必须同时疏散。人员集中，再加上恐惧心理，势必增加了疏散的难度。c. 灭火和救援困难。

中庭空间顶棚的灭火探测和灭火装置受高度的影响常常达不到早期探测和初期灭火的效果。当火灾迅速地多方位扩大时，消防队员扑灭火灾的难度加大，再加上屋顶和壁面的玻璃会因受热破裂而散落，对消防队员会造成威胁。

② 中庭的防火设计。中庭火灾的危险性决定了中庭防火必须采取有效的措施，以减少火灾的损失。根据国内外高层建筑中庭防火设计的实际做法，并参考国外有关防火规范的规定，我国新修订的防火规范对中庭防火设计作了如下规定："房间与中庭回廊相通的门、窗应设能自行关闭的乙级防火门、窗。与中庭相连的过厅、通道处应设防火门或防火卷帘。""中庭每层回廊都要设自动喷水灭火系统，喷头间距在2.0～2.8m之间，并且每层回廊应设火灾自动报警设备，起到早报警、早扑救的作用。中庭净空高度不超过12m时可采用自然排烟，但可开启的天窗或高侧窗的面积不应小于该中庭地面面积的5%，其他情况下应采用机械排烟设施。"

四、防烟分区

防烟分区系指采用挡烟垂壁、隔墙或从顶棚下突出不小于50cm的梁而划分的防烟空间。

从烟气的危害及扩散规律人们可以清楚地认识到，发生火灾时首要任务是把火场上产生的高温烟气控制在一定的区域范围之类，并迅速排除室外。为了完成这项迫切任务，在特定条件下必须设置防烟分区。防烟分区主要是保证在一定时间内使火场上产生的高温烟气不致随意扩散，并进而加以排除，从而达到控制火势蔓延和减少火灾损失的目的。

1. 防烟分区的设置原则

设置防烟分区应遵循下列原则。

① 没设排烟设施的房间（包括地下室）和走道，不划分防烟分区；走道和房间（包括地下室）按规定需要设置排烟设施时，可视具体情况划分防烟分区；一座建筑物的某几层需要设置排烟设施，且采用垂直排烟道（竖井）进行排烟时，其余各层（不需要设置排烟设施的楼层），如投资增加不多，也宜设置排烟设施，并划分防烟分区。

② 每个防烟分区所占据的建筑面积一般应控制在500m^{2}以内。

③ 防烟分区不应跨越防火分区。

④ 防烟分区不宜跨越楼层，有些情况，如低层建筑且面积又过小时，允许包括一个以上的楼层，但以不超过三个楼层为宜。

⑤ 对有特殊要求的场所，如地下室、防烟楼梯间及其前室、消防电梯及其前室、避难层（间）等，应单独划分防烟分区。

2. 防烟分区的划分方法

（1）按用途划分

建筑物是由具有各种不同使用功能的建筑空间构成的，为此，按照建筑空间的不同用途来划分防烟分区也是比较合适的。但应注意的是，在按不同的用途把房间划分成各个不同的防烟分区时，对通风空调管道、电气配线管、给排水管道及采暖系统管道等穿越墙壁和楼板处，应采取妥善的防火分隔措施，以确保防烟分区的严密性。

在某些条件下，疏散走道也应单独划分防烟分区。此时，面向走道的房间与走道之间的分隔门应是防火门，因为普通门容易被火烧毁难以阻挡烟气扩散，将使房间和走道连成一体。

（2）按面积划分

对于高层民用建筑，当每层建筑面积超过 500m² 时，应按每个烟气控制区不超过 500m² 的原则将其划分成若干个防烟分区。设在各个标准层上的防烟分区，形状相同、尺寸相同、用途相同。对不同形状和用途的防烟分区，其面积亦应尽可能一样。每个楼层上的防烟分区可采用同一套防、排烟设施。

（3）按楼层划分

还可分别按楼层划分防烟分区。在现代高层建筑中，底层部分和高层部分的用途往往不同，如高层旅馆建筑，底层多布置餐厅、接待室、商店、小卖部等房间，主体高层多为客房。火灾统计资料表明，底层发生火灾的机会较多，火灾概率大，高层主体发生火灾的机会较少，火灾概率低，因此，应尽可能按照房间的不同用途沿垂直方向按楼层划分防烟分区。图 3-1(a) 为典型高层旅馆防烟分区的划分示意，很显然这一设计实例是把底层公共设施部分和高层客房部分严格分开。图 3-1(b) 为典型高层办公楼防烟分区的划分示意，从图中可以看出，底部商店是沿垂直方向按楼层划分防烟分区的，而在地上层则是沿水平方向划分防烟分区的。

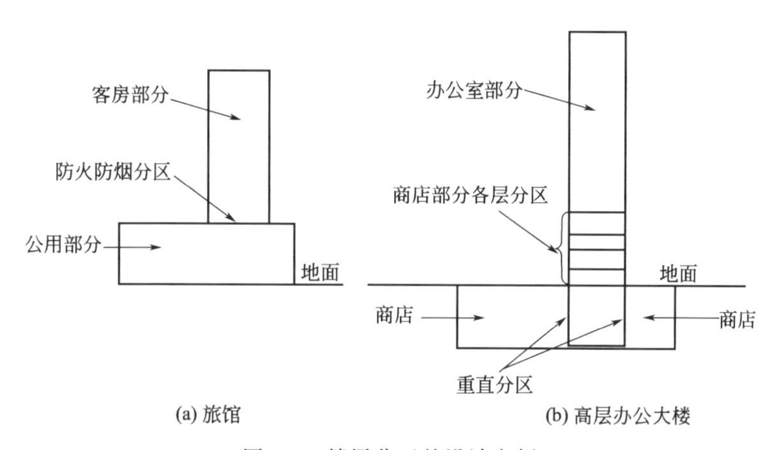

图 3-1　楼层分区的设计实例

从防、排烟的观点看，在进行建筑设计时应特别注意的是垂直防烟分区，尤其是对于建筑高度超过 100m 的超高层建筑，可以把一座高层建筑按 15～20 层分段，一般是利用不连续的电梯竖井在分段处错开，楼梯间也做成不连续的，这样处理能有效地防止烟气无限制地向上蔓延，对超高层建筑的安全是十分有益的。

第二节　总平面防火设计

建筑的总平面布局主要涉及防火间距、消防车道、消防登高扑救面及作业场地等方面的内容，在进行总平面设计时，应根据城市规划，合理确定高层建筑的位置、防火间距、消防车道和消防水源等。其防火设计要求在《高层民用建筑设计防火规范》和《建筑设计防火规范》等国家消防技术标准中有明确的规定，合理设计建筑的总平面布局，既能节约用地，又能满足建筑物的消防安全。

一、高层民用建筑总平面防火设计

1. 高层民用建筑的选址

高层民用建筑包括十层及十层以上的居住建筑（包括首层设置商业服务网点的住宅）及建筑高度超过24m的公共建筑。高层民用建筑的选址是一个涉及城市规划、市政建设及消防管理等诸多因素的根本性的问题。高层民用建筑的具体位置如果选择适当，将有利于高层民用建筑自身及相邻建、构筑物的安全。从消防角度分析，选择高层民用建筑具体位置，应注意以下几方面。

（1）应受到城市消防站的有效保护

消防站布局原则为：我国根据城市建筑结构、消防车性能、城市道路及通信设施等情况把消防时间定为15min，大体分配为：从起火到发现估计为4min；报警时间为2.5min；接警和出动时间为1min；消防车在途中行驶时间为4min；到达火场出水扑救为3.5min。所以城市消防站应按5min内消防车到达责任区边缘来确定位置，消防站责任区的保护面积为4～7km^2（消防车时速为30～36km/h）。

（2）不宜布置在易燃、易爆物附近

城市中常设有易燃、易爆的建、构筑物，如石油气储配站、可燃物仓库等，它们的存在对相邻的其他建筑具有极大的威胁，极易发生爆炸或引起火灾，造成附近建筑被毁，人员伤亡等重大恶性事故。如美国一丙烷仓库爆炸起火，不仅烧毁库区内的主要办公大楼及库房，大火还吞没了相邻的建材公司大楼，其损失异常惨重，此类火灾案例不胜枚举。因此，高层建筑在选址时应远离这类火灾危险性很大的建、构筑物。

（3）与周围建、构筑物保持足够的防火间距

由于热对流、热辐射和热传导的综合作用，建筑物在起火后，火势在内部迅速扩大。火势的大小和距离远近通过影响热辐射的强度从而引起周围建筑着火。火势越大，距离越小，危害越甚。如巴西31层的安德劳斯大楼起火时，其下风方向40多米远的建筑均因辐射热而严重烧损，甚至连90m远的建筑物也遭受其害。因此高层侧筑与周围建、构筑物必须保持一定的防火间距。高层建筑之间以及与低、多层建筑之间必须保持一定的防火间距。不过，若两座建筑相邻的较高一面的外墙为防火墙时，其间距可以不限。若较低一面外墙为防火墙，或较高一面外墙开口部位设有防火门窗及水幕时，其防火间距可适当减小，但不宜小于4m。

（4）应设有消防车道及消防水源

消防车道是供消防车灭火时通行的道路。高层建筑宜与城市干道有机相连，使消防车能在最短时间内到达火场。当消防车道与铁路平交时，应有备用车道可以通过，以防被列车堵截。消防用水可以采用城市给水管网，水源丰富地区还可以采用天然水源，但枯水季节应当仍然能满足灭火需要。

2. 主体建筑与裙房

高层建筑由于规模庞大，功能复杂，以常见的各种办公楼、商厦、宾馆、医院等建筑而论，其基本布置往往系将办公、客房及病房等部分，设在标准层内，并形成高耸的

主楼，而将公共厅堂及后勤等部分用房设置于主体的下部，以利于内外联系及大量人流、货流的集散。因公共厅堂种类繁多，面积庞大，如营业厅、展销厅、会议厅等，其面积经常达上千平方米，故常向主体建筑下部楼层四周突出，并形成裙房。近年来较多采用的中庭空间，亦常依附于主体侧。

这种主体高耸底盘扩大的处理方式，不仅有满足功能要求，还使建筑的造型丰富多彩。不过，从火灾扑救的角度来看，突出的裙房则很可能妨碍消防车的靠拢及云梯车的架设。《高层民用建筑设计防火规范》（GB 50045—1995）规定："高层建筑的底边至少有一个长边或周边长度的1/4且不小于一个长边的长度，不应布置高度大于5.00m，进深大于4.00m的裙房，且在此范围内必须设有直通室外的楼梯或直通楼梯间的出口。"上述几个方面的有机结合，即可构成建筑物外部扑救火灾的据点。发生火灾时消防车赶到此部位后，一方面从室外对建筑上部进行扑救，并接应由楼梯疏散到室外的人员，另一方面迅速进驻消防指挥中心，同时由消防电梯登上高层从内部进行扑救。

3. 高层建筑的附属建筑

我国目前生产的快装锅炉，其工作压力一般为0.1～1.3MPa，其蒸发量为1～30t/h。如果产品质量差、安全保护设备失灵或操作不慎都有导致发生爆炸的可能，特别是燃油、燃气的锅炉，更容易发生爆炸事故，故不宜在高层建筑中安装使用，即锅炉房宜离开高层建筑并单独设置。

如受条件限制，锅炉房不能与高层建筑脱开布置时，只允许设在高层建筑的裙房内，但必须满足下列要求。

① 锅炉的总蒸发量不应超过6t/h，且单台锅炉蒸发量不应超过2t/h。此要求能满足一般规模的高层建筑对锅炉蒸发量的需求（一台蒸发量为2t/h的锅炉，其发热量为每小时5016MJ，也就是说一台蒸发量为2t/h的锅炉可供12000m^2的房间采暖）。

② 不应布置在人员密集场所的上一层、下一层或贴邻，并采用无门窗洞口的耐火极限不低于2.00h的隔墙和1.50h的楼板与其他部位隔开，必须开门时，应设甲级防火门。

③ 应布置在首层或地下一层靠外墙部位，并应设直接对外的安全出口。外墙开口部位的上方，应设置宽度不小于1.00m的不燃防火挑檐。

④ 应设置火灾自动报警系统和自动灭火系统。

4. 油浸电力变压器室和设有充油电气设施的配电室

可燃油油浸电力变压器发生故障产生电弧时，将使变压器内的绝缘油迅速分解，并析出氢气、甲烷、乙烯等可燃气体，使压力剧增，造成外壳爆裂大量喷油，或者析出的可燃气体与空气混合形成爆炸混合物，在电弧或火花的作用下引起燃烧爆炸。变压器爆裂后，高温的变压器油流到哪里就会烧到哪里，致使火势蔓延。如某水电站的变压器爆炸，将厂房炸坏，油水顺过道、管沟、电缆架蔓延，从一楼烧到地下室，又从地下室烧到二楼主控制室，将控制室全部烧毁，造成重大损失。充有可燃油的高压电容器、油开关等，也有较大的火灾危险性，故可燃油油浸电力变压器和充有可燃油的高压电容器、多油开关等不宜布置在高层民用建筑裙房内。由于受到规划要求、用地紧张、基建投资等条件的限制，如必须将可燃油油浸变压器等电气设备布置在高层建筑内时，应符合下列防火要求。

① 可燃油油浸电力变压器的总容量不应超过 1260kVA，单台容量不应超过 630kVA。

② 变压器下面应设有储存变压器全部油量的事故储油设施；变压器室、多油开关室、高压电容器室，应设置防止油品流散的设施。

③ 建筑上的其他防火要求与锅炉房相同。

二、工业建筑总平面防火设计

1. 厂（库）址选择

① 周围环境　既保证自身安全，又要保证相邻企事业单位的安全。

② 地形条件

a. 散发可燃气体、蒸气、粉尘的厂房不宜布置在山谷地区的窝风地带，应设在通风较好的山坡地带。

b. 甲、乙、丙类液体库宜选用地势较低的地带。

c. 爆炸危险品厂（库）房，宜布置在山凹地带，利用山丘作为屏障，减小事故对周围的影响。

③ 主导风向　具有易燃、易爆危险的工业企业，应布置在相邻企业、居住区的主导风向下风向或侧风向。

④ 消防车道。

⑤ 消防水源。

⑥ 工企供电。

2. 厂（库）区总平面布置

① 满足生产工艺的要求。

② 划分防火区域。

a. 在同一防火区段内不应布置两者一经作用即能引起火灾或增加火灾危险性的设施或材料。

b. 使用不同灭火剂的厂房和库房，不能布置在同一防火区段内。

c. 运输量大的车间应布置在厂区主要干线两侧，工人多的车间或生活设施，应靠近主要人流方向，避免人流、货流交叉。

d. 把火灾危险性大或使用明火作业的生产置于厂区内的下风向或侧风向。

e. 注意相邻企业的安全。

③ 注意建筑物的朝向和体量。

④ 设置防火间距。

三、消防车道

建筑物的总平面防火设计时必须考虑留有足够的消防通道，以保证消防车能顺利到达火场，实施灭火战斗（见图 3-2）。

1. 消防车道的设置条件

① 工厂、仓库应设消防车道。

② 易燃、可燃材料露天堆场区，液化石油气储罐区，甲、乙、丙类液体储罐区，

可燃气体储罐区，应设有消防车道或可供消防车通行的且宽度不小于 6m 的平坦空地。

③ 高架仓库周围宜设环形消防车道。

④ 超过 3000 个座位的体育馆、超过 2000 个座位的会堂和占地面积超过 $3000m^2$ 的展览馆等公共建筑，宜设环形消防车道。

⑤ 高层民用建筑周围，应设环形消防车道。

⑥ 建筑物沿街部分长度超过 150m 或总长度超过 220m 时，均应设置穿过建筑物的消防车道。

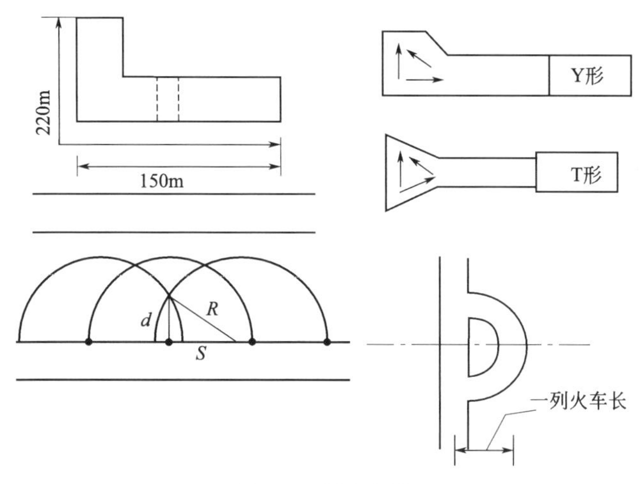

图 3-2　消防车道

⑦ 高层建筑的内院或天井，当其短边长度超过 24m 时，宜设有进入内院或天井的消防车道。

⑧ 供消防车取水的消防水池和天然水源，应设消防车道。

2. 尺寸要求

① 消防车道的宽度不应小于 4.00m，消防车道上空 4.00m 以下范围内不应有障碍物。

② 尽头式消防车道应设有回车道或回车场，回车场不宜小于 15m×15m。大型消防车的回车场不宜小于 18m×18m。消防车道下的管道和暗沟等，应能承受消防车辆的压力。

③ 穿过高层建筑的消防车道，其净宽和净空高度均不应小于 4.00m。

3. 其他要求

① 城市街区内道路，考虑消防车通行，其间距不应大于 160m。

② 环形消防车道至少两个地方与其他车道相连。

③ 消防车道可利用交通道路。

④ 消防车道应尽量避免与铁路平交，如必须平交时，设备用车道，间距不宜小于一列火车长。

⑤ 消防车道下的管沟和暗沟应能承受大型消防车压力。

⑥ 消防车道距建筑物外墙宜大于 5m，防止建筑物构件火灾时塌落影响消防车作业。

⑦ 消防车道与高层建筑之间，不应设置妨碍登高消防车操作的树木、架空管线等。

四、高层建筑扑救立面及登高车操作场地的设计

高层建筑的扑救立面和登高车操作场地是两个不同的概念，扑救立面是针对建筑本身而言，在《高层民用建筑设计防火规范》中第4.1.7条有明确的规定，要求在高层建筑的底边至少有一个长边或周边长度的1/4且不小于一个长边长度，不应布置高度大于5.00m、进深大于4.00m的裙房，以作为消防车登高扑救的操作面；而登高车操作场地是在高层建筑外围的空间上布置的一块或若干块供登高车停靠操作的场地，《高层民用建筑设计防火规范》对于登高车操作场地没有作出规定，但其在高层建筑火灾扑救中起到很关键的作用，上海市消防局在2001年就结合实际，针对高层建筑消防扑救场地设计作出了具体规定。

1. 高层建筑登高扑救立面

扑救面是否应连续布置。《高层民用建筑设计防火规范》规定建筑的底边应至少有一个长边或周长的1/4且不小于一个长边长度作为扑救面，从规范的含义来看，扑救面的设置是一段连续的建筑外墙面，实际各地的执行也是如此。但随着建筑形式越来越多样化，连续的外立面作为扑救面不仅不可能而且反而造成部分建筑立面无法登高施救。如“品”字形、花瓣形或其不规则形状的建筑物。笔者认为高层建筑消防登高扑救立面可以连续设置或分段设置，应结合灭火实际，在满足功能要求的前提下，消防登高立面应尽量连续设置，确有困难时，可按照设计建筑的实际情况分段确定登高立面并利于建筑整体施救。

2. 扑救面本身的消防技术要求

《高层民用建筑设计防火规范》仅对在扑救面范围内的裙房规模和通道设置作了要求，对扑救面内的外立面做法没有具体要求。笔者认为在除规范规定的要求外，还应明确：消防登高范围内不应布置任何架空线缆、高大树木以及室外停车场等妨碍消防扑救的障碍物；扑救面以内应有外窗、阳台、凹廊等可以进入建筑内部的消防口或可供人员集散、紧急避难的公共部位或区域；另外，玻璃幕墙火灾时容易坠落，使地面的人员受到伤害，因此，消防登高面不宜设计大面积的玻璃幕墙。

3. 登高车操作场地

登高车操作场地是和登高扑救立面相结合设计的，首先应在确定高层建筑登高扑救立面的基础上来相应设计登高车操作场地。具体关于登高车操作场地的设计技术要求，笔者参考了上海市消防局《关于高层建筑消防扑救场地设计若干问题的处理意见》（沪消防字［2001］65号）有关规定，并结合自己工作实践，认为：对于高层公共建筑，登高场地可结合消防车道布置，与建筑外墙的距离宜为5～10m，应在其登高面一侧布置沿建筑整个长边、10～13m宽的登高场地，登高场地最好连续布置，但条件受限必须分段设置时，最多允许可以分两段；而对于高层住宅建筑，根据建筑布局造型分塔式、单元式等几种情况，可在其登高立面范围内确定一块（点式）或若干块（每单元）消防登高场地，登高场地面积不应小于15m×8m（长×宽）。另外，消防控制中心宜靠近消防登高场地的明显位置设置，且应设置在建筑的首层或地下一层，并设直通室外的出

口；消防登高场地应能承受大型消防车辆的载重量，设有坡道的登高场地，其坡度不应大于5%；可以利用市政道路作为消防登高场地，其绿化、架空线路、电车网架等设施不得影响消防车的停靠和作业。

此外，针对多层民用建筑，特别是人员疏散和消防扑救难度大的人员密集场所，诸如大型体育馆、会展中心、商场等建筑，也应结合本地实际和消防装备情况，考虑结合消防车道同步设计消防扑救面和消防车灭火救援操作场地。

总而言之，建筑总平面防火设计是涉及建筑内人员及建筑本身安全的重要问题，必须给予高度的重视和缜密的考虑。建筑工程消防设计审核监督人员应严格执行我国有关的防火规范，在建设初期就将隐患消除在萌芽状态，否则一旦建成，必将遗留无法整改的先天性火灾隐患。

第三节 室内装修防火设计

一个完善的内部装修工程防火设计可以确保建筑物不发生或少发生火灾。即使一旦失火也能有效地防止火势迅速蔓延扩大，最大限度减少火灾损失。因此，无论多层建筑，还是高层建筑，在进行内部装修设计时，应严格遵照现行国家标准《建筑内部装修设计防火规范》的要求。

建筑内部装修设计应妥善处理装修效果和使用安全的矛盾，积极采用不燃性材料和难燃性材料，尽量避免采用燃烧时能产生大量浓烟或有毒气体的材料，做到安全实用、技术先进、经济合理。

一、装修材料的分类及分级

1. 装修材料的分类

装修材料按其使用部位和功能，可划分为顶棚装修材料、墙面装修材料、地面装修材料、隔断装修材料、固定家具、装饰织物、其他装饰材料七类。其中装饰织物系指窗帘、帷幕、床罩、家具包布等；其他装饰材料系指楼梯扶手、挂镜线、踢脚板、窗帘盒、暖气罩等。

2. 装修材料的分级

第二章已经提到，装修材料按其燃烧性能划分为四级，见表3-6。

表3-6 装修材料燃烧性能等级

等级	A	B_1	B_2	B_3
装修材料燃烧性能	不燃性	难燃性	可燃性	易燃性

二、内部装修设计方案或要求

1. 一般要求

① 在实际工程中，有时因功能需要，必须在顶棚和墙面上局部采用一些多孔或泡沫塑料时，为了减少火灾中的烟雾和毒气危害，其厚度不应大于15mm，面积不得超过

该房间顶棚或墙面积的10%。

② 无窗房间发生火灾时，火灾初期不易被发觉，当发现起火时，火势往往已经扩大；室内的烟雾和毒气不能及时排除；消防人员进行火情侦察和扑救比较困难。因此，除地下建筑外，无窗房间的内部装修材料的燃烧性能等级，除A级外，应在有关规定的基础上提高一级。

③ 图书室、资料室、档案室和存放文物的房间，因其内部存放着大量易燃、珍贵图书、资料、档案和文物，故其顶棚、墙面应采用A级装修材料，地面应采用不低于B_1的装修材料。

④ 大中型电子计算机房、中央控制室、电话总机房等放置特殊贵重设备的房间，其顶棚和墙面应采用A级装修材料，地面及其他装修应使用不低于B_1级的装修材料。

⑤ 消防水泵房、排烟机房、固定灭火系统钢瓶间、配电室、变压器室、通风和空调机房等，均系各类动力设备用房，为确保在发生火灾时这些设备都能正常运转，其内部所有装修均应采用A级装修材料。

⑥ 为确保建筑物内纵向疏散通道在火灾中的安全，无自然采光楼梯间、封闭楼梯间、防烟楼梯间的顶棚、墙面和地面均应采用A级装修材料。

⑦ 建筑物内设有上下层相连通的中庭、走马廊、开敞楼梯、自动扶梯时，因这些部位空间高度很大，有的上下贯通几层甚至十几层，万一发生火灾时，能促使火势迅速向上蔓延，给人员疏散和灭火战斗造成很大困难，所以，其连通部位的顶棚、墙面应采用A级装修材料，其他部位应采用不低于B_1级装修材料。

⑧ 地上建筑的水平疏散走道和安全出口门厅是火灾中人员逃生的主要通道，故其顶棚应采用A级装修材料，其他部位应采用不低于B_1级装修材料。

⑨ 建筑物内的厨房系经常使用明火的房间，故其顶棚、墙面、地面均应采用A级装修材料。

⑩ 经常使用明火器具的餐厅、科研试验室，因其火灾危险性比较大，故装修材料的燃烧性能等级，除A级外，应在有关规定的基础上提高一级。

2. 单层、多层民用建筑

单层、多层民用建筑各部位装修材料的燃烧性能等级，不应低于表3-7的规定。单层、多层民用建筑内面积小于100m^2的房间，当采用防火墙和耐火极限不低于1.2h的防火门窗与其他部位分隔时，其装修材料的燃烧性能等级可在表3-7的基础上降低一级。当单层、多层民用建筑内装有自动灭火系统时，除顶棚外，其内部装修材料的燃烧性能等级可在表3-7的基础上降低一级；当同时装有火灾自动报警装置和自动灭火系统时，其顶棚装修材料的燃烧性能等级可在表3-7规定的基础上降低一级，其他装修材料的燃烧性能等级可以不加限制。

3. 高层民用建筑

高层民用建筑内部各部位装修材料的燃烧性能等级，不应低于表3-8的规定。除100m以上的高层民用建筑及大于800座位的观众厅、会议厅、顶层餐厅外，当设有火灾自动报警装置和自动灭火系统时，除顶棚外，其内部装修材料的燃烧性能等级可在表3-8规定的基础上降低一级。电视塔等特殊高层建筑的内部装修，均应采用A级装修材料。

表 3-7　单层、多层民用建筑内部各部位装修材料的燃烧性能等级

建筑物及场所	建筑规模和性质	装修材料燃烧性能等级							
		顶棚	墙面	地面	隔断	固定家具	装修之物		其他装修材料
							窗帘	帷幕	
候机楼的候机大厅，商店，餐厅，贵宾候机室，售票厅等	建筑面积＞10000m^2 候机楼	A	A	B_1	B_1	B_1	B_1		B_1
	建筑面积≤10000m^2 候机楼	A	B_1	B_1	B_1	B_2	B_2		B_2
汽车站，火车站，轮船客运站的候车室，餐厅，商场等	建筑面积＞10000m^2 车站	A	A	B_1	B_1	B_2	B_2		B_1
	建筑面积≤10000m^2 车站	B_1	B_1	B_1	B_2	B_2	B_2		B_2
影院，会堂，礼堂，剧院音乐厅	＞800 座位	A	A	B_1	B_1	B_1	B_1	B_1	B_1
	≤800 座位	A	B_1	B_1	B_1	B_2	B_1	B_1	B_2
体育馆	＞3000 座位	A	A	B_1	B_1	B_1	B_1	B_1	B_2
	≤3000 座位	A	B_1	B_1	B_1	B_2	B_2	B_1	B_2
商业营业厅	每层建筑面积＞3000m^2 或总建筑面积＞9000m^2 营业厅	A	B_1	A	A	B_1	B_1		B_2
	每层建筑面积 1000～3000m^2 或总建筑面积 3000～9000m^2 营业厅	A	B_1	B_1	B_1	B_2	B_1		
	每层建筑面积＜3000m^2 或总建筑面积＜9000m^2 营业厅	B_1	B_1	B_1	B_2	B_2	B_2		
饭店，旅馆的客房及公共活动用房	设有中央空调系统的饭店，旅馆	A	B_1	B_1	B_1	B_2	B_2		B_2
	其他饭店，旅馆	B_1	B_1	B_2	B_2	B_2	B_2		
歌舞厅，餐馆等娱乐餐饮建筑	营业面积＞100m^2	A	B_1	B_1	B_1	B_2	B_1		B_2
	营业面积≤100m^2	B_1	B_1	B_1	B_2	B_2	B_2		B_2
幼儿园，托儿所，医院病房楼，疗养院，养老院		A	B_1	B_1	B_1	B_2	B_1		B_2
纪念馆，展览馆，博物馆，图书馆，档案馆，资料馆	国家级，省级	A	B_1	B_1	B_1	B_2	B_1		B_2
	省级以下	B_1	B_1	B_2	B_2	B_2	B_2		B_2
办公楼，综合楼	设有中央空调的办公楼，综合楼	A	B_1	B_1	B_1	B_2	B_2		B_2
	其他办公楼，综合楼	B_1	B_1	B_2	B_2	B_2			
住宅	高级住宅	B_1	B_1	B_1	B_1	B_2	B_2		B_2
	普通住宅	B_1	B_2	B_2	B_2	B_2			

4. 地下民用建筑

地下民用建筑内部各部位装修材料的燃烧性能等级，不低于表 3-9 的规定。

表 3-8　高层民用建筑内部各部位装修材料的燃烧性能等级

建筑物及场所	建筑规模和性质	装修材料燃烧性能等级									
		顶棚	墙面	地面	隔断	固定家具	装修之物				其他装饰材料
							窗帘	帷幕	床罩	家具包布	
高级旅馆	＞800座位的观众厅，会议厅，顶层餐厅	A	B_1	B_1	B_1	B_1	B_1	B_1		B_1	B_1
	≤800座位的观众厅，会议厅	A	B_1	B_1	B_1	B_2	B_2	B_1		B_2	B_1
	其他部位	A	B_1	B_1	B_2	B_2	B_1	B_2	B_1	B_2	B_1
商业楼，展览口，综合楼，商住楼，医院病房楼	一类建筑	A	B_1	B_1	B_1	B_2	B_1	B_1	B_2		B_1
	二类建筑	B_1	B_1	B_2	B_2	B_2	B_2	B_2	B_2		B_2
电信楼，财贸金融楼，邮政楼，广播电视楼，电力调度楼，防灾指挥调度楼	一类建筑	A	A	B_1	B_1	B_1	B_1	B_1		B_2	B_1
	二类建筑	B_1	B_1	B_2	B_2	B_2	B_1	B_2		B_2	B_2
教学楼，办公楼，科研楼，档案楼，图书馆	一类建筑	A	B_1	B_1	B_1	B_2	B_1	B_1		B_1	B_1
	二类建筑	B_1	B_1	B_2	B_1	B_2	B_1	B_2		B_2	B_2
住宅，普通旅馆	一类普通旅馆	A	B_1	B_2	B_1	B_2	B_1		B_1	B_2	B_1
	二类普通旅馆	B_1	B_1	B_2	B_2	B_2	B_2		B_2	B_2	B_2

注：1. “顶层餐厅”包括设在高空的餐厅、观光厅等。

2. 建筑物的类别、规模、性质应符合国家现行标准《高层民用建筑设计防火规范》的有关规定。

表 3-9　地下民用建筑内部各部位装修材料的燃烧性能等级

建筑物及场所	装修材料燃烧性能等级						
	顶棚	墙面	地面	隔断	固定家具	装修之物	其他装饰材料
休息室和办公室等旅馆的客户客房及公共活动用房	A	B_1	B_1	B_1	B_1	B_1	B_2
娱乐场所，旱冰场等舞厅，展览厅等，医院的病房，医疗用房等	A	A	B_1	B_1	B_1	B_1	B_2
电影院的观众厅、商场的营业厅	A	A	A	B_1	B_1	B_1	B_2
停车库人行道、图书资料库，档案库	A	A	A	A	A		

地下商场、地下展览厅的售货柜台、固定货架、展览台等，应采用A级装修材料。单独建造的地下民用建筑的地上部分，其门厅、休息厅、办公室等内部装修材料的燃烧性能等级可在表3-9的基础上降低一级要求。地下民用建筑的疏散走道和安全出口的门厅，其顶棚、墙面和地面的装修材料应采用A级装修材料。

三、内部装修工程应注意的几个问题

① 变形缝（包括沉降缝、伸缩缝、抗震缝等）上下贯通整个建筑物，嵌缝材料也具有确定的燃烧性，为防止火势纵向蔓延，其两侧的基层应采用A级材料，表面装修

应采用不低于 B_1 级的装修材料。

② 室内消火栓的门不应被装饰物遮掩，消火栓门四周的装修材料颜色应与消火栓的颜色有明显区别。

③ 为保证消防设施和疏散指示标志的使用功能，建筑内部装修不应遮挡消防设施和疏散指示标志及出口，且不应妨碍消防设施和疏散走道的正常使用。

④ 因电气设备及其线路故障而引起的建筑装修火灾是非常多的，为此，当电气线路在吊顶内敷设时，应采取金属管保护；当照明灯具表面的高温部位靠近可燃物时，应采取隔热、散热等防火保护措施；卤钨灯和额定功率为100W以上的白炽灯泡的吸顶灯、槽灯、嵌入灯的引线应采用瓷管、石棉、玻璃丝等非燃材料隔热保护；超过40W的白炽灯、卤钨灯、高压汞灯（包括镇流器）等不应直接安装在可燃装修或可燃构件上。

⑤ 挡烟垂壁的作用是减慢烟气扩散的速度，提高防烟分区排烟口的吸烟效果。发生火灾时，烟气的温度可以高达1000℃以上，如与可燃材料接触会生成更多的烟气甚至引起燃烧。为保证挡烟垂壁在火灾中起到应有的作用，应采用不燃材料制作。

第四节 安全疏散

建筑物发生火灾时，为了避免建筑物内部人员因火烧、烟气中毒和房屋倒塌而受到伤害，且为了保证内部人员能尽快撤离，同时，消防人员也可以迅速接近起火部位，扑救火灾，在建筑设计时需要认真考虑安全疏散问题。安全疏散设计的主要任务就是设定作为疏散和避难所使用的空间，争取疏散行动与避难的时间，确保人员和财物的伤亡与损失最小。

一、保证安全疏散的基本条件

为了保证楼内人员在因火灾造成的各种危险中的安全，所有的建筑物都必须满足下列保证安全疏散的基本条件。

1. 布置合理的安全疏散路线

在发生火灾、人们在紧急疏散时，应保证一个阶段比一个阶段安全性高，即人们从着火房间或部位跑到公共走道，再由公共走道到达疏散楼梯间，然后转向室外或其他安全处所，一步比一步安全，这样的疏散路线即为安全疏散路线。因此，在布置疏散路线时，要力求简捷，便于寻找、辨认，疏散楼梯位置要明显。一般地说，靠近楼梯间布置疏散楼梯是较为有利的，因为火灾发生时，人们习惯跑向经常使用的电梯作为逃生的通道，当靠近电梯设置疏散楼梯时，就能使经常使用的路线与火灾时紧急使用的路线有机地结合起来，有利于迅速而安全地疏散人员。

2. 保证安全的疏散通道

在有起火可能性的任何场所发生火灾时，建筑物都必须保证至少有一条能够使全部人员安全疏散的通道。有时，虽然很多建筑物设有两条安全通道，却并不能保证全部人员的安全疏散。因此，从本质上讲，最重要的是采取接近万无一失的措施，即使只有单方向疏散通道，也要能够确保安全。从建筑物内人员的具体情况考虑，疏散通道必须具有足以使这些人疏散出去的容量、尺寸和形状，同时必须保证疏散中的安全，在疏散过程中不受到火灾烟气、火和其他危险的干扰。

3. 保证安全的避难场所安全

避难场所被认为是“只要避难者到达这个地方，安全就得到保证。”为了在火灾时保证楼内人员的安全疏散，避难场所必须没有烟气、火焰、破损及其他各种火灾的危险。原则上避难场所应设在建筑物公共空间，即外面的自由空间中。但在大规模的建筑物中，与火灾扩展速度相比，疏散需要更多的时间，将楼内全部人员一下子疏散到外面去，时间不允许，还不如在建筑物内部设立一个可作为避难的空间更为安全。因此，建筑物内部避难场所的合理设置非常重要。常见的避难场所或安全区域有封闭楼梯间和防烟楼梯间、消防电梯、屋顶直升机停机坪、建筑中火灾楼层下面两层以下的楼层、高层建筑或超高层建筑中为安全避难特设的“避难层”、“避难间”等。

4. 限制使用严重影响疏散的建筑材料

建筑物结构和装修中大量地使用了建筑材料，对火灾影响很大，应该在防火和疏散方面予以特别注意。火焰燃烧速度很快的材料、火灾时排放剧毒性燃烧气体的材料不得作为建筑材料使用，以避免火灾发生时有可能成为疏散障碍的因素。但是对材料加以限制使用不是一件容易的事，掌握的尺度就是，不使用比普通木材更易燃的材料。在此前提下，才能进一步考虑安全疏散的其他问题。

二、合理布置安全疏散设施

在建筑设计时，应根据建筑的规模、使用性质、容纳人数以及在火灾时不同人的心理状态等情况，合理布置安全疏散设施，为人们安全疏散创造有利条件。安全疏散设施主要包括安全出口、事故照明及防烟、排烟设施等。

安全出口主要有疏散楼梯、消防电梯、疏散门、疏散走道、避难层、避难间等。

安全出口的设置原则如下。

① 每个防火分区（多层或高层）的安全出口不应少于两个，在特殊情况下（如面积小，容纳人数少）可设一个安全出口。

② 剧院、电影院、礼堂、观众厅的每个安全出口的平均疏散人数按250人计，则安全出口的总数目根据该类建筑容纳的总人数确定。若容纳人数超过2000人，则超过2000人的部分，每个安全出口平均疏散人数按400人计。

③ 体育馆观众厅内容纳的人数多，受座位排列和走道布置等技术和经济因素的制约，每个安全出口的平均疏散人数按400～700人计。对规模较小的观众厅，采用下限值；规模较大的观众厅，采用接近上限值。

④ 安全出口宜靠近防火分区的两端设置，并靠近电梯间设置，出口标志明显，易于寻找，且安全出口应有足够的宽度，安全出口的门应向疏散方向开启。

1. 疏散楼梯

疏散楼梯是供人员在火灾紧急情况下安全疏散所用的楼梯。疏散楼梯的设计应遵循如下原则。

① 在平面上应尽量靠近标准层（或防火分区）的两端或接近两端出口设置，这种布置方式便于进行双向疏散，提高疏散的安全可靠性；或者尽量靠近电梯间布置。疏散楼梯也可靠近外墙设置，优点是可利用外墙开启窗户进行自然排烟。如因条件限制，将疏散楼梯布置在建筑核心部位时，应设有机械排风装置。

② 在竖向布置上疏散楼梯应保持上、下畅通。不同层的疏散楼梯、普通楼梯、自动扶梯等不应混杂交叉，以免紧急情况时部分人流发生冲撞拥挤，引起堵塞和意外伤亡。对高层民用建筑来说，疏散楼梯应通向屋顶，以便当向下疏散的通道发生堵塞或被烟气切断时，人员可上到屋顶暂时避难，等待消防人员利用登高车或直升机进行救援。疏散楼梯的形式按照防烟火作用可分为敞开楼梯、防烟楼梯、封闭楼梯、室外疏散楼梯。

a. 敞开楼梯　敞开楼梯是在平面上三面有墙、一面无墙无门的楼梯间，其隔烟阻火作用最差，适用范围为五层及五层以下的公共建筑或六层及六层以下的组合式单元住宅。若用于七至九层的单元式住宅，敞开楼梯的分隔门应采用乙级防火门。

b. 防烟楼梯　防烟楼梯是指在楼梯入口设有前室（面积不小于 $6m^2$，并设有防、排烟设施）或设有专供排烟用的阳台、凹廊等，且通向前室和楼梯间的门均为乙级防火门的楼梯间。高层建筑发生火灾时，日常使用的电梯由于无防烟、防水等措施，火灾时不能用于人员疏散，而身处起火层的人员为了躲避火灾的威胁，只有通过楼梯才能到达安全地。因此，楼梯间必须是安全空间。防烟楼梯是高层建筑中常用的疏散楼梯形式。根据《高层民用建筑设计防火规范》的要求，可采用防烟楼梯的情况如下。

※凡是高度超过 24m 的一类建筑和高度超过 32m 的二类建筑，都必须采用防烟楼梯。

※高层的高级住宅，高度超过 24m 时，必须设置防烟楼梯（凡设空调系统的为高级住宅，不设的即为普通住宅。仅设窗式空调的高层住宅，不定为高级住宅）。

※19 层 19 层以上的单元式高层住宅，高度达 50m 以上时，人员比较集中，必须设置防烟楼梯。

※通廊式住宅平面布置一般是在一条内走道两边布置房间，横向单元分隔少，火灾范围大，因此当层数超过 11 层时，就必须设置防烟楼梯。

※塔式高层住宅，高度超过 24m 时，必须设置防烟楼梯。设计简便、管理方便、造价较低的防烟楼梯，是在进入楼梯前设有阳台或凹廊。疏散人员通过走道和两道防火门，才能进入封闭的楼梯间内。随人流进入阳台的烟气通过自然风力迅速排走，同时转折路线也使烟很难袭入楼梯间，无需再设其他的排烟装置。

利用阳台或凹廊做前室的不足之处在于楼梯间靠外墙时才能采用，使用起来有一定的局限性。因此一种既可靠外墙设置，也可放在建筑物内部的带封闭前室的疏散楼梯间被应用在高层建筑中，这种平面布置形式可灵活多样。

c. 封闭楼梯　不带前室，只设有能阻挡烟气进入的双向弹簧门或防火门（高层建筑中）的楼梯间称为封闭楼梯。封闭楼梯也是高层建筑中常用的疏散楼梯形式。根据《高层民用建筑设计防火规范》的要求，可采用封闭楼梯间的情况有以下几种。

※高层建筑中，高度在 24m 以上、32m 以下的二类建筑，允许使用封闭楼梯间。

※楼层在 12～18 层的单元式住宅，允许使用封闭楼梯间。对于 11 层及 11 层以下的单元式住宅，可以不设封闭楼梯间，但楼梯间必须靠外墙设置，同时开向楼梯间的门必须是乙级防火门。

※和高层建筑主体部分直接相连的附属建筑（裙房）允许采用封闭楼梯间。11层及11层以下的通廊式住宅应设封闭楼梯间。如在有可能的条件下，设置两道防火门形成门斗，因门斗面积小，所以与前室有所区别，这样处理后可提高楼梯间的防护能力。

高层建筑的楼梯间一般都要求开敞地设在门厅或靠近主要出口处，在首层将楼梯间封闭起来既影响美观，又不能保障安全。因此，为适应某些公共建筑的实际需要，规范中允许将通向室外的走道、门厅包括在楼梯间范围内，形成扩大的封闭楼梯间，但在门厅和通向房间的走道之间，或在门厅与楼梯间之间用防火门、防火水幕带等予以分隔，在扩大封闭空间内使用的装修材料宜用难燃或不燃材料。封闭楼梯间的使用受一定技术条件的限制。首先必须设在高层建筑的外墙部位，并在外墙上有可开启的玻璃窗，以便于楼梯间的自然通风和采光。其次，封闭楼梯间用在高层建筑中时，楼梯间入口必须设有向疏散方向开启的乙级防火门。

d. 室外疏散楼梯　对于平面面积较小、设置室内楼梯有困难的建筑可设置室外疏散楼梯。它不易受到烟火的威胁，既可供疏散人员使用，也可供消防人员救援使用。它在结构上通常采用悬挑的形式，因此不占据室内使用面积，既经济又有良好的防烟效果。它的不足之处在于室外楼梯较窄，人员拥挤时可能发生意外事故，同时只设一道防火门，安全性较前两种楼梯稍差。

在设计室外疏散楼梯时，需要注意如下几点。

※室外楼梯的最小净宽不应小于0.9m，倾斜度不得大于45°，栏杆扶手的高度不应低于1.1m。

※室外楼梯和每层出口处平台应采用耐火极限不低于1h的不燃烧材料。在楼梯周围2m的墙面上，除设疏散门外，不应开设其他门、窗洞口。疏散门应采用乙级防火门，且不应正对楼梯段设置。

2. 疏散走道

疏散走道是指火灾发生时，楼内人员从火灾现场逃往安全避难场所的通道。疏散走道的设置应保证逃离火场的人员进入走道后，能顺利地继续奔向楼梯间，到达安全地带。疏散走道的布置应满足如下要求。

① 走道应简捷，尽量避免宽度方向上急剧变化。不论采用何种形式的走道，均应按规定设有疏散指示标志灯和诱导灯。

② 在1.8m高度内不宜设有管道、门垛等突出物，走道中的门应向疏散方向开启。

③ 避免设置袋形走道。因为袋形走道只有一个出口，发生火灾时容易带来危险。

④ 对于多层建筑，疏散走道的最小宽度不应小于1.1m；首层建筑疏散走道的宽度可按表3-10的规定执行。

表3-10　首层疏散外门和走道的净宽

高层建筑	每个外门的净宽/m	走道净宽/m	
		单面布房	双面布房
医院	1.30	1.40	1.50
居住建筑	1.10	1.20	1.30
其他	1.20	1.30	1.40

3. 疏散门

疏散门的构造及设置应符合下列要求。

① 疏散门应向疏散方向开启，但若房间内人数不超过 60 人，且每扇门和平均通行人数不超过 30 人时，门的开启方向可以不限。

② 对于高层建筑内人员密集的观众厅、会议厅等的入场门、太平门等，不应设置门槛，且其宽度不应小于 1.4m。门内、门外 1.4m 范围内不设置台阶、踏步，以防摔倒、伤人。在室内应设置明显的标志和事故照明。

③ 建筑物直通室外疏散门的上方，应设置宽度不小于 1.0m 的防火挑檐，以防止建筑物上的跌落物伤人，确保火灾时人员疏散的安全。

④ 位于两个安全出口之间的房间，当面积不超过 $60m^2$ 时，可设置一扇门，门的净宽不应小于 0.90m；位于走道尽端的房间，当面积不超过 $75m^2$ 时，可设置一扇门，门的净宽不应小于 1.40m。

4. 消防电梯

高层建筑，因其竖直高度大，火灾扑救时的难点多、困难大，因此根据《高层民用建筑设计防火规范》的要求，必须设置消防电梯。设置范围是：一类高层民用建筑；10 层及 10 层以上的塔式住宅；12 层及 12 层以上的单元式住宅、宿舍或高度超过 32m 的其他二类民用建筑。对于高层民用建筑的主体部分，楼层面积不超过 $1500m^2$ 时，应设置一台消防电梯；超过 $1500m^2$，但小于 $4500m^2$ 时，应设置两台消防电梯；每层面积超过 $4500m^2$ 时，应设置三台消防电梯。

消防电梯可与客梯或工作电梯兼用，但应符合消防电梯的功能要求。

（1）消防电梯的设置

在同一高层建筑里，要避免将两台以上的消防电梯设置在同一防火分区内，否则消防电梯难以发挥积极的作用。消防电梯应设前室，这个前室同防烟楼梯间的前室一样具有防火、防烟的功能。有时为了平面布置紧凑，消防电梯和防烟楼梯间可合用一个前室。消防电梯的前室面积：对于住宅建筑，不小于 $4.5m^2$；对于公共建筑，不小于 $6m^2$。与楼梯间合用前室的面积：对于住宅建筑，不小于 $6m^2$，对于公共建筑，不小于 $10m^2$。消防电梯前室宜靠外墙设置，可达到自然排烟的效果。消防电梯井必须与其他竖井管（如管道井、电缆井等）分开设置。

（2）消防电梯的防火要求

消防电梯井壁应具有足够的耐火能力，耐火极限一般不低于 2.50h。消防电梯的装修材料应采用不燃烧材料。消防电梯的载重量及轿厢尺寸应符合要求：载重量不宜小于 1000kg，轿厢的平面尺寸不宜小于 100cm×150cm。其作用在于能保证一个战斗班 7～8 名消防队员进行扑火和救助活动及搬运大型消防器具的正常进行。

消防电梯的速度应符合要求，一般从首层到顶层的运行时间应控制在 60s 以内。电梯轿厢内应设专用电话，并在首层轿厢门附近设供消防队员专用的操纵按钮。消防电梯的动力与控制电线应采取防水措施。电梯间前室门口应设挡水设施（如在入口处设有比平面高 4～5cm 的慢坡）。

5. 屋顶直升机停机坪

高层建筑尤其是超高层建筑，在屋顶设置直升机停机坪是非常重要的，这样可以保障楼内人员安全撤离，争取外部的援助，以及为空运消防人员和空运必要的消防器材提供条件。我国上海的希尔顿饭店、南京的金陵饭店、北京国际贸易中心、北京消防调度指挥楼等高层建筑都设置了屋顶直升机停机坪。

设置停机坪的技术要求如下。

① 停机坪的平面形状可以是圆形、方形或矩形。当采用圆形或方形平面时，其尺寸大小应为直升机旋翼直径的1.5倍；当采用矩形时，停机坪短边宽度不应小于直升机的全长。

② 停机坪设置位置。一种是直接设在屋顶层，另一种是设在屋顶设备机房的上部。前者要注意停机坪的位置应与屋顶障碍物（如楼梯间、水箱间、避雷针等）保持不小于5m的距离，后者要注意在停机坪周围设置高度为80～100cm的护栏，因为停机坪面积有限，再加上慌乱的人群争相逃命，容易造成伤亡事故。

③ 通向停机坪的出口不应小于2个，且每个出口的宽度不宜小于0.9m。出口处若加盖加锁，则应采取妥善的管理措施。

④ 停机坪的荷重计算。以直升机三点同时作用在停机坪上的重量W来考虑，则停机坪承受的等效均布静载$G=W/3K$，其中K为动荷载系数，取2～2.25。

⑤ 为保证避难人员和飞机的安全，在停机坪的适当位置设1～2只消火栓。为了保证在夜间的使用，应设置照明灯。当停机坪为圆形时，周边灯不应少于8个；当停机坪为矩形或方形时，则其任何一边的周边灯不应少于5个，周边灯的间距不应大于3m。导航灯设在停机坪的两个方向，每个方向不少于5个，间距可为0.6～4.0m。泛光灯设在与导航灯相反的方向。

6. 避难层

在一般情况下，建筑高度超过100m的高层旅馆、办公楼和综合楼，应设置避难层或避难间，作为火灾紧急情况下的安全疏散设施之一。避难层是供人员临时避难使用的楼层；避难间是为避难时使用的若干个房间。大量的火灾实例表明，超高层建筑内人员众多，在安全疏散时间内全部从建筑中疏散出来是有困难的，设置避难层（间）是一项有效的安全脱险措施。

避难层的设置高度与消防登高车的作业高度以及消防队员能承受的最大体力消耗等因素有关。一般登高消防车的最大作业高度在30～45m之间，少数在50m左右，消防队员的体力消耗以不超过10层为宜。因此，自地面层起到10～15层设第一避难层，聚集在避难层的人员，可利用云梯车进行救助。避难层与避难层之间的层数也应控制在10～15层，这样一个区间的疏散时间不会太长，同时也在较佳的扑救作业范围内。

（1）避难层的形式选择

避难层的形式有两种。与设备层结合使用的避难层和专用避难层。避难层与设备层结合布置，是采用较多的一种形式。避难层与设备层的合理间隔层数比较接近，且设备层的层高较一般楼层底，利用这种非常用空间做避难层是提高建筑空间利用率的一种较好途径。这种形式的设计要注意：一是各种设备、管道应集中布置，分隔成间，以方便设备的维护管理，同时避免人员避难时有疏散障碍；二是要满足疏散人员对停留面积的要求。避难层净面积指标按5.0人/m^2考虑，则避难层的面积除去设备等占用的面积外，应满足该指标的要求。

专用避难层或避难间的设置，应保证周围设有耐火的围护结构（墙、楼板），耐火极限应不低于 2h。隔墙上的门窗应采用甲级防火门、防火窗，室内设有独立的防、排烟系统。避难层的人均停留面积应不小于 5.0 人/m^2。

（2）避难层的安全疏散

为了保证避难层在建筑物起火时能正常发挥作用，在建筑平面布置中应合理设置疏散楼梯，即在楼梯间的处理上能起到诱导人们自然进入避难层的作用。在设计中常采用将楼梯间上下层错位的布置形式，即人们在垂直疏散时都要经过避难层，且必须水平行走一段路程后才能上楼或下楼，这样提高了避难层的可靠程度。

消防电梯作为一种辅助的安全疏散设施，在避难层必须停靠，而普通电梯因为不具排烟功能，在避难层严禁开设电梯门。

在避难层通道上应设置疏散指示标志和火灾事故照明，其位置以人行走时水平视线高度为准。避难层还应设有与本建筑消防控制室联系的专用电话或无线对讲电话。

避难层应设独立的防、排烟设施。在进行防、排烟设计时，应将封闭式避难层划分为单独的防烟分区，并且宜采用机械加压送风防烟方式，保证避难层处于正压状态。

为了保证避难层的安全疏散时间，其四周墙体的耐火极限应不低于 2h，隔墙上的门窗应采用甲级防火门窗。楼梯的耐火极限也不应低于 2h，且为防止避难层地面温度过高，在楼板上宜设隔热层。

三、安全疏散时间与距离

1. 安全疏散时间

安全疏散时间是指需要疏散的人员自疏散开始到疏散结束所需要的时间，是疏散开始时间与疏散行动时间之和。

疏散开始时间是指自火灾发生，到楼内人员开始疏散为止的时间。当发现起火时，只靠火灾警报，人们不会立即开始疏散，一般是先查看情况是否属实。若是小范围起火，人们会立即去救火，涉及整个建筑物的疏散活动的决定是很难在短时间内做出的，因此疏散开始时间包含着相当不确定的因素。

疏散行动时间受建筑物中疏散设施的形式、布局、人员密集程度等的限制。

（1）疏散设施条件

楼梯的形式是影响疏散行动时间的一个重要因素。据测定，螺旋步和扇形步的楼梯，其上、下行的速度比普通踏步的楼梯要慢，而且在紧急情况下容易摔跤。楼梯踏步宽度和高度尺寸比例应适当，一般楼梯的踏步高采用 15～18cm 为宜。

疏散走道的宽窄、弯直、门的宽窄等对疏散时间均有影响，疏散走道地面的粗糙度对时间也有影响。在过于光滑的地面上，人容易跌倒，因此，地面的粗糙程度要适量。

（2）人员的密集程度

若楼内人员密度低，居室之间没有联系，则人们无法通过人员的嘈杂声觉察火灾。若楼内人员密度高，则火灾区的嘈杂声和在走廊内的奔跑声会使在非火灾室的人们察觉火灾。但人越密集，则步行速度愈慢，需要的疏散时间也就越长。有统计表明，当人群密度为 1.5 人/m^2 时，步行速度为 1m/s；当人群密度为 3.0 人/m^2 时，步行速度为 0.5 m/s；当人群密度为 5.38 人/m^2 以上时，步行速度几乎为 0。

（3）室内装修材料

发生火灾时，装修材料产生大量浓烟，而且伴有大量有毒气体，影响了安全疏散时间，因此，在设计时应引起高度重视。

2. 安全疏散距离

安全疏散距离主要包括两方面的要求：一是房间内最远点到房门的安全疏散距离；二是从房门到疏散楼梯间或建筑物外部出口的安全疏散距离。

（1）房间内最远点到房门的距离

若房间面积过大，则有可能造成集中的人员过多。火灾发生时，人群易集中在房间有限的出口处，这使得疏散时间延长，甚至造成人员伤亡事故。因此，为了保障房间内的人员能够顺利而迅速地疏散到门口，再经走道疏散到安全区，一般规定从房间内最远点到房门的距离不要超过 15m。如达不到这个要求，要增设房间或户门。对于商场营业厅、影剧院、多功能厅、大会议室等，一般说来，聚集的人员多，通常安全出口总宽度能满足要求，但出口数量较少，这样的设计也是很不安全的，因此，对于这类面积大、人员集中的房间，从房间最远点到安全出口的距离应控制在 25m 以内，每个安全出口距离也控制在 25m 以内，这样均匀地、分散地设置一些数量和宽度适当的出口，有利于安全疏散。

（2）从房门到安全出口的疏散距离

在允许疏散时间内，人员通过走道迅速疏散，从房门到安全出口的疏散距离以透过烟雾能看到安全出口或疏散标志为依据。

疏散距离的确定受一些因素的影响会发生变化，如建筑物内人员的密集程度、人员的情况、烟气的影响、人员对疏散路线的熟悉程度等。人员的情况主要是针对人员行走困难或慢的情况，如普通医院中的病房楼、妇产医院、儿童医院等，这类建筑的安全疏散距离应短些。烟气对人的视力有影响，据资料表明，人在烟雾中通过的极限距离为 30m 左右。因此，在通常情况下，从房门到安全出口的安全距离不宜大于 30m。

结合上述影响因素，得出民用建筑的安全疏散距离，如表 3-11 所示。

表 3-11　安全疏散距离

名称	房门至外部出口或封闭楼梯间的最大距离/m					
	位于两个外部出口或楼梯之间的房间			位于袋形走道两侧或尽端的房间		
	耐火等级			耐火等级		
	一、二级	三级	四级	一、二级	三级	四级
托儿所、幼儿园	25	20	—	20	15	—
医院、疗养院	35	30	—	20	15	—
学校	35	30	—	22	20	—
其他民用设施	40	35	25	22	20	15

设有自动喷水灭火系统的建筑物，其安全疏散距离按本表规定增加 25%。

对教学楼、旅馆、展览馆等建筑的安全疏散距离，规定在 25～30m 之间，因为这些建筑内的人员较集中，对疏散路线不熟悉。若有袋形走道，位于袋形走道两侧或尽端的房间，安全疏散距离应控制在 12～15m 之间。对于医院、疗养院、康复中心等一类高层建筑，当其房间位于两个安全出口之间时，一般规定最大疏散距离为24m；当其房间位于袋形走道两侧或尽端时，一般在12m以内。对于科研楼、办公楼、广播电视楼、综合楼等高层建筑，当其房间位于两个安全出口之间时，一般规定最大疏散距离在34～40m之间；当其房间位于袋形走道两侧或尽端时，一般在16～20m之间。

高层工业厂房的安全疏散距离是根据火灾危险性与允许疏散时间确定的。火灾危险性越大，其允许疏散时间就越短，安全疏散距离就越小。

第四章 建筑灭火器的配置

第一节 灭火剂简介

一、概述

灭火剂是发生火灾时不可或缺的一种灭火器材设施，灭火剂的工作原理是通过各种途径有效地破坏燃烧条件，使燃烧中止。

灭火剂有很多种类，根据灭火机理不同，灭火剂大体可分为物理灭火剂和化学灭火剂两种。物理灭火剂在灭火过程中起窒息、冷却和隔离火焰的作用，虽然它并不参与燃烧反应，但可以降低燃烧混合物温度，稀释氧气，隔离可燃物，从而达到灭火的效果。物理灭火剂包括水、泡沫、二氧化碳、氮气、氩气及其他惰性气体。化学灭火剂参与燃烧反应，通过在燃烧过程中抑制火焰中的自由基连锁反应达到抑制燃烧的目的。化学灭火剂主要有卤代烷灭火剂、干粉灭火剂等多种。按照它们的物理状态，也可分为气体灭火剂（卤代烷、二氧化碳等），液体灭火剂（水、泡沫、7150 等）和固体灭火剂（干粉、烟雾等）。

当然灭火剂的使用会对环境有一定的影响，但是随着科学技术的发展，灭火剂不断改进更新，研制成功的许多新型灭火剂使灭火剂灭火性能进一步提高，逐步消除了一些灭火剂对环境的不良影响。

二、水灭火剂

水是最常用的灭火剂，它可以单独用于灭火，也可以与其他不同的化学添加剂组成混合液使用。消防用水可以取之于人工水源，如消火栓、人工消防水池，也可以取之于天然水源，如地表水或地下水。

1. 水的性质

水的吸热量比其他物质大，使 1kg 水的温度上升 1℃需要 4186.8J 热量。如果灭火时水的初温为 10℃，那么 1L 水达到沸点（100℃）时需 376.8kJ 的热量，再变成水蒸气则需 2260.0kJ 的热量。所以 1L 水总共能吸收 2636.8kJ 的热量，这是水的冷却作用。

同时，当水与燃烧物质接触时，会形成“蒸气幕”，能够阻止空气进入燃烧区，并能稀释燃烧区中氧气的含量，使燃烧强度逐渐减弱。当水蒸气的含量超过30%时，即可将火熄灭。

当水溶性可燃液体发生火灾时，在允许用水扑救的条件下，水可降低可燃液体浓度及燃烧区内可燃蒸气的浓度。此外，在扑救过程中用高压水流强烈冲击燃烧物和火焰，这种机械冲击作用可冲散燃烧物并使燃烧强度显著减弱。

水用于灭火的缺点是水具有导电性，不宜扑救带电设备的火灾；不能扑救遇水燃烧物质和水溶性燃烧液体的火灾。此外，水与高温盐液接触会发生爆炸，比水轻的易燃液体能浮在水的表面燃烧并蔓延等。这是利用水作为灭火剂时应该注意的问题。

2. 水的灭火作用机理

① 冷却作用。水的热容量和汽化热很大。水喷洒到火源处，使水温升高并汽化，就会大量吸收燃烧物的热量，降低火区温度，使燃烧反应速度降低，最终停止燃烧。一般情况下冷却作用是水的主要灭火作用。

② 对氧气的稀释作用。对氧气的稀释作用。水在火区汽化，产生大量水蒸气，降低了火区的氧气浓度。当空气中的水蒸气体积浓度达到35%时，燃烧就会停止。

③ 水流冲击作用。从水枪喷射出的水流具有速度快、冲击力大的特点，可以冲散燃烧物，使可燃物相互分离，使火势减弱。快速的水流，带动空气扰动，使火焰不稳定，或者冲断火焰，使之熄灭。

④ 在扑灭水溶性可燃液体火灾时，水与可燃液体混合后，可燃液体的浓度下降，液体的蒸发速度降低，液面上可燃蒸气的浓度下降，火势减弱，直至停止。

3. 水流形态及在灭火中的应用

（1）直流水和开花水

由直流水枪喷出的密集水流称为直流水。直流水射程远，冲击力强，是水灭火的最常用方式。由开花水枪喷出的滴状水流称为开花水，开花水水滴直径一般大于100μm。直流水和开花水主要用于扑灭固体火灾（A类火灾），也可以用来扑灭闪点在120℃以上、常温下呈半凝固状态的重油火灾以及石油和天然气井喷火灾。但不能用来扑救“遇水燃烧物质”的火灾，电气火灾，轻于水且不溶于水的可燃液体火灾以及储存大量浓硫酸、浓硝酸、浓盐酸等场所的火灾。因为强大的水流使酸飞溅，流出后遇可燃物质，有引起爆炸的危险。酸溅到人身上，能烧伤人。高温状态下的化工设备也不能用水扑救，防止遇冷水后骤冷引起形变或爆裂。

此外，直流水不能用来扑救有可燃粉尘聚集的厂房和车间的火灾。因为高速水流会把沉积粉尘扬起，引起粉尘爆炸。最好用开花水流灭火。

在紧急情况下，必须带电扑灭电气火灾时，要保持一定的安全距离。对于380kV以内的电气设备，如果使用16mm口径的水枪，安全距离为16m。

（2）细水雾

所谓“细水雾”，是指在最小设计工作压力下、距喷嘴1m处的平面上，测得水雾最粗部分的水微粒直径$D_{v0.99}$不大于1000μm。细水雾灭火技术是利用水雾喷头在一定水压下将水流分解成细小水雾滴进行灭火或防护冷却的一种固定式灭火技术，是在自动喷水灭火技术的基础上发展起来的，具有无环境污染（不会损耗臭氧层或产生温室效应）、灭火迅速、耗水量低、对防护对象破坏性小等特点，在喷水灭火系统中占有重要的地位，已被看作是卤代烷系列灭火剂的主要替代品。对于防治高技术领域和重大工业危险源的特殊火灾，诸如计算机房火灾、航空与航天飞行器舱内火灾以及现代大型企业的电器火灾等，细水雾展示出广阔的应用前景。

细水雾液滴的直径很小，增加了单位体积水微粒的表面积。而表面积的增大，更容易进行热吸收，冷却燃烧反应区。水微粒容易汽化，汽化后体积增大约1700倍。由于水蒸气的产生，既稀释了火焰附近氧气的浓度，窒息了燃烧反应，又有效地控制了热辐射。可以认为，细水雾灭火主要是通过高效率的冷却与缺氧窒息的双重作用。

试验表明细水雾的电气绝缘性很好。将细水雾喷入设有电动机、发电机和配电盘的封闭房间内，上述设备内部的电压为220～440V。结果显示，在释放过程中，电阻读数明显下降，但设备运转正常。在一般情况下，随着设备变得干燥，电阻值会恢复到正常值。因此，细水雾可能发展成卤代烷系列灭火剂的主要替代品。

产生细水雾的喷嘴是该灭火系统的关键的部件，它含有一个或多个孔口，能够将水滴雾化。细水雾喷嘴产生水微粒的原理有五种：①液体以相对于周围空气很高的速度被释放出来，由于液体与空气的速度差而被撕碎为水微粒子；②液体流碰到固定的表面，因碰撞产生水微粒子；③两股组成类似的水流相互碰撞，每股水流都形成水微粒子；④利用超声波和静电雾化器使液体振动或粉碎成水微粒子；⑤液体在压力容器中被加热到高于沸点，突然被释放到大气压力状态，形成细水雾。

(3) 水蒸气

在一些工厂水蒸气是生产过程中必需的，也可以很方便地用来灭火。水蒸气主要适用于容积在500m^3 以下的密闭厂房，进行全淹没式窒息灭火，也适用于扑救高温设备和煤气管道泄漏造成的火灾。

4. 水系灭火剂

水系灭火剂是指在水中加入添加剂，改变水的性能，从而提高水的灭火能力，减少水的用量，扩大水的灭火范围的一系列灭火剂。水系灭火剂包括强化水灭火剂、湿润水灭火剂、抗冻水灭火剂、增稠水灭火剂、减阻水灭火剂。

(1) 强化水灭火剂

在水中添加盐类强化剂，如碳酸钾、碳酸氢钾、碳酸钠、碳酸氢钠等，可提高水的灭火效果，这种类型的灭火剂称为强化水灭火剂。例如，在直径为1m的罐内进行扑灭石油产品火灾的试验中，喷射纯水，不能有效地灭火，但在水中添加5%的碳酸钠或碳酸氢钾时，只用8～10s，便可把火扑灭。试验表明，对于可燃液体火灾，不同强化剂的灭火效率的顺序如下：

$$NaHCO_3 < Na_2CO_3 < KHCO_3 < K_2CO_3$$

强化剂的添加量一般在1%～5%为宜，添加过多，其灭火效率随添加剂添加量的增加提高甚微。

强化水灭火剂的灭火作用，除了有水本身的灭火作用之外，添加的无机盐类在火焰中汽化而析出游离金属离子，如Na^+、K^+，这些离子与火焰中的自由基和过氧化物反应，中止链式反应，扑灭火灾。

(2) 润湿水灭火剂

润湿水灭火剂是指在水中添加表面活性剂，降低水的表面张力，提高水的湿润、渗透能力的灭火剂。

表面活性剂按其亲水基团的不同可分为四种类型。

① 阴离子表面活性剂　如羧酸盐（RCOOM）、硫酸酯盐（$ROSO_3M$）、磺酸盐（$R\text{-}SO_3M$）、磷酸酯盐、长链烷基苯醚磺酸盐。

② 阳离子表面活性剂　如伯胺盐（$R\text{-}NH_2 \cdot HCl$）、仲胺盐、叔胺盐、季铵盐、烷基磷酸取代胺等。

③ 两性表面活性剂　如氨基酸型、甜菜碱型、咪唑啉型两性表面活性剂。

④ 非离子表面活性剂　如聚氧乙烯型、多元醇型非离子表面活性剂。

以上四种表面活性剂中，阴离子表面活性剂价格较便宜，阳离子和两性表面活性剂较贵。因此，常用的润湿剂多为磺酸盐和硫酸酯盐，属阴离子型。

润湿水灭火剂的研究较多，主要用于扑救不易润湿的物质的火灾。比如日本学者利用普通水和湿润性水（Wet Water）对10种普通塑料和3种泡沫塑料进行了灭火试验。试验表明，湿润水在大部分塑料表面的黏附量是普通水的两倍以上。用湿润水灭火可减少灭火时间30%～50%。他还研究了表面活性剂浓度与灭火时间的关系。结果表明，随着表面活性剂浓度增加，灭火时间减少。但当浓度超过一临界值后，灭火时间不再减少。该浓度值大约是表面活性剂Ⅰ临界胶束浓度（CMC）的10倍。灭火时使用的润湿剂水溶液浓度为0.5%～5%。

列宁格勒林学院曾经用0.3%浓度的NP-1型磺酸盐和0.2%烷基苯磺酸钠的水溶液进行了扑灭泥煤、木材和其他木质材料的试验。与清水灭火相比，0.3%浓度的NP-1型磺酸盐水溶液灭火的用水量下降了33%～55%，见表4-1。

表4-1　用NP-1型湿润扑灭木质火灾实验

燃烧物	液体总耗量/kg		节水百分比/%	燃烧物	液体总耗量/kg		节水百分比/%
	水	0.3%NP-1溶液			水	0.3%NP-1溶液	
散放的枯树枝	1	0.5	50	木材	0.3	0.2	33
泥炭	0.5	0.3	40	泥煤	0.8	0.4	50
绿地衣	1.4	0.8	38				

使用浓度为0.2%的磺酸盐水溶液扑救木材（木板堆垛尺寸0.8m×0.8m×0.8m，火灾负荷达50～55kg/m^2），节水55%，火灾的实验结果见表4-2。

表4-2　用0.2%的磺酸盐水溶液扑救木材的火灾实验

项　目	灭火剂	
	水	0.2%浓度的磺酸盐
灭火时间/s	206	90
总耗量/L	16	3.6
灭火器筒底内残留水量/L	1.9	0
单位消耗量/L·m^{-2}	25	5.6
供给强度/L·m^{-2}·s^{-1}	0.12	0.06

（3）抗冻水灭火剂

在我国北方，冬天气温较低。为了防止水结冰，应在水中加入防冻剂，提高水的耐寒性，制成抗冻水灭火剂。防冻剂的作用就是降低水的冰点。常用的防冻剂有盐类，如氯化钠、碳酸钾、氯化镁和氯化钙等，以及有机物质，如乙醇、乙二醇、丙二醇、甘油等。

防冻剂的选用，要根据具体情况综合考虑。例如，如果使用地下水，水中钙、镁离子较多，就不宜使用碳酸钾，因为会形成碳酸钙沉淀。如果在水中还加入了其他灭火物质，应考虑它们之间的配伍相容性。

（4）减阻水灭火剂

在水中加入微量的高分子聚合物可以改变水的流体动力学性能，降低流动阻力，使水射流更加密集，增加射程，这种类型的灭火剂称为减阻水灭火剂。常用的减阻剂有聚丙烯酰胺、聚氧化乙烯加尔树脂等，其分子量在106量级，添加浓度在0.01%～5%之间。

例如上海机械学院研制的PWC和PW-30型高分子减阻剂，成功地应用在城市消防工作中。采用浓度为（100～150）$\times 10^{-6}$的PWC和PW-30稀溶液，在上海、兰州等城市进行现场消防试验，灭火效果很好，主要数据见表4-3。由表可见，加入减阻剂，流量增加了57.1%，射程增加了107%，达1倍以上。

表4-3　消防减阻剂效果

介　质	水泵出口压力/10^5Pa	水枪入口压力/10^5Pa	流量/$m^3 \cdot h^{-1}$	射程/m
清水	8.5	1.35	70	18.8
减阻稀溶液	8.2	3.85	110	37.9

（5）增稠水灭火剂

在水中加入增稠性添加剂，可使水的黏度增加，显著提高水在物体表面的黏附性能，在物体表面形成黏液覆盖层，减少水的流失，提高灭火速度，还可有效地防止水的流失对财产和环境的二次破坏。这种类型的灭火剂称为增稠水灭火剂，是灭火剂研究的重要方向之一。常用的增稠剂分为无机增稠剂和有机高分子增稠剂。

无机增稠剂如水玻璃（硅酸钠凝胶溶液），配成20%～40%的水溶液作为灭火剂。该灭火剂具有一定的黏度，能黏附于物体表面。在火焰的烘烤下，可逐渐变成阻燃的固体防护层。在高温下水玻璃还能发泡，使防护层变厚。从而隔绝空气，防止火的蔓延，扑灭火灾。尤其适用于森林等大面积火灾的灭火。

水溶性高聚物如聚乙烯醇、羧甲基纤维素钠（CMC）等也可作为增稠剂，制成灭火剂，可利用普通灭火器械喷洒。该灭火剂扑灭森林火灾，其黏液可黏附在枝叶之上，起到灭火作用。与水相比，黏液不易流入土壤，亦不易蒸发，可在森林火区周围形成防火隔离带。

（6）其他新型水灭火剂

最近几年来，水系灭火剂的发展迅速，出现了许多新型灭火剂。

在德国、日本等国家，在水中加入吸水性颗粒添加剂制成的新型灭火剂已得到推广使用。吸水性颗粒吸水并膨胀，从而使一部分水保持在颗粒中，一部分水仍成游离状态。当喷洒到物体表面后，部分游离水会流失，而吸水性颗粒则会停留在物体表面，形成覆盖层，增强了灭火效果。

在日本，使用 IM-300 和 IM-1000（一种丙烯酸与淀粉共聚物颗粒）作为添加剂。该添加剂具有吸水膨胀性能，吸水倍数可达 1000 倍。在扑灭模拟木材火灾实验中，使用 10L 灭火剂，10s 内即可灭火；而使用清水灭火时，需 18L 水，灭火时间达 3min。将该灭火剂涂于木板表面，将木板面放在距火焰 10cm 处烘烤，在 3min 内木材不会被引燃。

在德国，使用 Hydrex 型丙烯酸或甲基丙烯酸盐共聚物，按 0.4%的比例加入水中，即可制成灭火剂。其中吸水颗粒的含水量占总水量的 50%以上。灭火时间和灭火用水量可减少 30%～35%，水的流失可减少 85%。为了防止高吸水颗粒在加入水中时胶结成块，影响其在水中的分散速度，可在高吸水颗粒中掺入聚乙烯醇 300 或 400 或磷酸二铵作为隔离剂。隔离剂在吸水性颗粒之间形成屏障，从而防止吸水性颗粒的胶结，加快其分散、吸水和膨胀速度。

SD 系列强力灭火剂是天津消防研究所研制的一种新型水系灭火剂，有 SD-8 和 SD-18 两种型号，其主要成分为：水为 70%～75%；混合盐为 15%～20%；助剂为 3%～5%；润湿剂为 1%～2%；增稠剂为 0.5%～2%；其物理性能见表 4-4。加入混合盐可以降低其凝固点，增稠剂可以提高黏附性，而湿润剂提高了灭火剂在可燃物中的渗透性。

表 4-4　SD 系列强力灭火剂物理性能

型号	相对密度(20℃)	pH 值(20℃)	表面张力(20℃)/mN·m^{-1}	黏度(20℃)/$\times10^{-3}$Pa·s	凝固点/℃	沉降物/%
SD-8	1.11	6.8	28	196	−10	微量
SD-18	1.10	6.7	28	156	−18	微量

SD 强力灭火剂主要适用于扑救固体物质火灾（A 类火灾）。其灭火效能与其他灭火剂的对比见表 4-5。表中的灭火级别表示了木垛的大小，数值越大，则木垛越大。如 5A 级别的木垛，木条长 50cm，每层 5 根。而 8A 级别的木垛，木条长 80cm，每层 8 根。从表 4-5 中可见，SD 系列强力灭火剂可灭 13A～21A 级别的火灾，灭火性能高于其他类型的灭火剂。

表 4-5　SD 强力灭火剂与其他灭火剂灭火效能比较

灭火器类别		灭火剂充装量		灭火级别
		容量/L	质量/kg	
泡沫型(普通化学泡沫)	手提式	6		5A
		9		8A
	推车式	40		13A
		65		21A
卤代烷型	1211		4	5A
			6	8A
	1301		4	3A

续表

灭火器类别		灭火剂充装量		灭火级别
		容量/L	质量/kg	
干粉型(磷镁干粉)			4～5	8A
			6～8	13A
强力灭火液	SD-8	4		13A
		7		21A
	SD-18	4		13A
		7		21A

冷火 302 灭火剂是美国北美环球公司生产的新型灭火剂，在水中加入添加剂，提高水对火区的冷却能力，使灭火效率显著提高。生产这类产品的还有美国环境安全公司，其产品名称为 FLAREX、CURUDEX、COALEXH 和 TIREX。

(7) 水系灭火剂中的防腐剂和抗蚀剂

为了保证水系灭火剂的储存稳定性和减少容器的锈蚀，需在水中加入防腐剂和抗蚀剂。

水系灭火剂在长期储存时，水中会滋生各种细菌、霉菌，使灭火剂产生沉淀和异味，降低灭火性能。常用的防腐剂有苯甲酸（钠）、甲酚钠、山梨酸钾、苯菌灵、水杨酸苯胺、铵盐型阳离子表面活性剂等。加入量一般为 0.01%～0.1%。

水系灭火剂对金属容器的腐蚀也是不容忽视的。防止腐蚀的方法有两种：一种是在金属容器的内壁涂上保护材料层（例如塑料），另一种是在水中添加抗蚀剂，抑制腐蚀。抗蚀剂的抗蚀原理如下。

① 利用氧化剂在金属表面形成一层致密的氧化层，阻止金属的进一步腐蚀。这种类型的抗蚀剂主要是无机阳性抗蚀剂，如碱金属的磷酸盐、铬酸钾及亚硝酸钠等氧化剂。

② 减慢金属锈蚀的原电池反应。金属表面的锈蚀反应在阳极区发生氧化反应，消耗水中的溶解氧，在阴极区发生还原反应，产生 OH^-。如果加入有机抗蚀剂，如单宁酸、抗坏血酸等，可以吸收水中的溶解氧；如果加入无机阳性抗蚀剂，如碳酸氢钾，它能在阴极区同 OH^- 反应生成碳酸钙保护层，从而减缓金属锈蚀反应。

三、泡沫灭火剂

泡沫是由液体的薄膜包裹气体而成的小气泡群。用水作为泡沫液膜的气体可以是空气或二氧化碳。由空气构成的泡沫叫空气机械泡沫或空气泡沫，由二氧化碳构成的泡沫叫化学泡沫。泡沫的灭火机理是利用水的冷却作用和泡沫层隔绝空气的窒息作用。燃烧物表面形成的泡沫覆盖层，可使燃烧物表面与空气隔绝，由于泡沫层封闭了燃烧物表面，可以遮断火焰的热辐射，阻止燃烧物本身和附近可燃物质的蒸发；泡沫析出的液体可对燃烧表面进行冷却，而且泡沫受热蒸发产生的水蒸气能降低氧的浓度。这类灭火剂对可燃性液体的火灾最适用，是油田、炼油厂、石油化工、发电厂、油库以及其他企业单位油罐区的重要灭火剂，也用于普通火灾扑救。

灭火用的泡沫必须具有以下特性。

① 泡沫的密度小于油的密度，微泡要具有凝聚性和附着性。

② 液膜的强度对热应具有一定的稳定性和流动性。

③ 泡沫对机械或风应具有一定的稳定性和持久性。

④ 化学泡沫是利用硫酸铝和碳酸氢钠的水溶液作用，产生 CO_2 泡沫。其反应式如下。

$$6NaHCO_3 + Al_2(SO_4)_3 \cdot 18H_2O \longrightarrow 6CO_2 + 2Al(OH)_3 + 3Na_2SO_4 + 18H_2O$$

碳酸氢钠和泡沫稳定剂都溶于水中，和硫酸铝的水溶液起反应，并由于化学反应而形成泡沫，所以称之为化学泡沫，对于扑灭汽油、柴油等易燃液体的火灾较为有效。不过，由于化学泡沫灭火设备较为复杂，投资大，维护费用高，近来多采用设备简单、操作方便的空气泡沫。

空气泡沫灭火剂可分为普通蛋白泡沫灭火剂、氟泡沫灭火剂等类型。

普通蛋白泡沫是在水解蛋白和稳泡剂的水溶液中用发泡机械鼓入空气，并猛烈搅拌使之相互混合而形成充满空气的微小稠密的膜状泡泡群。这种泡沫能有效地扑灭烃类液体火焰。氟蛋白泡沫液是在普通蛋白泡沫中加入1%的FCS溶液（由氟表面活性剂、异丙醇、水三者组成，比例为3：3：3）配制而成的，有较高的热稳定性、较好的流动性和防油防水等能力，可用于油罐液下喷射灭火。氟蛋白泡沫弥补了普通蛋白泡沫流动性较差、易被油类污染等缺点。氟蛋白泡沫通过油层时，使油不能在泡沫内扩散而被分隔成小油滴，这些小油滴被未污染的泡沫包裹，浮在液面后，形成一个包含有小油滴的不燃烧但能封闭油品蒸汽的泡沫层。在泡沫层内即使含汽油量达25%，也不会燃烧。而普通蛋白泡沫层内含10%的汽油时，即开始燃烧，这说明氟蛋白泡沫有较好的灭火性能。氟蛋白泡沫的另一个特点是能与干粉配合扑灭烃类液体火灾。

对于醇、酮、醚等水溶性有机溶剂，如果使用普通蛋白泡沫灭火剂，则泡沫膜中的水分会被水溶性溶剂吸收而消灭掉。针对水溶性可燃液体对泡沫具有破坏作用的特点，研制出了抗溶性泡沫灭火剂。这种灭火剂是在普通蛋白泡沫中添加有机酸金属络合盐而制成，有机酸络合盐与泡沫中的水接触时，会析出有机酸金属皂，在泡沫壁上形成连续的固体薄膜，该薄膜能有效地防止水溶性有机溶剂吸收水分，从而保护了泡沫，使泡沫能持久地覆盖在溶剂表面上，因而其灭火效果较好。但不宜扑救如乙醛（沸点20.2℃）等沸点很低的水溶性有机溶剂火灾。

四、干粉灭火剂

干粉是细微的固体微粒，其作用主要是抑制燃烧。常用的干粉有碳酸氢钠、碳酸氢钾、磷酸二氢铵、尿素干粉等。

碳酸氢钠干粉的成分是碳酸氢钠占93%，滑石粉占5%，硬脂酸镁占0.5%～2%，后两种成分是加重剂和防潮剂。从干粉灭火器中喷出的灭火粉末覆盖在固体的燃烧物上，能够构成阻碍燃烧的隔离层，而且此种固体粉末灭火剂遇火时放出水蒸气及二氧化碳。其反应式如下。

$$2NaHCO_3 \longrightarrow Na_2CO_4 + H_2O + CO_2 - Q$$

钠盐在燃烧区吸收大量的热，起到冷却和稀释可燃气体的作用。同时干粉灭火剂与燃烧区的氢化合物起作用，夺取燃烧反应的游离基，起到抑制燃烧的作用，致使火焰熄灭。

干粉灭火剂综合了泡沫、二氧化碳和四氯化碳灭火剂的特点，具有不导电、不腐蚀、扑救火灾速度快等优点，可扑救可燃气体、电气设备、油类、遇水燃烧物质等物品的火灾。

干粉灭火剂缺点，一是灭火后留有残渣，因而不宜用于扑灭精密机械设备、精密仪器、电动机等的火灾；二是由于干粉灭火剂冷却性较差，不能扑灭阴燃火灾，不能迅速降低燃烧物品表面温度，容易发生复燃。

五、二氧化碳灭火剂

二氧化碳灭火剂的主要作用是稀释空气中的氧浓度，使其达到燃烧的最低需氧量以下，火即自动熄灭。二氧化碳灭火剂是将二氧化碳以液态的形式加压充装于灭火器中，因液态二氧化碳易挥发成气体，挥发后体积将扩大760倍，当它从灭火器里喷出时，由于汽化吸收热量的关系，立即变成干冰。此种霜状干冰喷向着火处，立即汽化，而把燃烧处包围起来，起到隔绝和稀释氧的作用。当二氧化碳占空气的含量为30%～35%时，燃烧就会停止，其灭火效率很高。

由于二氧化碳不导电，所以可用于扑灭电气设备的着火。对于不能用水救火的遇水燃烧物质，使用二氧化碳扑救最为适宜，因为二氧化碳能不留痕迹地把火焰熄灭，在可燃固体粉碎、干燥过程中发生起火以及精密机械设备等着火时，都可用二氧化碳灭火剂扑救。

二氧化碳灭火剂的缺点，一是冷却作用不好，火焰熄灭后，温度可能仍在燃点以上，有发生复燃的可能，故不适用于空旷地域的灭火；二是二氧化碳灭火剂不能扑救碱金属和碱土金属的火灾，因二氧化碳与这些金属在高温下会起分解反应，游离出碳粒子，有发生爆炸的危险，如 $2Mg+CO_2=2MgO+C$；三是二氧化碳能够使人窒息。这是应用二氧化碳灭火剂时应注意的问题。

六、四氯化碳灭火剂

四氯化碳的灭火机理是能蒸发冷却和稀释氧浓度。四氯化碳为无色透明液体，不助燃、不自燃、不导电、沸点低（76.8℃），其灭火作用主要是利用它的这些性质。当四氯化碳落到火区中时，迅速蒸发，由于其蒸气重（约为空气的5.5倍），能密集在火源四处包围着正在燃烧的物质，起到了隔绝空气的作用。若空气中含有10%容积的四氯化碳蒸气，则燃着的火焰就迅速熄灭。故四氯化碳是一种阻燃能力很强的灭火剂，特别适用于带电设备的灭火。

四氯化碳有一定腐蚀性，用于灭火时其纯度应在99%以上，不能混有水分及二硫化碳等杂质，否则更易侵蚀金属。另外，当四氯化碳受热到250℃以上时，能与水蒸气发生作用生成盐酸和光气；如与赤热的金属（尤其是铁）相遇则生成的光气更多；与电石、乙炔气相遇也会发生化学变化，放出光气。光气是剧毒的气体，空气中最高允许浓度仅为0.0005mg/L；同时四氯化碳本身亦有毒性，空气中最高允许浓度为25mg/L，所以禁止用来扑救电石和钾、钠、铝、镁等的火灾。

七、卤代烷灭火剂

碳氢化合物（如甲烷）中的氢原子被卤族原子取代后，所生成化合物的化学性质和物理性质会发生明显变化。例如甲烷是一种比空气轻的易燃气体，其分子中的四个氢原子被卤族原子氟替代就生成 CF_4，CF_4 则是一种不燃的气体。命名为 1211 灭火剂的是二氟一氯一溴甲烷，分子式为 $CBrClF_2$，它是一种无色略带芳香味的气体，化学性质稳定，对金属腐蚀性小，有较好的绝缘性能，毒性也较小。1211 灭火剂能有效地扑灭电气设备火灾、可燃气体火灾、易燃和可燃液体火灾以及易燃固体的表面火灾；不宜扑灭自己能供氧气的化学药品（如硝化纤维）、化学性质活泼的金属、金属的氢化物和能自然分解的化学药品的火灾。

八、其他灭火剂

1. 7150 灭火剂

7150 灭火剂为轻金属火灾专用灭火剂。7150 灭火剂化学名称是三甲氧基硼氧六环 $(CH_3O)B_3O_3$，为无色透明可燃液体，热稳定性较差，在火焰温度作用下能分解或燃烧。灭火原理就是利用 7150 燃烧，可很快耗尽金属表面附近的氧，同时，生成的水和二氧化碳可稀释空气中的氧，起窒息作用。分解或燃烧后生成硼酐 B_2O_3，在高温条件下形成玻璃状熔层，流散在轻金属表面（及缝隙当中），形成硼酐隔膜，使金属与空气隔绝。在窒息与隔绝的双重作用下，燃烧中止。7150 主要用于铝、镁及其合金、海绵状的钛等轻金属的火灾。

以干燥的空气或氮气作推进剂，将 7150 灌于灭火器中，灭火时尽量使硼酐膜稳定。储运应按易燃液体规定进行，并防潮湿和高温。

2. 原位膨胀石墨

原位膨胀石墨灭火剂是石墨经处理后的变体，外观为灰黑色鳞片状粉末，稍有金属光泽，是一种新型金属灭火剂。

石墨是碳的同素异构体，无毒、没有腐蚀性。低于 150℃时，密度基本稳定；达到 150℃时，密度变小，开始膨胀，温度达到 800℃时，体积膨胀可达膨胀前的 54 倍。

碱金属或轻金属起火后，将原位膨胀石墨灭火剂喷洒在燃烧物质表面上，在高温作用下，灭火剂中的添加剂逸出气体，使石墨体积迅速膨胀，可在燃烧物表面形成海绵状的泡沫；同时与燃烧的金属接触的部分被液态金属润湿，生成金属碳化物或部分石墨层间化合物，形成隔绝空气的隔膜，使燃烧中止。

原位膨胀石墨的应用对象为钠、钾、镁、铝及其合金的火灾。使用时灌装于灭火器内，灭火时以低压喷射到燃烧物上，或盛于小包装塑料袋内，灭火时投入燃烧金属的表面。储存一般需要密封，且温度应低于 150℃。

3. 沙子和灰铸铁末（屑）

这是两种非专门制造的灭火剂，它们单独应用于规模很小的磷、镁、钠等火灾，起隔绝空气或从火焰中吸热（冷却）的作用，可以灭火或控制火灾的发展。

4. 发烟剂

发烟剂是一种深灰色粉末状混合物，由硝酸钾、三聚氰胺、木炭、碳酸氢钾、硫黄等物质混合而成。

发烟剂通常利用烟雾的自动灭火装置（发烟器和浮子组成），置于2000m^3以下原油、渣油或柴油罐内、1000m^3以下航空煤油储罐内的油面。在火灾温度作用下，发烟剂燃烧，产生二氧化碳、氮气等惰性气体（占发烟量的85%），在罐内油面以上的空间内形成均匀而浓厚的惰性气体层，阻止空气向燃烧区的流动，并使燃烧区可燃蒸气的浓度降低，使燃烧窒息。发烟剂不适合开敞空间使用。

5. 氮气

氮气是空气的组成部分，约占空气体积的78%。采用空气深冷分离法制取氧气的同时，可获得大量的氮气。为无色无味的惰性气体，化工设备、管道内的可燃气体可以利用氮气进行吹扫，以置换出可燃气体或空气，用以设置固定或半固定灭火设备，可以作为灭火剂扑救高温高压物料的火灾。

氮气灭火原理是，氮气施放到燃烧区后，稀释可燃气体和氧气的浓度，当氮气的施放量达到可燃物维持燃烧的最低含氧量以下时，燃烧即停止。

6. 水蒸气

这里所说的水蒸气指的是由工业锅炉制备的饱和蒸汽或过热蒸汽。饱和蒸汽的灭火效果优于过热蒸汽。凡有工业锅炉的单位，均可设置固定式或半固定式（蒸汽胶管加喷头）蒸汽灭火设备。

水蒸气是惰性气体，一般用于易燃和可燃液体、可燃气体火灾的扑救。一般应用于房间、舱室内，也可应用于开敞空间。水蒸气的灭火原理是，在燃烧区内充满水蒸气可阻止空气进入燃烧区，使燃烧窒息。试验得知，对汽油、煤油、柴油和原油火灾，当空气中的水蒸气含量达到35%(体积分数）时，燃烧即停止。

水蒸气在使用时应注意防止热蒸汽灼伤。水蒸气遇冷凝结成水，应保持一定的灭火延续时间和供应强度［一般在无损失条件下是0.002kg/(m^3·s)，有损失条件下是0.005kg/(m^3·s)］。

第二节 建筑灭火器的配置

一、灭火器的基本常识

众所周知，灭火器是扑救初起火灾的重要消防器材，它轻便灵活，可移动，稍经训练即可掌握其操作使用方法，确属消防实战灭火过程中较理想的第一线灭火工具。灭火器是一种可由人力移动的轻便灭火器具，它能在其内部压力作用下，将所充装的灭火剂喷出，用来扑救火灾。灭火器再繁多，其适用范围也有所不同，只有正确选择灭火器的类型，才能有效地扑救不同种类的火灾，达到预期的效果。

1. 灭火器的分类

灭火器的种类很多，按其移动方式可分为：手提式和推车式；按驱动灭火剂的动力来源可分为：储气瓶式、储压式、化学反应式；按所充装的灭火剂则又可分为：泡沫、干粉、卤代烷、二氧化碳、酸碱、清水等。

我国现行的国家标准将灭火器分为手提式灭火器和车推式灭火器。下面就人们经常见到和接触到的手提式灭火器的分类、适用及使用方法作简要介绍。

(1) 灭火器按充装的灭火剂可分为五类

① 干粉类的灭火器　充装的灭火剂主要有两种，即碳酸氢钠和磷酸铵盐灭火剂。

② 二氧化碳灭火器。

③ 泡沫型灭火器。

④ 水型灭火器。

⑤ 卤代烷型灭火器（俗称“1211”灭火器和“1301”灭火器）。

(2) 灭火器按驱动灭火器的压力形式可分为三类

① 储气式灭火器　灭火剂由灭火器上的储气瓶释放的压缩气体的或液化气体的压力驱动的灭火器。

② 储气式灭火器　灭火剂由灭火器同一容器内的压缩气体或灭火蒸气的压力驱动的灭火器。

③ 化学反应式灭火器　灭火剂由灭火器内化学反应产生的气体压力驱动的灭火器。

2. 灭火器的基本结构

灭火器的外形结构基本相似，本体为一柱状球形头圆筒，由钢板卷筒焊接或拉伸成圆筒焊接而成。二氧化碳灭火器本体由无缝钢管焖头制成，本体用以盛装灭火剂（或驱动气体）。清水灭火器是由筒体、筒盖、二氧化碳储气瓶、喷射系统和开启机构等部件组成。

① 筒体　筒体是存放灭火剂的容器。它由筒身、连接螺圈和底圈组成。连接螺圈是灭火器筒体与筒盖互相连接的零件。

② 筒盖　也称器头，是使筒体密封的盖子，通过连接螺圈与筒体相互连接。筒盖上还装有二氧化碳储气瓶、开启机构、提圈等部件。器头是灭火器操作机构，其性能直接影响灭火器的使用效能。

③ 二氧化碳储气瓶　是用来储存液化二氧化碳的容器，是清水灭火器的动力源。二氧化碳储气瓶属高压容器，它是采用无缝钢管经加热、旋压收口制成的。储气瓶一般采用膜片式密封，金属膜片依靠储气瓶上部的螺帽，紧压在钢瓶的密封口上。为了保证储气瓶的安全，密封膜片同时被设计成一个超压安全保护装置。当储气瓶压力升高到20～25MPa之间时，密封膜片会自动破裂，泄放出二氧化碳气体，从而保证安全。

④ 喷射系统　喷射系统是灭火剂从筒体向外喷射的通道，由虹吸管和喷嘴组成。虹吸管由塑料制成，底部装有过滤网，上部装有水位标志。喷嘴一般制成圆柱状或圆锥形，喷出柱状水流，俗称直流喷嘴。根据需要，也可制成喷雾喷嘴或开花喷嘴。

⑤ 开启机构　开启机构由穿刺钢针、限位弹簧、开启杆、保险帽等零件组成。穿刺钢针用来刺破储气瓶上的密封膜片。限位弹簧是保证在平时使穿刺钢针与密封膜片之间保持一定的间隙，以免碰坏而造成误喷射。开启杆是供使用者开启灭火器时用手掌拍

击的零件。

3. 灭火器型号编制

我国灭火器的型号是按照《消防产品型号编制方法》（GN11—1982）的规定编制的。它由类、组、特征代号及主要参数几部分组成。类、组、特征代号用大写汉语拼音字母表示；主要参数代表灭火器的充装量，用阿拉伯字母表示。阿拉伯数字代表灭火剂重量或容积，一般单位为每千克或升。

一般编在型号首位，是灭火器本身的代号。通常用“M”表示。

灭火剂代号：编在型号第二位：P—泡沫灭火剂，酸碱灭火剂；F—干粉灭火剂；T—二氧化碳灭火剂；Y—1211灭火剂；SQ—清水灭火剂。

形式号：编在型号中的第三位，是各类灭火器结构特征的代号。目前我国灭火器的结构特征有手提式（包括手轮式）、推车式、鸭嘴式、舟车式、背负式五种，其中型号分别用S、T、Z、Z、B。

MFZ、MFZL型手提储压式干粉灭火器具有操作简单安全、灭火效率高、灭火迅速等特点。内装的干粉灭火剂具有电绝缘性能好、不易受潮变质、便于保管等优点，使用的驱动气体无毒、无味、喷射后对人体无伤害。灭火器瓶头阀上装有压力表，具有显示内部压力的作用，便于检查和维修。

MFZ型为碳酸氢钠灭火剂，适用于扑灭可燃液体、可燃气体及带电设备的初起火灾。

MFZL型为磷酸铵盐灭火剂，适用于扑灭可燃固体、可燃液体、可燃气体及带电设备的初起火灾。

MFZ、MFZL型干粉灭火器可广泛应用于油田、油库、工厂、商店、配电室等场所。

规格：MFZ(L)1、MFZ(L)2、MFZ(L)3、MFZ(L)4、MFZ(L)5、MFZ(L)6、MFZ(L)7等。

4. 不同类型的火灾灭火器的选择

① 扑救A类火灾即固体燃烧的火灾应选用水型、泡沫、磷酸铵盐干粉、卤代烷型灭火器。

② 扑救B类即液体火灾和可熔化的固体物质火灾应选用干粉、泡沫、卤代烷、二氧化碳型灭火器（这里值得注意的是，化学泡沫灭火器不能灭B类极性溶剂火灾，因为化学泡沫与有机溶剂接触，泡沫会迅速被吸收，使泡沫很快消失，这样就不能起到灭火的作用。醇、醛、酮、醚、酯等都属于极性溶剂）。

③ 扑救C类火灾即气体燃烧的火灾应选用干粉、卤代烷、二氧化碳型灭火器。

④ 扑救带电火灾应选用卤代烷、二氧化碳、干粉型灭火器。

⑤ 扑救带电火灾和带电火灾应选用磷酸按盐干粉、卤代烷型灭火器。

⑥ 对D类火灾即金属燃烧的火灾，就我国目前情况来说，还没有定型的灭火器产品。目前国外灭D类的灭火器主要有粉装石墨灭火器和灭金属火灾专用干粉灭火器。在国内尚未定型生产灭火器和灭火剂的情况下可采用干沙或铸铁末灭火。

按照灭火器适宜扑灭的可燃物质分为四类。各类灭火器的使用范围见表4-6。

表 4-6 各类灭火器的使用范围

A 类灭火器	用于扑灭 A 类物质(如木材、纸张、布匹、橡胶和塑料等)的火灾,称为 A 类灭火器,如清水灭火器
B、C 类灭火器	用于扑灭 B 类物质(各种石油产品和油脂等)和 C 类物质(可燃气体)的火灾,称为 B、C 类灭火器,如化学泡沫灭火器,干粉灭火器、二氧化碳灭火器等
D 类灭火器材	用于扑灭 D 类物质(钾、钠、钙、镁等轻金属)的火灾,称为 D 类灭火器,如轻金属灭火器
ABCD 类灭火器	又称通用灭火器,如磷铵干粉灭火器

5. 常见灭火器的使用方法

在我国常见的手提式灭火器只有三种:手提式干粉灭火器、手提式二氧化碳灭火器和手提式卤代型灭火器,其中卤代型灭火器由于对环境保护有影响,已不提倡使用。目前,在宾馆、饭店、影剧院、医院、学校等公众聚集场所使用的多数是磷酸铵盐干粉灭火器(俗称"ABC 干粉灭火器")和二氧化碳灭火器,在加油、加气站等场所使用的是碳酸氢钠干粉灭火器(俗称"BC 干粉灭火器")和二氧化碳灭火器。根据二氧化碳既不能燃烧,也不能支持燃烧的性质,人们研制了各种各样的二氧化碳灭火器,有泡沫灭火器、干粉灭火器及液体二氧化碳灭火器,风力灭火器。

(1) 干粉灭火器的灭火原理

干粉灭火器内充装的是干粉灭火剂。干粉灭火剂是用于灭火的干燥且易于流动的微细粉末,由具有灭火效能的无机盐和少量的添加剂经干燥、粉碎、混合而成微细固体粉末组成。

(2) 风力灭火器

风力灭火器就是消除掉第三个条件温度,使火焰熄灭。风力灭火器将大股的空气高速吹向火焰,使燃烧的物体表面温度迅速下降,当温度低于燃点时,燃烧就停止了。这就是风力灭火器的原理。

风力灭火器结构很简单,一个电动马达,风叶,风管,电池。

(3) 泡沫灭火器的原理

利用化学式:

$$Al_2(SO_4)_3 + 6NaHCO_3 = 3Na_2SO_4 + 2Al(OH)_3\downarrow + 6CO_2\uparrow$$

产生二氧化碳气体,形成泡沫,使火源与空气隔绝,达到灭火效果。

(4) 二氧化碳灭火器灭火原理

二氧化碳具有较高的密度,约为空气的 1.5 倍。在常压下,液态的二氧化碳会立即汽化,一般 1kg 的液态二氧化碳可产生约 $0.5m^3$ 的气体。因而,灭火时,二氧化碳气体可以排除空气而包围在燃烧物体的表面或分布于较密闭的空间中,降低可燃物周围或防护空间内的氧浓度,产生窒息作用而灭火。另外,二氧化碳从储存容器中喷出时,会由液体迅速汽化成气体,而从周围吸引部分热量,起到冷却的作用。

二氧化碳灭火器主要用于扑救贵重设备、档案资料、仪器仪表、600V 以下电气设备及油类的初起火灾。

(5) 清水灭火器的灭火原理

清水灭火器中的灭火剂为清水。水在常温下具有较低的黏度、较高的热稳定性、较大的密度和较高的表面张力,是一种古老而又使用范围广泛的天然灭火剂,易于获取和储存。它主要依靠冷却和窒息作用进行灭火。因为每千克水自常温加热至沸点并完全蒸发汽化，可以吸收 2593.4kJ 的热量。因此，它利用自身吸收显热和潜热的能力发挥冷却灭火作用，是其他灭火剂所无法比拟的。此外，水被汽化后形成的水蒸气为惰性气体，且体积将膨胀 1700 倍左右。在灭火时，由水汽化产生的水蒸气将占据燃烧区域的空间、稀释燃烧物周围的氧含量，阻碍新鲜空气进入燃烧区，使燃烧区内的氧浓度大大降低，从而达到窒息灭火的目的。当水呈喷淋雾状时，形成的水滴和雾滴的比表面积将大大增加，增强了水与火之间的热交换作用，从而强化了其冷却和窒息作用。另外，对一些易溶于水的可燃、易燃液体还可起稀释作用；采用强射流产生的水雾可使可燃、易燃液体产生乳化作用，使液体表面迅速冷却、可燃蒸汽产生速度下降而达到灭火的目的。

(6) 简易式灭火器

简易式灭火器是近几年开发的轻便型灭火器。它的特点是灭火剂充装量在 500g 以下，压力在 0.8MPa 以下，而且是一次性使用，不能再充装的小型灭火器。按充入的灭火剂类型分，简易式灭火器有 1211 灭火器，也称气雾式卤代烷灭火器；简易式干粉灭火器，也称轻便式干粉灭火器；还有简易式空气泡沫灭火器，也称轻便式空气泡沫灭火器。简易式灭火器适用于家庭使用，简易式 1211 灭火器和简易式干粉灭火器可以扑救液化石油气灶及钢瓶上角阀，或煤气灶等处的初起火灾，也能扑救火锅起火和废纸篓等固体可燃物燃烧的火灾。简易式空气泡沫适用于油锅、煤油炉、油灯和蜡烛等引起的初起火灾，也能对固体可燃物燃烧的火进行扑救。

二、手提式灭火器

手提式灭火器因移动方便，使用便捷，是日常生活中最常见最普及的灭火器。手提式二氧化碳系列灭火器是按 GB 5399 标准要求制造，适用于扑灭油类、易燃液体、可燃气体、电气设备、文物资料的初起火灾，是车辆、船舶、工厂、科研单位、博物馆等必备的消防器材。它有以下多种类型。

1. 泡沫灭火器

泡沫灭火器有手提式和推车式泡沫灭火器两类。手提式化学泡沫灭火器，以化学泡沫剂溶液进行化学反应生成的二氧化碳作为施放化学泡沫的驱动气体。按构造形式可分为普通型 MP 和舟车型 MPZ 两种。图 4-1 为手提式泡沫灭火器，由筒身、筒盖、瓶胆、瓶胆盖、喷嘴和螺母等组成。

(1) 应用范围

化学泡沫灭火器主要用于固体物质和可燃液体火灾的扑救，而不适用于带电设备、水溶性液体（醇、醛、醚、酮、酯等）、轻金属火灾等的扑救。MP 型可设置于工厂、企业、公共场所、住宅场所；MPZ 型除上述场所外，主要设置于汽车、船舶等场所。

使用手提式泡沫灭火器时，应将灭火器竖直向上平衡地提到火场（不可倾倒）后，再颠倒筒身略加晃动，使碳酸氢钠和硫酸铝混合，产生泡沫从喷嘴喷射出去进行灭火。

(2) 使用时的注意事项

① 若喷嘴被杂物堵塞，应将筒身平放在地面上，用铁丝疏通喷嘴，不能采取打击

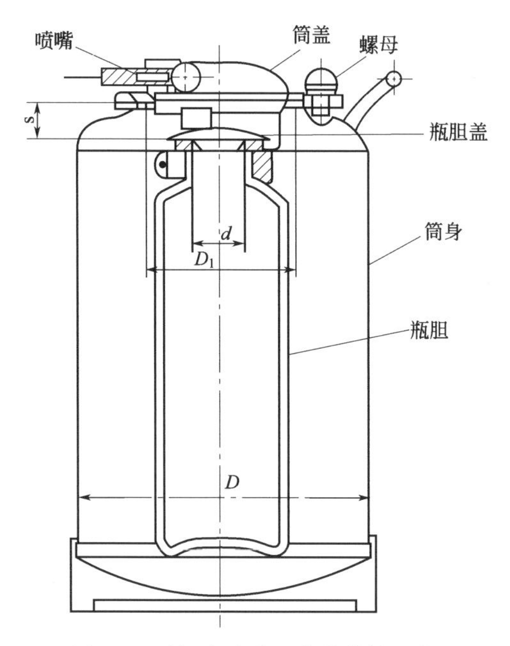

图 4-1　手提式泡沫灭火器结构示意

筒体等措施。

② 在使用时筒盖和筒底不朝人身，防止发生意外爆炸时筒盖、筒底飞出伤人。

③ 应设置在明显而易于取用的地方，而且应防止高温和冻结。

④ 使用 3 年后的手提式泡沫灭火器，其筒身应做水压试验，平时应经常检查泡沫灭火器的喷嘴是否畅通，螺母是否拧紧，每年应检查一次药剂是否符合要求。

(3) 技术性能

化学泡沫灭火器有 6L、9L。两种规格四种型号，见表 4-7。

表 4-7　化学泡沫灭火器技术性能表

型号	灭火剂量/L	有效喷射时间/s	有效喷射距离/m	喷射滞后时间/s	喷射剩余率/%	使用温度范围/℃	灭火级别		外形尺寸(宽度×直径×高度)/mm×mm×mm	质量/kg
							A 类	B 类		
MP6	6～0.3	≥40	≥6	≤5	≤10	4～55	5A	3B	175×165×548	10
MP9	9～0.3	≥60	≥8				8A	4B	175×165×598	13
MPZ6	6～0.3	≥40	≥6				5A	3B	175×165×575	10.85
MPZ9	9～0.3	≥60	≥8				8A	4B		

注：型号意义为：M—灭火器；P—泡沫；Z—舟车型；6(9) —灭火剂最低量。

(4) 维护与保养

灭火器使用温度范围为 4～55℃。灭火剂应按规定方法和容量配制与灌装。应定期对灭火器进行检查，若灭火剂变质则应更换；每次更换灭火剂前应对灭火器本体内外表面进行清洗和检查，有明显锈蚀者应予舍弃；更换灭火剂后，应标明更换日期。可充装灭火剂继续使用；每次水压试验后，应注明试验日期。灭火器的维修应由专业单位承担。灭火器应防止潮湿、烈日曝晒和高温，冬季应注意防冻。

2. 二氧化碳灭火器

二氧化碳灭火器是（高压）储压式灭火器，以液化的二氧化碳气体本身的蒸气压力作为喷射动力。二氧化碳灭火器有手提式和鸭嘴式灭火器两类。其基本结构是由钢瓶（筒体）、阀门、喷筒（喇叭）和虹吸管四部分组成，如图4-2所示。钢瓶是用无缝钢管制成，肩部打有钢瓶的质量（重量）、CO_2重、钢瓶编号、出厂年月等钢字。

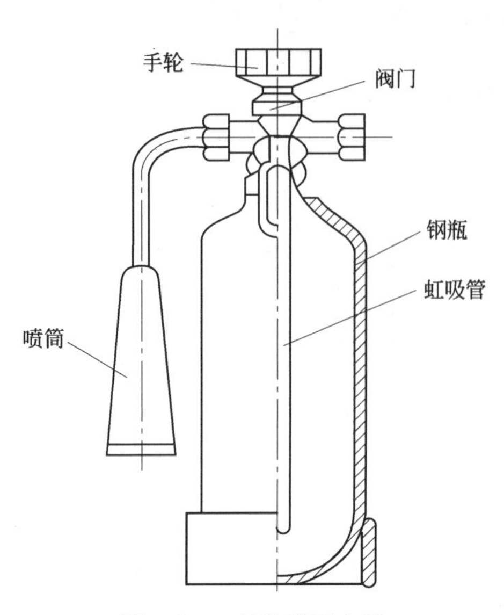

图4-2　二氧化碳灭火器

阀门用黄铜，手轮由铝合金铸造。阀门上有安全膜，当压力超过允许极限时即自行爆破，起泄压作用。喷筒用耐寒橡胶制成。虹吸管连接在阀门下部，伸入钢瓶底部，管子下部切成30°的斜口，以保证二氧化碳能连续喷完。筒身内二氧化碳在使用压力（15MPa）下处于液态，打开二氧化碳灭火器后，压力降低，二氧化碳由液体变成气体。由于吸收汽化热，喷嘴边的温度迅速下降，当温度下降到－78.5℃时，二氧化碳将变成雪花状固体（常称干冰）。因此，由二氧化碳灭火器喷出来的二氧化碳，常常是呈雪花状的固体。

鸭嘴式二氧化碳灭火器使用时只要拔出保险销，将鸭嘴压下，即能喷出二氧化碳灭火。手提式二氧化碳灭火器（MT型）只需将手轮逆时针旋转，即能喷出二氧化碳灭火。

(1) 应用范围

二氧化碳灭火器适用于易燃、可燃液体、可燃气体和低压电器设备、仪器仪表、图书档案、工艺品、陈列品等的初起火灾补救。可放置在贵重物品仓库、展览馆、博物馆、图书馆、档案馆、实验室、配电室、发电机房等场所。扑救棉麻、纺织品火灾时，需注意防止复燃。不可用于轻金属火灾的扑救。

(2) 使用注意事项

① 二氧化碳灭火剂对着火物质和设备的冷却作用较差，火焰熄灭后，温度可能仍在燃点以上，有发生复燃的可能，故不适用于空旷地域的灭火。

② 二氧化碳能使人窒息，因此，在喷射时人要站在上风处，尽量靠近火源，在空气不流畅的场合，如乙炔站或电石破碎间等室内喷射后，消防人员应立即撤出。

③ 二氧化碳灭火器应定期检查，当二氧化碳质量减少1/10时，应及时补充装罐。

④ 二氧化碳灭火器应放在明显而易于取用的地方，且应防止气温超过42℃并防止日晒。

(3) 技术性能

二氧化碳灭火器以灭火剂充装量划分，规格为2kg、3kg、5kg、7kg系列四种。技术性能应符合表 4-8 的规定。

表 4-8　手提式二氧化碳灭火器技术性能

型号	灭火计量 /kg	充装系数 /kg·L^{-1}	灭火剂纯度/%	有效喷射距离/m	有效喷射时间/s	喷射剩余率/%	灭火级别（B类）	适用温度 /℃
MT2	$2^{+0}_{-0.15}$	≤0.67	≥98	≥8	≥1.5	10	1B	−10～55
MT3	$3^{+0}_{-0.15}$			≥8	≥1.5		2B	
MT5	$5^{+0}_{-0.20}$			≥9	≥2		3B	
MT7	$7^{+0}_{-0.2}$			≥12	≥2		4B	

(4) 维护与保养

二氧化碳灭火器应存放在干燥通风、温度适宜、取用方便之处，并应远离热源，严禁烈日曝晒。环境温度低于−20℃的地区，尽量不要选用二氧化碳灭火器，因其在低温下，蒸气压力低，喷射强度小，不易灭火。搬运时，应注意轻拿轻放，避免碰撞，保护好阀门和喷筒。对灭火器应定期（最长为一年）检查外观和称重，如果失重量超过充装量的 5%，应维修和再充装。灭火器每 5 年或充装前应进行一次水压试验，试验压力为设计压力的 1.5 倍。灭火器经启动后，即使喷出不多，也应重新充装。灭火器的维修和充装应由专业厂家进行，维修或充装后应标明厂名（或代号）和日期。对经检验测试确定为不合格的灭火器，不得继续使用。

3. 四氯化碳灭火器

图 4-3 所示为四氯化碳灭火器，它由筒身、阀门、喷嘴、手轮等组成。使用四氯化碳灭火器时，应颠倒四氯化碳灭火器，然后按逆时针方向转动手轮，打开阀门，四氯化碳立即从喷嘴喷出，进行灭火。使用时的注意事项如下。

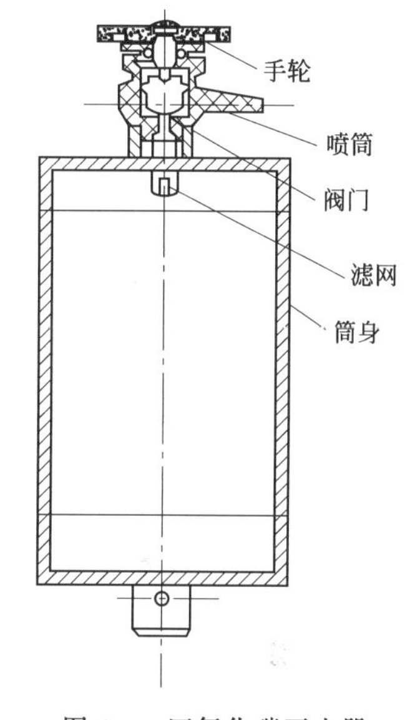

图 4-3　四氯化碳灭火器

① 四氯化碳是一种阻火能力很强的灭火剂，如前所述，但在不少条件下能生成盐酸和光气，所以，在使用四氯化碳灭火器时，必须戴防毒面具，并站在上风处。

② 四氯化碳灭火器应设在明显而易于取用的地方，且应防止受热、日晒或腐蚀。

③ 四氯化碳灭火器应每隔半年检查一次气压，若气压低于 0.6MPa 时，应重新加压，使其压力保持不小于 0.8MPa，定期检查灭火器的质量，若质量减少 1/10 以上时，应再充装，每隔 3 年应对筒身进行水压试验，在 1.2MPa 的压力下，持续 2min 不渗漏、不变形时，才可继续使用。

4. 干粉灭火器

干粉灭火器是以干粉为灭火剂，二氧化碳或氮气为驱动气体的灭火器。按驱动气体储存方式可分为储气瓶式 MF 和储压式 MFZ 两种类型。干粉灭火器有手提式干粉灭火器、推车式干粉灭火器和背负式干粉灭火器三类。

图 4-4 所示为储气式手提干粉灭火器，它由筒体、二氧化碳小钢瓶、喷枪等组成，以二氧化碳干粉为动力气体。小钢瓶设在筒外的，称为外装式干粉灭火器（已限期淘汰）；小钢瓶设在筒内的称为内装式干粉灭火器，如图 4-5 所示。储压式干粉灭火器省去储气钢瓶，驱动气体采用氮气，不受低温影响，从而扩大了使用范围。

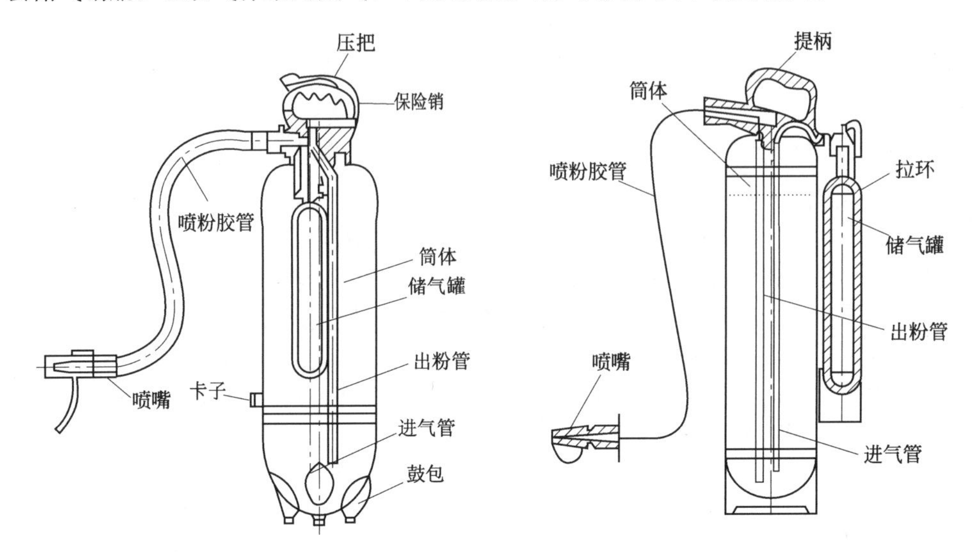

图 4-4　干粉灭火器（储气式）

图 4-5　干粉灭火器（内装式）

(1) 应用范围

干粉灭火器适于扑救石油及其产品、油漆等易燃液体、可燃气体、电气设备的初起火灾（B、C 类火灾），工厂、仓库、机关、学校、商店、汽车、船舶、科研部门、图书馆、展览馆等单位可选用此类灭火器。若充装多用途（ABC）干粉，还可扑灭 A 类火灾。

(2) 使用时的注意事项

手提式干粉灭火器喷射灭火剂的时间短，有效的喷射时间最短的只有 6s，最长的也只有 15s。因此，为能迅速扑灭火灾，使用时应注意以下几点。

① 应了解和熟练掌握灭火器的开启方法。使用手提式干粉灭火器时，应先将灭火器颠倒数次，使筒子内干粉松动，然后撕去器头上的铅封，拔去保险销，一只手握住胶管，将喷嘴对准火焰的根部，另一只手按下压把或提起拉环，在二氧化碳的压力下喷出干粉灭火。应使灭火器尽可能在靠近火源的地方开始启动，不能在离起火源很远的地方就开启灭火器。喷粉要由近而远向前平推，左右横扫。

② 手提式干粉灭火器应设在明显而易于取用，且通风良好的地方。每隔半年检查一次干粉质量（是否结块），称一次二氧化碳小钢瓶的质量。若二氧化碳小钢瓶的质量减少 1/10 以上，则应补充二氧化碳。应每隔一年进行水压试验。

(3) 技术性能

手提式干粉灭火器有 MF 和 MFZ 两种型号，按灭火剂充装量主要划分为 1、2、

(3)、4、5、(6)、8、10kg 八个规格，各种手提干粉灭火器的技术性能应符合表 4-9 的规定。

表 4-9　干粉灭火器技术性能

项目规格		MF1	MF2	MF3	MF4	MF5	MF6	MF8	MF10
灭火计量/kg		1±0.05	2±0.05	3	4	5	6	8	10
有效喷射时间/s		≥6.0	≥8.0	≥8.0	≥9.0	≥9.0	≥9.0	≥12.0	≥15.0
有效喷射距离/m		≥2.5	≥2.5	≥2.5	≥4.0	≥4.0	≥4.0	≥5.0	≥5.0
喷射滞后时间/s		≤5.0	≤5.0	≤5.0	≤5.0	≤5.0	≤5.0	≤5.0	≤5.0
喷射剩余率/%		≤10.0	≤10.0	≤10.0	≤10.0	≤10.0	≤10.0	≤10.0	≤10.0
电绝缘性能/kV		≥50	≥50	≥50	≥50	≥50	≥50	≥50	≥50
使用温度范围/℃	MF	−10～55	−10～55	−10～55	−10～55	−10～55	−10～55	−10～55	−10～55
	MFZ	−20～55	−20～55	−20～55	−20～55	−20～55	−20～55	−20～55	−20～55
灭火性能		2B	5B	7B	10B	12B	14B	18B	20B
	MFL	3A	5A	8A	8A	8A	13A	13A	21A

5. 1211 灭火器

1211 灭火器是以二氟一氯一溴甲烷（CF_2ClBr）为灭火剂，以氮气作驱动气体的灭火器。有手提式和推车式两种。图 4-6 所示为手提式 1211 灭火器，它由筒体（钢瓶）和器头两部分组成。筒体用无缝钢管或钢板滚压焊接而制成；器头一般用铝合金制造，其上有喷嘴、阀门、虹吸管或有压把、压杆、弹簧、喷嘴、密封阀、虹吸管、保险销等。灭火剂量大于 4kg 的灭火器，还配有提把和橡胶导管。

(1) 应用范围

由于 1211 灭火剂灭火效率高，毒性低，电绝缘性好，对金属无腐蚀，灭火后不留痕迹，因此，1211 灭火器适用于油类、电气设备、仪器仪表、图书档案、工艺品等初起火灾的扑救。可设置在贵重物品仓库、配电室、实验室、宾馆饭店、商场、图书馆、车辆、船舶等场所。

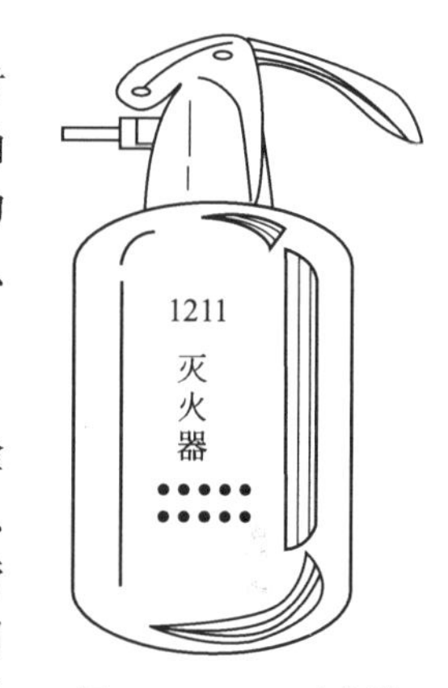

图 4-6　1211 灭火器

(2) 使用时的注意事项

使用手提式 1211 灭火器时，应首先撕下铅封，拔出保险销，在距离火源 1.5～3m 处，对准火焰根部，一手压下压把、压杆即使封闭阀打开。1211 在氮气压力作用下，通过虹吸管由喷嘴喷出。当松开压把时，压把在弹簧作用下升起，封闭喷嘴停止喷射。使用灭火器时，应注意筒盖向上，不应水平或颠倒使用。应将 1211 喷向火焰根部，向火源边缘推进喷射，以迅速扑灭火焰。灭火器应放在阴凉干燥且便于使用的地方。每半年检查一次 1211 灭火器的质量，若质量减少 1/10 以上，应重新装药和充气。

(3) 技术性能

1211 灭火器按充装的灭火剂质量划分，系列规格分为 0.5kg、1kg、2kg、4kg、6kg 五种。1211 灭火器在 (20±5)℃时其性能参数应符合表 4-10 中的规定。

表 4-10　1211 灭火器性能

型号	灭火计量/kg	充装系数/kg·L^{-1}	氮气压力(20℃)/MPa	密封性试验压力(20℃)/MPa	适用温度/℃	有效喷射距离/m	有效喷射时间/s	灭火级别	
								A类	B类
MY0.5	$0.50^{+0}_{-0.02}$	<1.1	1.5	2.5	−20～55	≥1.5	>6		1B
MY1	$1.00^{+0}_{-0.02}$					≥2.5	>6		2B
MY2	$2.00^{+0}_{-0.04}$					≥3.5	≥8	3A	4B
MY4	$4.00^{+0}_{-0.08}$					≥4.5	≥9	5A	8B
MY6	$6.00^{+0}_{-0.08}$					≥5.0	≥9	8A	12B

三、推车式灭火器

推车式灭火器总体质量较大，为便于移动操作，安装有拖架和拖轮。推车式灭火器的类型有：推车式干粉灭火器；推车式 1211 灭火器；推车式化学泡沫灭火器；推车式二氧化碳灭火器。

推车式灭火器的结构形式、适用范围、维护保养与相应手提式灭火器基本相同。但是，推车式灭火器的拖轮是保证灭火器移动的关键部件，应经常检查和保养，保证完整好用。推车式灭火器的操作由两人完成，一人操作喷枪，接近火源，扑救火灾；另一人负责开启灭火器的阀门，移动灭火器。

1. 推车式干粉灭火器

推车式干粉灭火器基本结构见图 4-7。国内产品均为储气瓶式（内挂或外挂）。筒体上装有器头护栏，器头上装有压力表。推车式干粉灭火器规格按灭火剂充装量划分为 25kg、35kg、50kg、70kg、100kg 系列 5 个规格。推车式干粉灭火器的技术性能见表 4-11。

表 4-11　MFT 系列干粉灭火器技术性能

型号	灭火计量/kg	工作压力/MPa	喷射时间(20℃±5℃)/s	喷射距离(20℃±5℃)/m	灭火面积/m^2	适用温度/℃	胶管尺寸(内径×长度)/mm×mm	总质量/kg
MFT25	25	0.8～1.1	≥12	≥8	7	−10～55	25×6000	90
MFT35	35		≥15	≥8	9		25×6000	90
MFT50	50		≥20	≥9	13		25×8000	121
MFT70	70		≥25	≥9	18		25×10000	145
MFT100	100		≥32	≥10	25			315

2. 推车式 1211 灭火器

推车式 1211 灭火器由推车、钢瓶（储压式）、手轮式阀门、护栏、压力表、喷射胶管、手把开关、伸缩喷杆和喷嘴等组成。伸缩喷杆最大伸长时可达 2m，便于接近火源或扑救高处火灾。喷嘴有两种形式，其一是雾化型，喷雾面积大；另一种是直射型，射程远。推车式 1211 灭火器结构见图 4-8。推车式 1211 灭火器按充装量划分为 25kg、

40kg 两种系列规格，其技术性能见表 4-12。

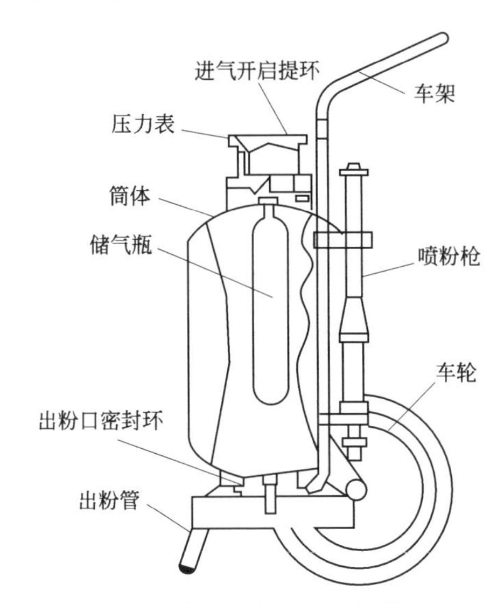

图 4-7 推车式干粉灭火器结构示意

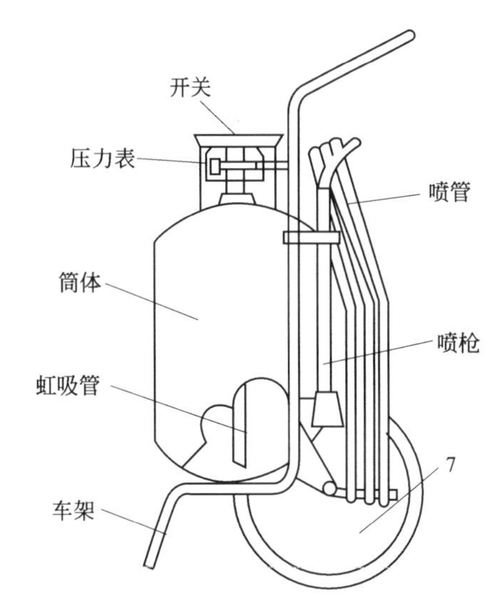

图 4-8 推车式 1211 灭火器结构示意

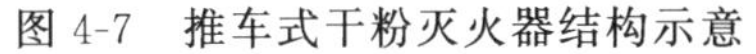

表 4-12 MYT 系列 1211 灭火器技术性能表

型号	灭火计量/kg	工作压力/MPa	喷射时间(20℃±5℃)/s	喷射距离(20℃±5℃)/m	喷雾面积/m²	适用温度/℃	外形尺寸(长×宽×高)/mm×mm×mm	总质量/kg
MYT25	25	1.2	≥25	7～8	2.5	−20～55	465×120×1000	67
MYT40	40		≥40				465×150×1000	84

3. 推车式化学泡沫灭火器

推车式化学泡沫灭火器结构见图 4-9。推车式化学泡沫灭火器的结构与舟车式泡沫灭火器相近。顺时针方向旋转手轮，可以通过螺杆将胆塞压紧在内胆瓶口上。在筒盖上装有安全阀，当筒内压力超过允许极限时，可自动卸压，防止筒体爆裂。喷射系统包括阀门、滤网喷管和喷枪组成。操作时，先逆时针方向旋转手轮，放倒灭火器，颠倒 9 次，打开阀门，即可喷射泡沫。推车式化学泡沫灭火器规格按灭火剂灌装量划分为 65L、100L 两个规格，其技术性能见表 4-13。

表 4-13 MPT 系列化学泡沫灭火器技术性能

型号	灭火计量/kg	喷射时间/s	喷射距离/m	喷雾面积/m²	适用温度/℃	外形尺寸(长×宽×高)/mm×mm×mm	总质量/kg
MPT65	65	≥90	≥10	3.6	4～55	291×660×1238	133
MPT100	100	≥100		5		371×708×1370	170.5

4. 推车式二氧化碳灭火器

推车式二氧化碳灭火器结构见图 4-10。其阀门为螺纹式阀门，其余结构与手提式二氧化碳灭火器相同。推车式二氧化碳灭火器规格按灭火剂充装量划分为 20kg、25kg、

30kg 三种系列规格，其技术性能见表 4-14。

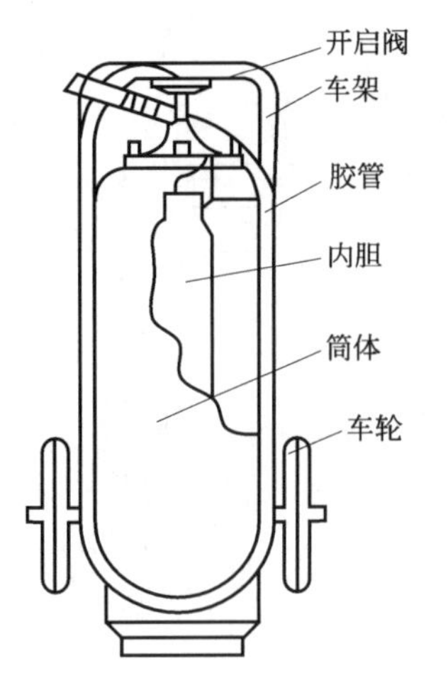

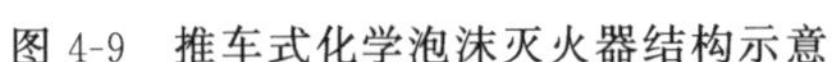
图 4-9 推车式化学泡沫灭火器结构示意

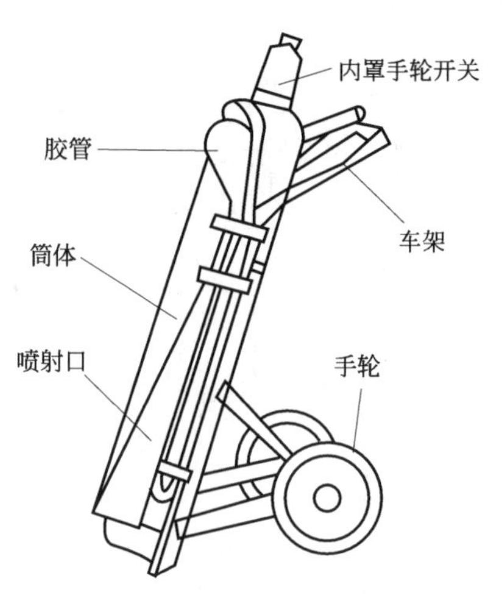

图 4-10 推车式二氧化碳灭火器结构示意

表 4-14 MTT 系列二氧化碳灭火器技术性能

型号	灭火计量 /kg	喷射时间 /s	喷射距离 /m	适用温度 /℃	充装系数 /kg・L^{-1}	灭火剂纯度/%	胶管长度 /m	总质量 /kg
MTT20	20±0.5	40～55					5	96
MTT25	25±0.5	50～55	≥10	4～55	≤0.67	≥98	5	106
MTT30	28±0.5	60～65					5	120

四、灭火器的选择与设置

灭火器属于常备的灭火器材，是扑救初起火灾的重要消防器材，它轻便灵活，经过简单训练就可掌握其操作方法。但是，如果不了解灭火器的局限性，选用了不合适的灭火器扑救火灾，不合理设置灭火器，不仅有可能扑灭不了火灾，而且可能引起灭火剂对燃烧的逆反应，甚至可能发生爆炸伤亡事故。因此在设置灭火器时，要根据被保护场所的火灾危险性、火灾时可能蔓延的速度、扑救难度、设备（或燃料）特点、可燃物的数量以及根据被保护场所的面积、灭火器的灭火级别进行灭火器类型、型号和数量的选择。

1. 灭火器的选择

正确、合理地选择灭火器是成功扑救初起火灾的关键之一。因此选择灭火器主要应考虑以下几个因素。

（1）灭火器配置场所的火灾等级和火灾种类

根据灭火器配置场所的使用性质及其可燃物的种类，可判断该场所可能发生哪种类别的火灾。如果选择不合适的灭火器，不仅有可能扑灭不了火灾，而且可能引起灭火剂对燃烧的逆化学反应，甚至还会发生爆炸伤亡事故。如对碱金属（如钾、钠）火灾，不能选择水型灭火器。因为水与碱金属化合反应后，生成大量氢气，容易引起爆炸。配置灭火器的工业与民用建筑，其火灾危险等级可划分为：轻度危险、中危险级、严重危险级三个级别。被保护场所的火灾危险等级分类见表4-15，灭火器适用灭火对象及灭火器级别分类见表4-16。

表4-15　灭火器配置场所危险等级分类表

危险等级	工业建筑	民用建筑
严重危险级	火灾危险性大，可燃物多，起火后蔓延迅速或容易造成重大损失的场所。如闪点＜60℃的油品和有机溶剂的提炼，回收，洗涤部位及泵房，罐桶间。甲、乙类液体生产厂房，化学危险品库房，甲、乙类液体储罐区、场等	功能复杂，可燃物多，用火用电多，设备贵重，火灾危险性大，起火后蔓延迅速或容易造成重大损失的场所。如高级旅馆的公共活动用房，电子计算机房及数据库，贵重的资料室，档案室，重要的电信机房等
中危险级	火灾危险性大，可燃物多，起火后蔓延较迅速场所。如闪点＞60℃的油品和有机溶剂的提炼，回收工段及其抽送泵房，木制品，针织品，谷物的加工厂和库房等	用火用电多，火灾危险性大，可燃物较多，起火后蔓延迅速的场所。如高级旅馆的客房部，百货楼，营业厅，综合商场，电影院，剧院，会堂，礼堂，体育馆的放映室等
轻危险级	火灾危险性小，可燃物少，起火后蔓延较缓慢场所。如金属加工厂房，仪表，器械或车辆装配车间，非燃烧的工艺品库房，非燃烧或难燃烧制品库房，原木堆场等	用火用电少，火灾危险性小，可燃物较少，起火后蔓延缓慢的场所。如电影院，剧院，会堂，礼堂，体育馆的观众厅，医院门诊部，住院部，学校教学楼，幼儿园与托儿所的活动室，办公楼等

(2) 对保护对象的污损程度

为了保护贵重物资与设备免受不必要的污渍损失，灭火器的选择应考虑其对保护物品的污损程度。例如在电子计算机房内，干粉灭火器和卤代烷灭火器都能灭火。但是用干粉灭火器灭火后，残留的粉状覆盖物对计算机设备有一定的腐蚀作用和粉尘污染，而且难以做好清洁工作，而用卤代烷灭火器灭火，没有任何残迹，对设备没有污损和腐蚀作用，因此，电子计算机房选用卤代烷灭火剂比较适宜。

(3) 使用灭火器人员的素质

要选择适用的灭火器，应先对使用人员的年龄、性别和身手敏捷程度等素质进行大概的分析估计，然后正确选择灭火器。如机械加工厂大部分是男工，从体力角度讲比较强，可选择规格大的灭火器；而商场大部分是女营业员，体力较弱，可以优先选用小规格的灭火器，以适应工作人员的体质，有利于迅速扑灭初起火灾。

(4) 选择灭火剂相容的灭火器

在选择灭火器时，应考虑不同灭火剂之间可能产生的相互反应、污染及其对灭火的影响，干粉和干粉，干粉和泡沫之间联用都存在一个相容性的问题。不相容的灭火剂之间可能发生相互作用，产生泡沫消失等不利因素，致使灭火效力明显降低，磷酸铵盐干粉同碳酸氢钠干粉、碳酸氢钾干粉不能联用，碳酸氢钠（钾）干粉同蛋白（化学）泡沫也不能联用。

(5) 设置点的环境温度

若环境温度过低，则灭火器的喷射灭火性能显著降低；若环境温度过高，则灭火器的内压剧增，灭火器会有爆炸伤人的危险，这就要求灭火器应设置在灭火器适用温度范围之内的环境中。

表 4-16　灭火器适用灭火对象及灭火器级别分类

灭火器类型			灭火剂充装量		灭火剂规格及适用对象					
			容量/L	质量/kg	A类	B类	C类	D类	E类	ABCDE
水型(清水、酸碱)		手提式	7		5A	×	×	×	×	×
			9		8A	×				
泡沫型(化学泡沫)		手提式	6		5A	2B	×	×	×	
			9		8A	4B				
		推车式	40		13A	18B	×	×	×	
			65		21A	25B				
			90		27A	35B				
干粉式	普通型(碳酸氢钠)	手提式		1	×	2B	○	×	▲	
				2	×	5B				
				3	×	7B				
				4	×	10B				
				5	×	12B				
				6	×	14B				
				8	×	18B				
				10	×	20B				
		推车式		25	×	35B	○	×	▲	
				35	×	45B				
				50	×	65B				
				70	×	90B				
				100	×	120B				
	多用型(碳酸铵盐)	手提式		1	3A	2B	○	—	▲	○
				2	5A	5B				
				3	5A	7B				
				4	8A	10B				
				5	8A	12B				
				6	13A	14B				
				8	13A	18B				
				10	21A	20B				
卤代烷型	1211 型	手提式		0.5	×	1B	○	×	○	○
				1	×	2B				
				2	3A	4B				
				3	5A	6B				
				4	8A	8B				
				6	8A	12B				
		推车式		20	×	24B	○	×	○	
				25	×	30B				
				40	×	35B				
	1301 型	手提式		2	×	4B	○	×	○	
				4	×	8B				
二氧化碳类型		手提式		2	×	1B	○	×	○	×
				3	×	2B				
				5	×	3B				
				7	×	4B				
		推车式		20	×	8B	○	×	○	
				25	×	10B				

注：○适用对象；▲精密仪器设备不选用；×不用

(6) 在同一场所选用同一操作方法的灭火器

这样选择灭火器有几个优点：一是为培训灭火器使用人员提供方便，二是在灭火中操作人员可方便地采用同一种方法连续操作，使用多具灭火器灭火，三是便于灭火器的维修和保养。

(7) 根据不同类别的火灾选择不同类型的灭火器

根据不同类别的火灾选择不同类型的灭火器分类如表 4-17 所示。

表 4-17　灭火器类型适用性

灭火器类型／火灾场所	水型灭火器	干粉灭火器		泡沫灭火器		卤代烷 1211 灭火器	二氧化碳灭火器
		碳酸铵盐干粉灭火器	碳酸氢钠干粉灭火器	机械泡沫灭火器	抗溶泡沫灭火器		
A 类场所	适用。能冷却并穿透固体燃烧物质而灭火，并可有效防止复燃	适用。粉剂能附着在燃烧物的表面层，起到窒息火焰作用	不适用，碳酸氢钠对固体可燃物无粘附作用，只能控火，不能灭火	适用。具有冷却和覆盖燃烧物表面及与空气隔绝的作用		适用。具有扑灭 A 类火灾的效能	不适用。灭火器喷出的二氧化碳无液滴，全是气体，对 A 类火灾基本无效
B 类场所	不适用。水射流冲击油面，会激溅油火，致使火势蔓延，灭火困难	适用。干粉灭火剂能快速窒息火焰，具有中断燃烧过程的连锁反应的化学活性		适用于扑救非极性溶剂和油品火灾，覆盖燃烧物表面，使其与空气隔绝	适用于扑救极性溶剂火灾	适用。洁净气体灭火剂能快速窒息火焰，抑制燃烧连锁反应，而中止燃烧过程	适用。二氧化碳靠气体堆积在燃烧物表面，稀释并隔绝空气
C 类场所	不适用。灭火器喷出的细小水流对气体火灾作用很小，基本无效	适用。喷射干粉灭火剂能快速扑灭气体火焰，具有中断燃烧过程的连锁反应的化学活性		不适用。泡沫对可燃液体火灾灭火有效，但扑救可燃气体火灾基本无效		适用，洁净气体灭火剂能抑制燃烧连锁反应，而中止燃烧	适用。二氧化碳窒息灭火，不留残迹，不污损设备
E 类场所	不适用	适用	适用于带电的 B 类火灾	不适用		适用	适用于带电的 B 类火灾

注：1. 新型的添加了能灭 B 类火灾的添加剂的水型灭火器具有 B 类灭火级别，可灭 B 类火灾。
2. 化学泡沫灭火器已淘汰。
3. 目前，抗溶泡沫灭火器常用机械泡沫类型灭火器。

2. 灭火器设置要求

灭火器的设置要求主要有以下几点。

① 灭火器的铭牌必须朝外。这是为了人们能直接看到灭火器的主要性能指标、适用扑救火灾的类别和用法，使人们正确选择和使用灭火器，充分发挥灭火器的作用，有

效地扑灭初起火灾。

此外，对于那些必须设置灭火器而又确实难以做到显而易见的特殊情况，应设明显的指示标志，指明灭火器的实际位置，使人们能及时迅速地取到灭火器。如在大型房间或存在视线障碍等场所，不设置明显的指示标志，人们就不能直接看见灭火器设置场所的情况。

② 灭火器不应设置在超出其使用温度范围的地点。在环境温度超出灭火器使用温度范围的场所设置灭火器，必然会影响灭火器的喷射性能和使用安全，甚至延误灭火时机。因此，灭火器应设置在其使用温度范围内的地点（见表 4-18）。

表 4-18　灭火器使用的温度范围

灭火器类型		使用温度范围/℃
水型灭火器	不加防冻剂	+5～+55
	添加防冻剂	−10～+55
机械泡沫灭火器	不加防冻剂	+5～+55
	添加防冻剂	−10～+55
干粉灭火器	二氧化碳驱动	−10～+55
	氮气驱动	−20～+55
洁净气体(卤代烷)灭火器		−20～+55
二氧化碳灭火器		−10～+55

③ 灭火器不应设置在潮湿或强腐蚀性的地点或场所。如果灭火器长期设置在潮湿或强腐蚀性的地点或场所，会严重影响灭火器的使用性能和安全性能。如果某些地点或场所情况特殊，则应从技术上或管理上采取相应的保护措施。如多数推车式灭火器和部分手提式灭火器设置在室外时，应采取防雨、防晒等措施。

④ 灭火器应选择正确的设置位置并设置稳固。手提式灭火器设置在挂钩、托架上或灭火器箱内，其顶部距地面高度应小于 1.5m。底部离地面高度不宜小于 0.15m。设置在挂钩或托架上的手提式灭火器要竖直向上放置。设置在灭火器箱内的手提式灭火器，可直接放在灭火器箱的底面上，但其箱底面距地面高度不宜小于 0.15m。推车式灭火器不要设置在斜坡和地基不结实的地点。灭火器应设置稳固，具体地说，手提式灭火器要防止发生跌落、倾倒等现象，推车式灭火器要防止发生滚动等现象。

⑤ 灭火器的设置不得影响安全疏散。这不仅指灭火器本身，而且还包括与灭火器设置的相关托架、箱子等附件不得影响安全疏散，这主要考虑两个因素：一是灭火器的设置是否影响人们在火灾发生时及时安全疏散，二是人们在取用各设置点灭火器时，是否影响疏散通道的畅通。

⑥ 灭火器应设置在便于取用的地点。能否方便安全地取到灭火器，在某种程度上决定了灭火的成败，如果取用灭火器不方便，即使离火灾现场再近，也有可能因取用的拖延而使火势扩大，从而使灭火器失去作用。因此，灭火器应设置在没有任何危及人身安全和阻挡碰撞、能方便取用的地点。

⑦ 灭火器应设置在明显的地点。灭火器应设置在正常通道上，包括房间的出入口处、走廊、门厅及楼梯等明显地点。灭火器设置在明显地点，能使人们一目了然地知道

何处可取用灭火器，减少因寻找灭火器而耽误灭火时间，以便及时有效地扑灭初起火灾。

⑧ 灭火器的保护距离。灭火器的保护距离指的是配置场所内任一着火点至最近灭火器设置点的行走距离。A、B、C类场所灭火器的最大保护距离见表4-19。

表4-19　灭火器最大保护距离/m

扑救火的级别	A类			B、C类		
场所的危险等级	轻危等级	中危等级	重危等级	轻危等级	中危等级	重危等级
手提式灭火器	25	20	15	15	12	9
推车式灭火器	50	40	30	30	25	18

注：1. 设置在E类场所的灭火器，其最大保护距离可参照同时存在的A、B、C类场所的要求配置。

2. 设有固定灭火装置的场所，灭火器的最大保护距离可分别按A、B、C类场所的要求配置。

3. 同一保护场所可设多个设置点。

3. 灭火器的配置基准

火火器的配置，应针对配置场所的火灾危险等级和火火器的火火级别（包括适用对象），确定灭火器的配置基准（即最小配置数量）。灭火器配置基准见表4-20。

五、灭火器的设计计算

灭火器配置设计计算过程如下。

1. 灭火器配置场所的计算单元

① 当相邻配置场所其危险等级和火灾种类均相同时，可按楼层或防火分区合并作为一个计算单元配置灭火器。如办公楼每层的成排办公室、宾馆每层的成排客房等，就可按层或防火分区将若干个配置场所合并作为一个计算单元配置灭火器。

表4-20　灭火器配置基准

扑救火的级别	A类			B,C类		
场所的危险等级	轻危等级	中危等级	重危等级	轻危等级	中危等级	重危等级
单具灭火器最小灭火级别	1A	2A	3A	21B	55B	89B
单位灭火级别最大保护面积/m^2	100	75	50	1.5	1.0	0.5

注：1. C类场所，灭火器可参照B类场所的要求配置；E类场所，灭火器可参照与其同时存在的A、B、C类场所的要求配置。

2. 在配置场所内，若有燃烧面积等于或大于1m^2的B类火，除按表4-20要求配置灭火器外，尚应增配灭火器，其灭火级别应大于或等于该燃烧面积除以0.2m^2所得的B值（1B=0.2m^2）。

3. 配置灭火器的规格和数量，其灭火器级别值的总和不得小于所需要灭火器级别合计值。

4. 一个配置场所内灭火器数量不应少于2具。灭火器数量较多的场所，每个设置点的灭火器配置数量不宜多于5具。

5. 设有室内消火栓的场所，可减少应配置灭火器数量的30%；设有固定灭火系统的配置场所，可减少应配置灭火器数量的50%；同时设有室内消火栓和固定灭火器的配置场所，可减少应配置灭火器数量的70%。

② 当相邻配置场所其危险等级或火灾种类有一不相同时，可分别单独作为一个计算单元配置灭火器。如建筑物内。相邻的化学实验室与电子计算机房等，就可分别单独

作为一个计算单元配置灭火器。这时一个配置场所即为一个计算单元。

按楼层和防火分区进行考虑，一方面是为了便于建筑设计人员和审核人员掌握，另一方面也利于配置设计计算，并且能同其他标准和规范的概念和要求协调。

2. 灭火器保护面积的计算

原则上应按建筑场所的净使用面积进行计算，但鉴于其计算太过繁琐麻烦，实际计算起来很不方便。所以在建筑工程中简化为按建筑面积计算灭火器配置场所的保护面积。在可燃物露天堆垛，甲、乙、丙类液体储罐，可燃气体储罐等应按堆垛、储罐占地面积计算，不能按使用面积来进行配置计算。否则，就是不合理、不经济的。

3. 灭火器配置场所所需灭火级别

灭火器配置场所所需灭火级别应按下式计算：

$$Q=K\frac{S}{U}$$

式中 Q——灭火器配置场所所需灭火级别，A 或 B；

S——灭火器配置场所的保护面积，m^2；

U——A 类火灾或 B 类火灾的灭火器配置场所相应危险等级的灭火器配置基准，m^2/A 或 m^2/B；

K——为修正系数。未设室内消火栓系统和灭火系统时，$K=1.0$；设有室内消火栓系统时，$K=0.9$；设有灭火系统时，$K=0.7$；设有室内消火栓和灭火系统时，$K=0.5$，可燃物露天堆垛，甲、乙、丙类液体储罐，可燃气体储罐区，$K=0.3$。

例如，有一个中危险级的 A 类配置场所，其保护面积为 $360m^2$，且无消火栓和灭火系统，要求计算该配置场所所需的灭火级别。根据上述我们知道，其 $S=360m^2$，$U=75m^2/A$，$K=1.0$，则：

$$Q=K\frac{S}{U}=1.0\times\frac{360}{75}=4.8A$$

显然 24A 就是该配置场所所需的灭火级别。假如配置场所设有灭火系统，则该配置场所所需的灭火级别就是：

$$Q=K\frac{S}{U}=0.7\times\frac{360}{75}=3.36A$$

假如配置场所设有灭火系统，则该配置场所所需的灭火级别就是：

$$Q=0.5\times\frac{360}{75}=2.4A。$$

假如该配置场所设有消火栓和灭火系统，则该配置场所所需的灭火级别就是：

$$Q=0.3\times\frac{360}{75}=1.44A。$$

4. 地下建筑灭火器配置场所所需灭火级别

地下建筑灭火器配置场所所需灭火级别应按下式计算：

$$Q=1.3K\frac{S}{U}$$

若以上所举例的中危险级 A 类配置场所是一地下建筑，则该配置场所所需灭火级别为：

$$Q=1.3\times1.0\times\frac{360}{75}=6.24\text{A}$$

若该配置场所设有灭火系统，则该配置场所所需的灭火级别为：

$$Q=1.3\times0.7\times\frac{360}{75}=4.368\text{A}$$

若该配置场所设有消火栓和灭火系统，则该配置场所的灭火级别为：

$$Q=1.3\times0.5\times\frac{360}{75}=3.12\text{A}。$$

5. 灭火器配置场所每个设置点的灭火级别

灭火器配置场所每个设置点的灭火级别应按下式计算：

$$Q_e=\frac{Q}{N}$$

式中　Q_e——灭火器配置场所每个设置点的灭火级别，A或B；

　　　N——灭火器配置场所中设置点的数量。

例如，有一配置场所的灭火级别计算值为24A，在考虑了保护距离和灭火器实际设置位置的情况后，假设最终选定了三个设置点，那么，我们就可在通常的情况下，计算出每一个设置点的灭火级别为：

$$Q_e=\frac{24}{3}=8\text{A}。$$

6. 灭火器配置场所和设置点实际配置的所有灭火器的灭火级别

灭火器配置场所和设置点实际配置的所有灭火器的灭火级别均不得小于计算值。例如，算出某一配置场所灭火级别为24A即$Q=24\text{A}$，则该配置场所实际配置灭火器的A类灭火级别（用Q_t表示）总和应大于或等于24A，即应$Q_t\geqslant24\text{A}$。若设置点为三个，则每个设置点实际配置的A类灭火器灭火级别（用Q_s表示）不应小于$24/3=8\text{A}$，即$Q_e\leqslant Q_s$。

7. 灭火器配置设计计算程序

灭火器配置设计计算应按下述程序进行：

① 确定各灭火器配置场所的危险等级；

② 确定各灭火器配置场所的火灾种类；

③ 划分灭火器配置场所的计算单元；

④ 测算各单元的保护面积；

⑤ 计算各单元所需灭火级别；

⑥ 确定各单元的灭火器设置点；

⑦ 计算每个灭火器设置点的灭火级别；

⑧ 确定每个设置点灭火器的类型、规格与数量；

⑨ 验算各设置点和各单元实际配置的所有灭火器的灭火级别（应不小于其计算值）。

⑩ 确定每具灭火器的设置方式和要求，在设计图上标明其类型、规格、数量与设置位置。

第五章 建筑消火栓给水系统

根据消火栓给水系统服务对象的不同分为城市消火栓给水系统、建筑室外消火栓给水系统和建筑室内消火栓给水系统；根据消火栓给水系统加压方式的不同分为常高压消火栓给水系统、临时高压消火栓给水系统和低压消火栓给水系统；根据生活、生产和消防是否合用又分为生活、生产和消火栓合用系统及生活、生产和消火栓分开系统。综上所述，消火栓给水系统的分类如表 5-1 所示。

表 5-1 消火栓给水系统分类

<table>
<tr><td rowspan="3">消防给水系统</td><td>城市消火栓给水系统</td><td>生活、生产和消火栓公用系统</td><td>常高压消火栓给水系统
低压消火栓给水系统</td></tr>
<tr><td>建筑室外消火栓给水系统</td><td>生活、生产和消火栓公用系统
生活、生产和消火栓分开系统</td><td>常高压消火栓给水系统
临时高压消火栓给水系统
低压消火栓给水系统</td></tr>
<tr><td>建筑室内消火栓给水系统</td><td>生活、生产和消火栓公用系统
生活、生产和消火栓分开系统</td><td>常高压消火栓给水系统
临时高压消火栓给水系统</td></tr>
</table>

第一节 消防水源

不论哪种给水灭火系统，都必须有充足、可靠的水源，水源条件的好坏，直接影响火灾的扑救效果。消防水源，可以是市政或企业供水系统、天然水源或为系统设置的消防水池。

一、天然水源的基本要求

天然水源可以是江、河、湖泊、池塘等地表水，也可以是地下水。系统采用的天然水源，应保证水量在枯水期最低水位时的消防用水量；水质必须无腐蚀、无污染和不含悬浮杂质，以便保证设备和管道畅通不被腐蚀污染；取水口必须使消防车易于靠近水源，必要时可修建取水码头或回车场等保障设施，同时应保证消防车取水的吸水高度不大于 6m；寒冷地区应有可靠的防冻措施，使冰冻期内仍能保证消防用水。

二、给水管网的基本要求

一般情况下，设有给水系统的城镇，消防用水应由给水管网供给，并符合下列要求。

① 供应消防用水的室外消防给水管网应布置成环状管网，以保证消防用水安全。但在建设初期，可采用枝状管网，但应考虑将来有形成环状管网的可能。一般居住区或企事业单位内，当消防用水不超过 15L/s 时，为节约投资可以布置成枝状。

② 为确保环状给水管网的水源，要求向环状管网输水的输水管不应少于两条，当其中一条发生故障时，其余的输水管应能通过消防用水总量。

③ 为了保证火场消防用水，避免因个别管段损坏导致管网供水中断，环状管网上应设置消防分隔阀门将其分隔成若干独立段。每个独立段上的消火栓的数量不宜超过5个。

④ 设置室外消火栓的消防给水管道最小直径不应小于 100mm。

三、消防水池的基本要求

凡储存消防用水的水池均称为消防水池。有生活、生产和消防合用的消防水池，有生活、消防合用的消防水池；有生产、消防合用的消防水池；有独立的消防水池。

1. 消防水池的设置条件

(1)《建筑设计防火规范》（GB 50016—2006）规定具有下列情况之一者应设消防水池

① 当生产、生活用水量达到最大时，市政给水管道、进水管或天然水源不能满足室内外消防用水量。

② 市政给水管道为枝状或只有一条进水管，且消防用水量之和超过 25L/s。

(2)《高层民用建筑设计防火规范》规定符合下列条件之一时，应设消防水池

① 市政给水管道、进水管或天然水源不能满足室内外消防用水量。

② 市政给水管道为枝状或只有一根进水管（二类居住建筑除外）。

2. 消防水池的设置要求

以消防水池作为消防水源时，应满足以下要求。

① 消防水池内消防用水一经取用之后，要尽快补水，以供在短时间内可能发生的第二次火灾使用（如在火灾危险性较大的高层工业建筑和重要的工厂企业单位，有可能在较短时间内发生第二次火灾），或检查后补充。一般情况下，补水时间不宜超过 48h。

② 根据消防车的功率，当消防水池供移动式消防车取水时，消防水池的保护半径不应大于 150m；凡在消防水池保护半径内的一切建筑物、构筑物的消防用水都可储存在该水池之内。

③ 供消防车取水的消防水池应设取水口或取水井，为保证消防水池不受建筑物火灾的威胁，要求取水口或取水井与被保护建筑物的外墙（或罐壁）留有一定的安全距离：低层建筑不宜小于 1.5m；高层建筑不宜小于 5m，甲、乙类液体储罐不宜小于 40m；液化石油气储罐不宜小于 60m，供消防车取水的消防水池应保证消防车的消防水泵的吸水高度不超过 6m。

④ 在消防水池的周围应设消防车道，以便消防车从水池内取水灭火，消防车道应能通向被保护的建筑。

⑤ 对消防水池的容量，应能满足灭火延续时间内各种消防设施用水量总和的要求。

四、消防水箱的要求

消防水箱应设置在建筑物的最高部位，依靠重力自流供水，是保证扑救初期火灾用水量的可靠供水设施。

① 采用高压给水系统的建筑，可不设高位消防水箱；采用临时高压给水系统的建筑，应设高位消防水箱。

② 消防水箱与其他用水合并的水箱，应有保证消防用水不做它用的技术措施。

③ 消防水箱的容积，《建筑设计防火规范》规定：消防水箱（包括气压水罐、水塔、分区给水系统的分区水箱）应储存10min的消防用水量。而《高层用民建筑设计防火规范》规定：高位水箱的储水量，一类公共建筑不应小于18m^3；二类公共建筑和一类居住建筑不应小于12m^3；二类居住建筑不应小于6m^3。

第二节 室外消防给水系统

在建筑物外向中心线以外的消火栓给水系统称为室外消火栓给水系统。室外消防给水系统负担一个城市、一个区域或一个企业单位的室外消防给水任务。它是由自来水管网或消防水池等构成的水源、室外消防给水管道、室外消火栓等部分组成。当发生火灾时，消防水车从室外消火栓取水加压灭火。所以，室外消防给水系统是扑救火灾的重要消防设施之一。

一、室外消防栓的设置条件

《建筑设计防火规范》规定，在进行城镇、居住区、企事业单位规划和建筑设计时，必须同时设计消防给水系统。但对于耐火等级为一、二级且体积不超过3000m^3的戊类厂房工或居住区人数不超过500人且建筑物不超过二层的居住小区，消防用水量不大，一般消防队第一出动力量就能控制和扑灭火灾，当设置消防给水系统有困难时，为了节约投资，可不设消防给水，其火场的消防用水问题由当地消防队解决。

消防给水系统是室外给水系统的一个重要组成部分。在有给水系统的城镇，大多数都是消防与生活、生产用水系统合并，只有在合并不经济或技术上不可能时，才采用独立的消防给水系统。

合并的室外消防给水系统，其组成包括取水、净水、储水和输配水四部分工程设施。一般情况下，以地面水作为水源的给水系统比以地下水作为水源的给水系统复杂。

独立的室外消防给水系统，可直接从水源取水，供给消防用水。

二、室外消防给水系统的分类

室外消防给水系统，按消防水压要求分为高压消防给水系统、临时高压消防给水系统和低压消防给水系统；按用途分为生活、消防合用给水系统，生产、消防合用给水系统，生活、生产和消防合用给水系统，独立的消防给水系统；按管网布置形式分为环状管网给水系统和枝状管网给水系统。

1. 高压消防给水系统

高压消防给水系统管网内经常维持足够高的压力，火场上不需使用消防车或其他移动式消防水泵加压，从消火栓直接接出水带、水枪就能灭火。

该系统适用于有可能利用地势设置高位水池或设置集中高压水泵房的底层建筑群、建筑小区、城镇建筑、车库等对消防水压要求不高的场所。在此类系统中，室外高位水池的供水水量和供水压力能够满足消防用水的需求。

采用这种给水系统时，其管网内的压力，应保证生产、生活和消防用水量达到最大且水枪布置在保护范围内任何建筑物的最高处时，水枪的充实水柱不应小于 10m。

室外高压消防给水系统最不利点消火栓栓口最低压力可按下式计算：

$$H_s = H_p + H_q + h_d$$

式中 H_s——室外管网最不利点消火栓栓口最低压力，MPa；

H_p——消火栓地面与最不利点静水压力，MPa；

H_q——水枪喷嘴所需压力，MPa；

h_d——6 条直径 65mm 水带水头损失之和，MPa。

消火栓压力计算示意见图 5-1。

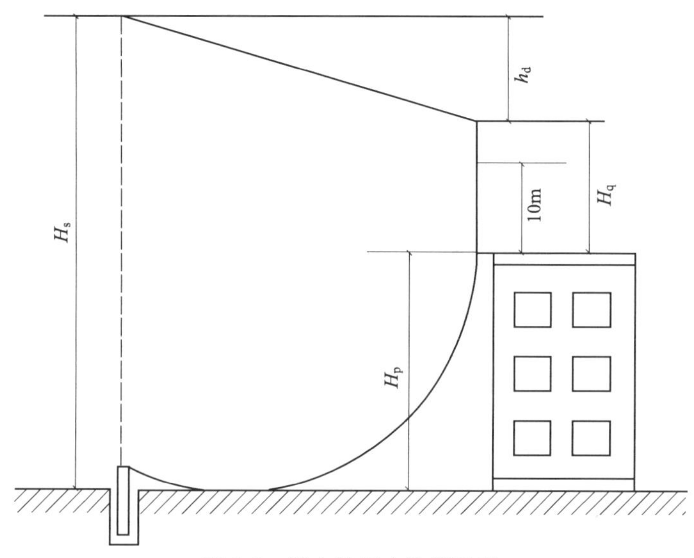

图 5-1 消火栓压力计算示意

2. 临时高压消防给水系统

临时高压消防给水系统管网内平时压力不高，在泵站（房）内设置高压消防水泵，一旦发生火灾，立刻启动消防水泵，临时加压使管网内的压力达到高压消防给水系统的压力要求。

城镇、居住区、企事业单位的室外消防给水系统，在有可能利用地势设置高位水池时，或设置集中高压水压房，可采用高压消防给水系统，在一般情况下，如无市政水源，区内水源取自自备井的情况下，多采用临时高压消防给水系统。

高压和零时高压的消防给水系统给水管道为确保供水安全，应与生产生活给水管道分开，设置独立消防管道，设计师应根据水源和工程的具体情况决定消防供水管道的形式。

3. 低压消防给水系统

低压消防给水系统管网内压力较低，火场上灭火时水枪所需要的压力，由消防车或其他移动式消防水泵加压形成。为满足消防车吸水的需要，低压给水管网最不利点消防栓压力应不小于 0.1MPa。

建筑的低压室外消防给水系统可与生产、生活给水管道系统合并。合并后的水压应满足在任何情况下都能保证全部用水量。

三、室外消火栓给水系统的设置范围和要求

1. 室外消火栓给水系统的设置范围

我国建筑消防法规中规定，在进行城镇、居住区、企事业单位规划和建筑设计时，必须同时设计室外消火栓消防给水系统。室外消火栓给水系统设置场所包括：

① 城镇、居住区及企事业单位。

② 厂房、库房及民用建筑。

③ 易燃、可燃材料露天、半露天堆场，可燃气体储罐或储罐区等室外场所。

④ 汽车库、修车库和停车场。

但综合考虑建筑性质、建筑规模、火灾危险性和经济条件等因素，对于以上建筑中符合下列条件的可不设室外消火栓给水系统：

① 耐火等级不低于二级且体积不超过 3000m^3 的戊类厂房。

② 居住区人数不超过 500 人且建筑物不超过 2 层的居住小区。

③ 耐火等级为一、二级且停车数不超过 5 辆的汽车库。

④ Ⅳ类修车库。

⑤ 停车数不超过 5 辆的停车场。

2. 室外消火栓的设置要求

《建筑设计防火规范》(GB 50016—2006) 规定，室外消火栓布置应当满足以下要求。

① 室外消火栓应沿道路设置。当道路宽度大于 60m 时，宜在道路两边设置消火栓，并宜靠近十字路口。

② 甲、乙、丙类液体储罐区和液化石油气储罐区的消火栓应设置在防火堤或防护墙外。距罐壁 15m 范围内的消火栓，不应计算在该罐可使用的数量内。

③ 室外消火栓的间距不应大于 120m。

④ 室外消火栓的保护半径不应大于 150m；在市政消火栓保护半径 150m 以内，当室外消防用水量小于等于 15L/s 时，可不设置室外消火栓。

⑤ 室外消火栓的数量应按其保护半径和室外消防用水量等综合计算确定，每个室外消火栓的用水量应按 10～15L/s 计算；与保护对象的距离在 5～40m 范围内的市政消火栓，可计入室外消火栓的数量内。

⑥ 室外消火栓宜采用地上式消火栓。地上式消火栓应有 1 个 DN150 或 DN100 和 2 个 DN65 的栓口。采用室外地下式消火栓时，应有 DN100 和 DN65 的栓口各 1 个。寒冷地区设置的室外消火栓应有防冻措施。

⑦ 消火栓距路边不应大于 2m，距房屋外墙不宜小于 5m。

⑧ 工艺装置区内的消火栓应设置在工艺装置的周围，其间距不宜大于 60m。当工

艺装置区宽度大于 120m 时，宜在该装置区内的道路边设置消火栓。

⑨ 建筑的室外消火栓、阀门、消防水泵接合器等设置地点应设置相应的永久性固定标识。

⑩ 寒冷地区设置市政消火栓、室外消火栓确有困难的，可设置水鹤等为消防车加水的设施，其保护范围可根据需要确定。

四、室外消火栓用水量

城市、居住区的城镇消防用水量应按同一时间内的火灾次数和一次灭火用水量确定。同一时间内的火灾次数和一次灭火用水量不应小于表 5-2 的规定。

表 5-2 城镇消防用水量

人数 N/万人	同一时间内的火灾次数/次	一次灭火用水量/(L/s)
N≤1.0	1	10
1.0＜N≤2.5	1	15
2.5＜N≤5.0	2	25
5.0＜N≤10.0	2	35
10.0＜N≤20.0	2	45
20.0＜N≤30.0	2	55
30.0＜N≤40.0	2	65
40.0＜N≤60.0	3	85
70＜N≤100.0	3	100

工业园区和居住小区，以及工厂、仓库、堆场、储罐（区）和民用建筑在同一时间内的火灾次数不应小于表 5-3 的规定。

表 5-3 民用建筑和工厂、仓库、堆场、储罐（区）在同一时间内的火灾次数

名称	基地面积/($\times10^4m^2$)	附有居住区人数/万人	同一时间内的火灾次数/次	备注
工厂	≤100	≤1.5	1	按需水量最大的一座建筑物(或堆场、储罐)计算
		＞1.5	2	工厂、居住区各一次
	＞100	不限	2	按需水量最大的两座建筑物(或堆场、储罐)之和计算
仓库、民用建筑	不限	不限	1	按需水量最大的一座建筑物(或堆场、储罐)计算

针对以上条件和规范要求，工业与民用建筑物室外消火栓设计用水量应根据建筑物火灾危险性、火灾荷载和点火源等因素综合确定，且不应小于表 5-4 的规定。

室外消防给水管道的布置应符合下列规定。

① 室外消防给水管网应布置成环状，当低层建筑和汽车库在建设初期或室外消防用水量小于等于 15L/s 时，可布置成枝状。

② 向环状管网输水的进水管不宜少于两条，并宜从两条市政给水管道引入，当其中一条进水管发生故障时，其余进水管应仍能保证全部用水量。

表 5-4　工业与民用建筑物室外消火栓用水量

耐火等级	建筑物名称及类别		建筑体积/m^3				
			≤3000	3001～5000	5001～10000	10001～20000	>20000
			一次灭火用水量/L/s				
一、二级	厂房	甲、乙	15	20	40	40	40
		丙	10	20	35	40	40
		丁、戊	10	10	20	20	20
	库房	甲、乙	15	20	30	40	—
		丙	15	20	25	30	40
		丁、戊	10	10	20	20	20
	民用建筑	多层	10	10	20	30	40
		高层住宅			20	30	30
		高层共建			20	30	30
	地下建筑/人防工程		10	20	30	30	40
	汽车库/修车库		10	20	30	30	40
三级	厂房或库房	乙、丙	20	30	40	40	40
		丁、戊	10	20	30	40	40
	多层民用建筑		20	30	40	40	40
四级	丁、戊类厂房或库房		10	20	30	40	—
	多层民用建筑		20	30	40	40	—

注：1. 室外消火栓用水量应按消防需水量最大的一座建筑物或一个防火分区计算。成组布置的建筑物应按消防需水量较大的相邻两座计算，且不应小于最大一座建筑物室外消防用水量的 1.5 倍。

2. 火车站、码头和机场的中转库房，其室外消火栓用水量应按相应耐火等级的丙类物品库房确定。

3. 国家级文物保护单位的重点砖木、木结构的建筑物室外消防用水量，按三级耐火等级民用建筑物消防用水量确定。

4. 国家级文物保护单位的重点砖木或木结构的古建筑的室外消防用水量执行三、四级耐火等级多层民用建筑的。

③ 环状管道应采用阀门分成若干独立段，每段内室外消火栓的数量不宜超过 5 个，当两阀门之间消火栓的数量超过 5 个时，在管网上应增设阀门。

④ 室外消防给水管道的直径不应小于 DN100。

进水管（市政给水管与建筑物周围生活和消防合用的给水管网的连接管）和环状管网的管径可按式下式进行计算（按室外消防用水量进行校核）。

$$D=\sqrt{\frac{4Q}{\pi(n-1)v}}$$

式中　D——进水管管径，m；

Q——生活、生产和消防用水总量，m^3/s；

n——进水管的数目，$n>1$；

v——进水管的水流速度，m/s，一般不大于 2.5m/s。

五、室外消火栓的布置

1. 室外消火栓的设置要求

室外消火栓的布置要求：室外消火栓应沿道路设置，宽度超过 60m 的道路，为避免水带穿越道路影响交通或被轧压，宜将消火栓在道路两侧布置，为方便使用，十字路口应设有消火栓。

消火栓距路边不应超过 2m，距建筑物外墙不宜小于 5m。此外，室外消火栓应沿高层建筑均匀布置，距离建筑外墙不宜大于 40m。甲、乙、丙类液体储罐区和液化石油气储罐区的消火栓，应设在防火堤外。

室外消火栓应沿高层建筑周围均匀布置，并不宜集中布置在建筑物一侧。室外消火栓的间距不应大于 120m，且室外消火栓的保护半径不应大于 150m；在市政消火栓保护半径 150m 以内，如室外消防用水量不超过 15L/s，可以不设置室外消火栓。

2. 室外消火栓的数量

室外消火栓的数量应按其保护半径和室外消防用水量等综合计算确定，每个室外消火栓的用水量应按 10～15L/s 计算；与保护对象的距离在 5～40m 范围内的市政消火栓，可计入室外消火栓的数量内。

室外消火栓的数量按下式计算：

$$N \geqslant \frac{Q_y}{q_y}$$

式中　N——室外消火栓个数，个；

Q_y——室外消火栓用水量，L/s；

q_y——每个室外消火栓的用水量，10～15L/s。

3. 室外消防系统设计实例

某工业厂区规划建筑总用地面积 47792m^2，总建筑面积 15287m^2，绿化用地面积 4907m^2。工业建筑物均为钢结构建筑，1～3 层不等，以单层生产厂房为主，辅以 3 层办公楼和食堂等配套建筑。厂内由综合厂房（体积 86000m^3）、镶边车间（体积 26039m^3）、拉丝车间（体积 6834m^3）、职工食堂（体积 3171m^3）、办公楼（体积 6046m^3）及仓库、锅炉房、消防泵站等组成。各建筑的耐火等级均为二级，根据该厂生产产品的工艺条件，该厂工业建筑生产的火灾危险性分类为丙类，应设置室内消火栓。

水源：该工业区暂无市政管网供水，现由小区内的自备深井作为供水水源。

（1）室外消火栓用水量的确定

由表 5-3 可知，该厂区同一时间内火灾次数为 1 次。厂区内消防用水量应按最大的综合厂房（体积为 86000m^3）计算，根据表 5-4 可知，该厂区的室外消防用水量为 40L/s。

（2）室外消防系统供水方式的确定

因无市政水源，靠自备深井作为供水水源，且工业厂房内需设置室内消火栓，故室外消防系统可采用与室内消火栓合用的临时高压消防系统。即在室外设置消防水池，储存室内外的消防用水量，室外消防管网成环状布置，通过室内外消防合用泵向环状消防管网输水，在区内最高建筑处设屋顶消防水箱，以保证室外消防管网的水压和水量的恒定。

(3) 室外消防管网的计算

由式 $D=\sqrt{\frac{4Q}{\pi(n-1)v}}$可确定出环状管网和连接管的管径：DN＝200mm。

(4) 室外消火栓数量的确定和布置

因厂区周围5～40m范围内无市政消火栓，消火栓数量应经计算确定。根据式 $N\geqslant\frac{Q_y}{q_y}$，厂区室外消火栓用水量为40L/s，则该厂区四周40m范围内至少应设3个室外消火栓。室外消防管线沿道路敷设成环状布置，同时按消火栓的保护半径不应大于150m，间距不应大于120m的要求，进行室外消火栓布置。

第三节 室内消火栓给水系统

一、室内消火栓给水系统类型

按压力和流量是否满足系统要求，室内消火栓给水系统可分为常高压消火栓给水系统、临时高压消火栓给水系统、低压消火栓给水系统三种类型。

1. 常高压消火栓给水系统

常高压消火栓给水系统的水压和流量在任何时间和地点都能满足灭火时所需要的压力和流量，系统中不需要设消防泵的消火栓给水系统，如图5-2所示。两路不同城市给水干管供水，常高压消防给水系统管道的压力应保证用水总量达到最大且水枪在任何建筑物的最高处时，水枪的充实水柱高度不小于10m。

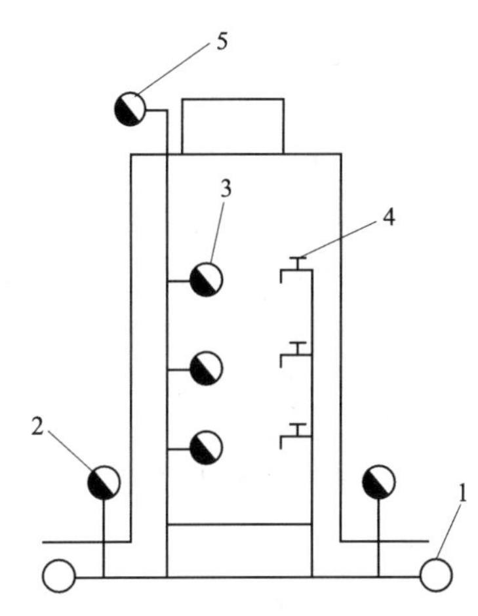

图5-2 常高压消火栓给水系统
1—室外管网；2—室外消火栓；3—室内消火栓；4—生活给水点；5—屋顶实验用消火栓

2. 临时高压消火栓给水系统

临时高压消火栓给水系统的水压和流量平时不完全满足灭火时的需要，在灭火时启动消防泵。当采用稳压泵稳压时，可满足压力，但不满足水量；当采用10min屋顶消防水箱稳压时，高层建筑物的下部可满足压力和流量，建筑物的上部不满足压力和流量，如图5-3所示。临时高压消防给水系统，多层建筑物管道的压力应保证用水总量达到最大且水枪在任何建筑物的最高处时，水枪的充实水柱高度仍不小于10m；高层建筑应满足室内最不利点充实水柱的水量和水压要求。

3. 低压消火栓给水系统

低压消火栓给水系统只能满足或部分满足消防水压和水量要求。消防时可由消防车

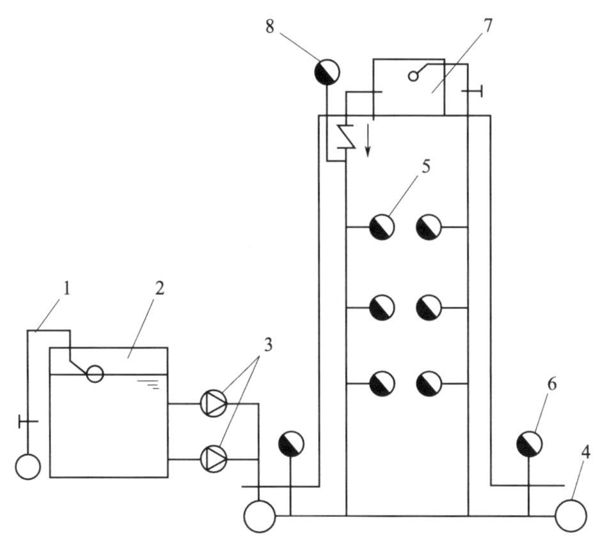

图 5-3 临时高压消火栓给水系统

1—临时管网；2—水池；3—消防水泵组；4—室外环网；5—室内消火栓；6—室外消火栓；7—高位水箱和补水管；8—屋顶实验用消火栓

或消防水泵提升压力，或作为消防水池的水源水，由消防水泵提升压力，如图 5-4 所示。低压给水系统，管道的压力应保证灭火时最不利点消火栓的水压不小于 0.10MPa (从地面算起)。

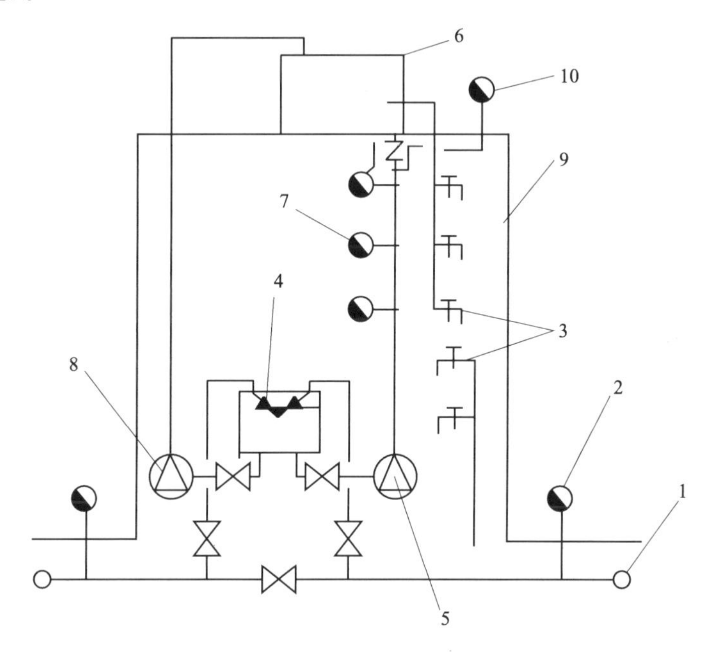

图 5-4 低压消火栓给水系统

1—市政管网；2—室外消火栓；3—室内生活用水点；4—消防水池；5—消防泵；6—水箱；7—室内消火栓；8—生活水泵；9—建筑物；10—屋顶实验用消火栓

二、室内消火栓给水系统设置原则

① 按照我国现行的《建筑设计防火规范》(GB 50016—2006) 的规定，下列建筑应设置 DN65 室内消火栓。

※建筑占地面积大于 300m^2 的厂房（仓库）；

※体积大于 5000m^3 的车站、码头、机场的候车（船、机）楼、展览建筑、商店、旅馆建筑、病房楼、门诊楼、图书馆建筑等；

※特等、甲等剧场，超过 800 个座位的其他等级的剧场和电影院等，超过 1200 个座位的礼堂、体育馆等；

※超过 5 层或体积大于 10000m^3 的办公楼、教学楼、非住宅类居住建筑等其他民用建筑；

※超过 7 层的住宅应设置室内消火栓系统，当确有困难时，可只设置干式消防竖管和不带消火栓箱的 DN65 的室内消火栓。消防竖管的直径不应小于 DN65。

② 国家级文物保护单位的重点砖木或木结构的古建筑，宜设置室内消火栓。

③ 设有室内消火栓的人员密集公共建筑以及低于第①条规定规模的其他公共建筑宜设置消防软管卷盘；建筑面积大于 200m^2 的商业服务网点应设置消防软管卷盘或轻便消防水龙。

④ 下列建筑物可不设室内消火栓给水系统。

※耐火等级为一、二级且可燃物较少的单层、多层丁、戊类厂房、库房，耐火等级为三、四级且建筑体积不超过 3000m^3 的丁类厂房和建筑体积不超过 5000m^3 的戊类厂房、粮食仓库、金库；

※室内没有生产、生活给水管道，室外消防用水取自储水池且建筑体积不超过 5000m^3 的建筑物；

※存有与水接触能引起燃烧爆炸物品的建筑物。

三、室内消火栓的布置

1. 室内消火栓的布置要求

① 凡设有室内消火栓的建筑物，其各层（无可燃物的设备层除外）均应设置消火栓，并应布置在明显的、经常有人出入、使用方便的地方。为了使在场人员能及时发现和使用消火栓，室内消火栓应有明显的标志。消火栓应涂红色，且不应伪装成其他东西。

② 室内消火栓栓口离地面高度应为 1.1m，为减小局部水头损失，并便于操作，其出水方向宜向下或与设置消火栓的墙面成 90°角。

③ 消防电梯前室是消防人员进入室内扑救火灾的进攻桥头堡。为便于消防人员向火场发起进攻或开辟道路，在消防电梯前室应设室内消火栓。

④ 冷库内的室内消火栓为防止冻结损坏，一般应设在常温的穿堂或楼梯间内。冷库进人闷顶的入口处，应设有消火栓，便于扑救顶部保温层的火灾。

⑤ 同一建筑物内应采用统一规格的消火栓、水带和水枪，以利管理和使用。每根水带的长度不应超过 25m。每个消火栓处应设消防水带箱。消防水带箱宜采用玻璃门，不应采用封闭的铁皮门，以便在火场上敲碎玻璃使用消火栓。

⑥ 消火栓栓口处的出水压力超过 5.0×10^{5}Pa 时，应设减压设施。减压设施一般为减压阀或减压孔板。

⑦ 高层工业与民用建筑以及水箱不能满足最不利点消火栓水压要求的其他低层建筑，每个消火栓处应设置直接启动消防水泵的按钮，以便及时启动消防水泵，供应火场用水。按钮应设有保护设施，如放在消防水带箱内，或放在有玻璃保护的小壁龛内，防止误操作。

⑧ 设有室内消火栓给水系统的建筑物，其屋顶应设置试验和检查用的消火栓。

2. 室内消火栓的用水量

建筑物内设有消火栓、自动喷水灭火设备时，其室内消防用水量应按需要同时开启的上述设备用水量之和计算。室内消火栓用水量应根据同时使用水枪数量和充实水柱长度，由计算决定，但不应小于表 5-5 的规定。

表 5-5 室内消火栓的用水量

建筑物名称		高度 h/m、层数、面积 V/m^2、火灾危险性			消火栓用水量 /(L/s)	每根竖管最小流量 /(L/s)
工业建筑	厂房	$h\leq24$	$V\leq10000$	丙	20	10
				其他	10	10
			$V>10000$	丙	20	10
				其他	10	10
		$24<h\leq50$			20	10
		$h>50$			30	15
	仓库	$h\leq24$	$V\leq5000$	丙	20	10
				其他	10	10
			$V>5000$	丙	30	10
				其他	20	10
		$24<h\leq50$			30	15
		$h>50$			40	20
民用建筑	公共建筑	$h\leq24$	$V\leq10000$		10	10
			$m>10000$		20	10
		$24<h\leq50$			30	15
		$h>50$			40	20
	住宅建筑	多层	8、9 层		10	10
			通廊式住宅		10	10
		高层	$h\leq50$m		10(20)	10
			$h>50$m		20(30)	10(15)
国家级文物保护单位的重点砖木或木结构的古建筑		$V\leq10000$			10	10
		$V>10000$			20	10

续表

建筑物名称	高度 h/m、层数、面积 V/m²、火灾危险性	消火栓用水量/(L/s)	每根竖管最小流量/(L/s)
汽车库/修车库		10	10
人防工程或地下建筑	$V\leqslant5000$	10	10
	$5000<V\leqslant10000$	20	10
	$V>10000$	30	15

注：1. 丁、戊类高层工业建筑室内消火栓的用水量可按本表减少10L/s，同时使用水枪数量可按本表减少2支。

2. 增设消防水喉设备，可不计入消防用水量。

3. 室内消火栓布置间距

室内消火栓的布置应按照计算确定，对于高层工业建筑，高架库房，甲、乙类厂房，设有空气调节系统的旅馆等，其室内消火栓的布置间距不应大于30m。其他单层和高层建筑物室内消火栓间距不应大于50m。

① 当消火栓单排布置，并且要求保证1股水柱到达室内任何部位时（如图5-5），消火栓的间距按下式计算：

$$S_1=2\sqrt{R^2-b^2}$$

式中 S_1——一股水柱时消火栓的布置间距，m；

R——消火栓的保护半径，m；

b——消火栓最大保护宽度，m；其中，外廊式建筑，b=建筑物宽度；内廊式建筑，b=走道两侧中较大一边的宽度，内廊式建筑无明确说明取建筑物宽度的一半。

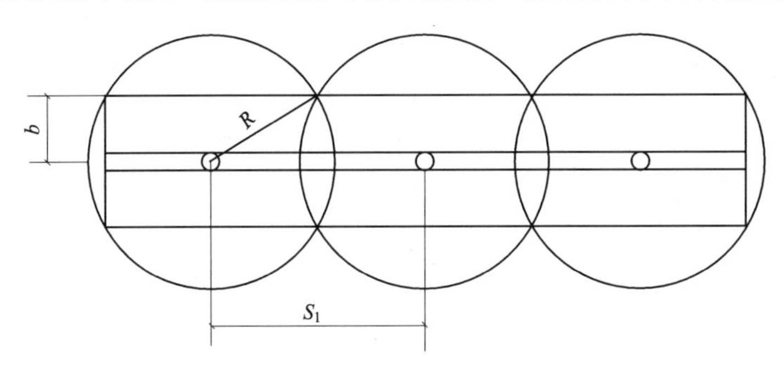

图5-5 一股水柱时的消火栓布置间距

② 当室内只有一排消火栓，且要求有两股水柱同时达到室内任何部位时（如图5-6），消火栓的间距按下式计算：

$$S_2=2\sqrt{R^2-b^2}$$

式中 S_2——两股水柱时消火栓的布置间距，m。

③ 当房间较宽，需要布置多排消火栓，且要求有一股水柱达到室内任何部位时（如图5-7），其消火栓间距可按下式计算：

$$S_n=\sqrt{2}R=1.41R$$

式中 S_n——多排消火栓一股水柱同时到达室内任意点时的消火栓间距，m。

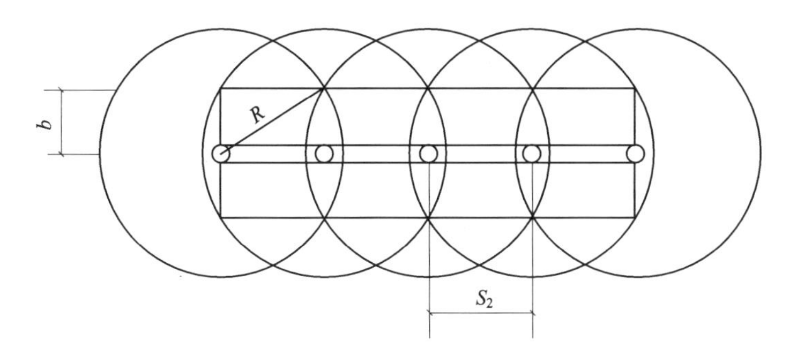

图 5-6　两股水柱时的消火栓布置间距

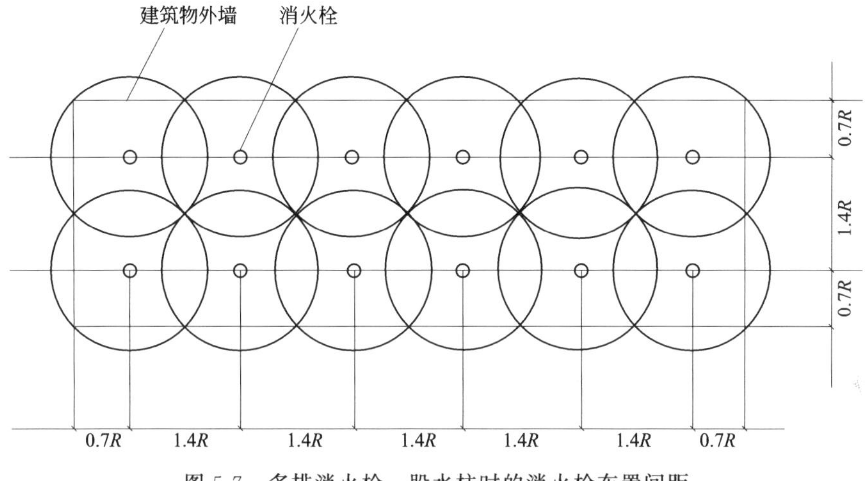

图 5-7　多排消火栓一股水柱时的消火栓布置间距

④ 当室内需要布置多排消火栓，且要求有两股水柱到达室内任何部位时，可按图5-8 布置。

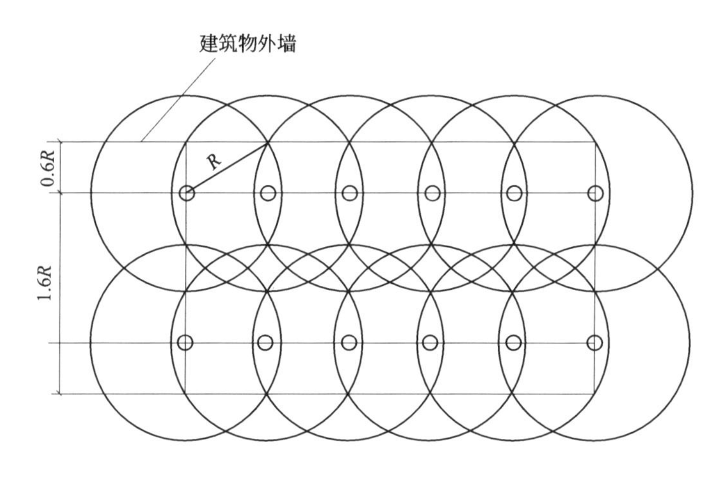

图 5-8　多排消火栓两股水柱时的消火栓布置间距

第四节 消火栓给水系统水力计算

一、室内消火栓充实水柱

1. 室内消火栓的充实水柱长度

根据防火要求，从水枪射出的水流具有射击到着火点和足够冲击力从扑灭火焰的能力。充实水柱长度是指由水枪喷嘴起到射流90%水柱水量穿过直径380mm圆圈处的一段射流长度。这段水柱具有扑火救火能力，为直流水枪灭火时的有效射成，如图5-9所示。

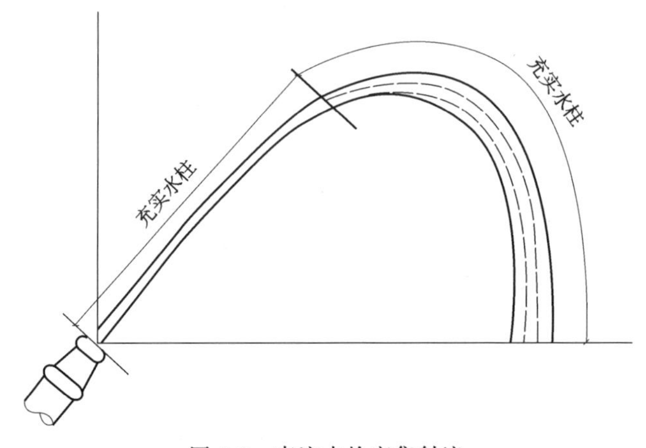

图5-9 直流水枪密集射流

火灾发生时，火场能见度低，要使水柱能喷到着火点、防止火焰的热辐射和着火物下落烧伤消防人员，消防员必须距着火点有一定的距离，因此水枪的充实水柱应具有一

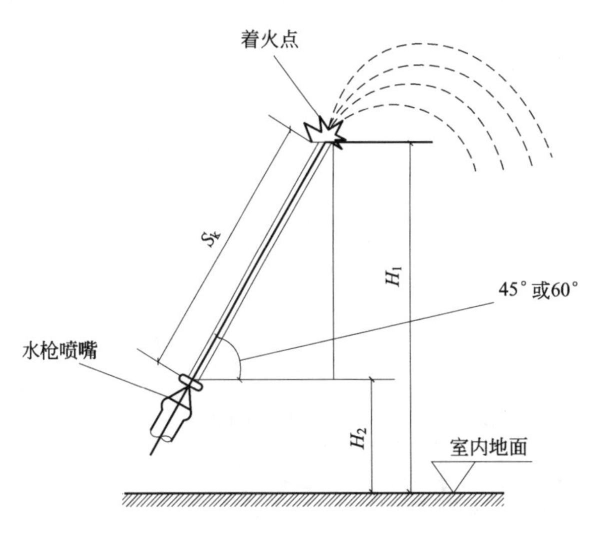

图5-10 倾斜射流的S_k

定长度，如图 5-10。建筑物灭火所需的充实水柱长度 S_k 按下式计算，即

$$S_k=\frac{H_1-H_2}{\sin\alpha}$$

式中　S_k——所需的水枪充实水柱长度，m；

H_1——室内最高着火点距室内地面的高度，m；

H_2——水枪喷嘴距地面的高度，一般为 1m；

α——射流的充实水柱与地面的夹角，一般为 45°或 60°。

水枪的充实水柱长度还应满足表 5-6 关于各类建筑要求水枪充实水柱长度的规定，当计算值大于表中规定时，应按表中规定选用。

表 5-6　各类建筑要求水枪充实水柱长度

建筑物类别		充实水柱长度/m
低层建筑	一般建筑	≥7
	甲、乙类厂房，大于 6 层民用建筑，大于 4 层厂、库房	≥10
	高架库房	≥13
高层建筑	民用建筑高度≥100m	≥13
	民用建筑高度＜100m	≥10
	高层工业建筑	≥13
人防工程内		≥10
停车库、修车库内		≥10

消防实践证明，当水枪的充实长度小于 7m 时，由于火场烟雾大、辐射热高，扑救火灾难度高。充实长度增大时，水枪的反作用力也随之增大。当充实水柱超过 15m 时，射流的反作用力使消防队员无法把握水枪灭火。因此常用的水枪充实水柱长度一般为 10～15m。

2. 消火栓保护半径

消火栓的保护半径是指一定规格消火栓、水枪、水龙带配套后，以消火栓为圆心，消火栓能充分发挥灭火作用的半径。消火栓的保护半径计算如下。

$$R=L_d+L_s$$

式中　R——消火栓保护半径，m；

L_d——水龙带工作长度（按实际长度乘以系数 0.8 计算），m；

L_s——水枪充实水柱在平面上的投影长度，m。

其中：$L_s=S_k\cdot\cos\alpha$。

二、室内消火栓用水力计算

1. 消火栓出口所需压力的确定

（1）水枪喷嘴处的压力 H_q 的确定

$$H_q=\frac{10\alpha S_k}{1-\phi\alpha S_k}$$

式中　H_q——水枪喷嘴造成规定充实水柱所需的压力，kPa；

ϕ——与水枪喷嘴直径 d 有关的实验系数，见表 5-7；

S_k——规范中要求的最小充实水柱长度，m；

α——和充实水柱有关的实验系数，见表 5-8，$\alpha=1.19+80\times(0.01S_k)^4$。

表 5-7　系数 ϕ 值

d/mm	13	16	19
ϕ	0.0165	0.0124	0.0097

表 5-8　系数 α 值

S_k	6	8	10	12	16
α	1.19	1.19	1.20	1.21	1.24

（**2**）水枪喷嘴射出的流量与喷嘴压力的关系

$$q_{xh}=\mu\cdot\frac{\pi}{4}d^2\cdot\sqrt{2gH_q}=0.00347\mu\cdot d^2\sqrt{H_q}$$

$$令\ B=0.0000121\mu^2d^4H_q$$

则：

$$q_{xh}^2=BH_q，q_{xh}=\sqrt{BH_q}$$

式中　q_{xh}——水枪喷嘴的射流量（其值不小于表 5-5 规定的每支水枪最小流量），L/s；

H_q——水枪喷嘴造成规定充实水柱所需的压力，kPa；

B——水流特性系数，与水枪喷嘴直径有关，取值见表 5-9。

表 5-9　水流特性系数 B 值

喷嘴直径	13	16	19
B	0.0346	0.0793	0.1577

为了使用方便、简化计算，将以上公式计算结果制成 S_k-H_q-q_{xh} 表格（见表 5-10），设计时可以根据不同的水枪喷嘴口径和不同的水枪充实水柱长度，查出水枪喷嘴处压力值以及水枪射流的实际流量值。

表 5-10　S_k-H_q-q_{xh}

水枪充实水柱 S_k	水枪各种口径的压力和流量/mm					
	13		16		19	
	压力 H_q/kPa	流量 q_{xh}/(L/s)	压力 H_q/kPa	流量 q_{xh}/(L/s)	压力 H_q/kPa	流量 q_{xh}/(L/s)
6	81	1.7	80	2.5	75	3.5
7	96	1.8	92	2.7	90	3.8
8	112	2.0	105	2.9	105	4.1
9	130	2.1	125	3.1	120	4.3
10	150	2.3	140	3.3	135	4.6
11	170	2.4	160	3.5	150	4.9

续表

水枪充实水柱 S_k	水枪各种口径的压力和流量/mm					
	13		16		19	
	压力 H_q/kPa	流量 q_{xh}/(L/s)	压力 H_q/kPa	流量 q_{xh}/(L/s)	压力 H_q/kPa	流量 q_{xh}/(L/s)
12	190	2.6	175	3.8	170	5.2
13	240	2.9	220	4.2	205	5.7
14	296	3.2	265	4.6	245	6.2
15	330	3.4	290	4.8	270	6.5
16	415	3.8	355	5.3	325	7.1
17	470	4.0	395	5.6	335	7.5

(3) 水带水头损失 h_d 的确定

$$h_d = A_z L_d q_{xh}^2$$

式中 h_d——水带沿程损失，kPa；

L_d——水带长度，m；

A_z——水带比阻，见表 5-11；

q_{xh}——水枪喷嘴的射流量，其值不小于表 5-5 规定的每支水枪最小流量。

表 5-11 水带比阻 A_z 值

水带口径	比阻 A_z 值	
	帆布、麻织的水带	衬胶的水带
50	0.1501	0.0677
65	0.0430	0.0172
80	0.0150	0.0075

(4) 消火栓栓口所需压力的确定

本章第二节已经提到室外高压消防给水系统消火栓栓口的压力计算公式，一般消火栓栓口所需压力应按下式计算：

$$H_{xh} = H_q + H_k + h_d$$

式中 H_{xh}——消火栓栓口所需压力，kPa；

H_q——水枪喷嘴处的压力，kPa；

h_d——水带水头损失，kPa；

H_k——消火栓栓口的水头损失，一般取 20kPa。

(5) 最不利点消火栓栓口压力

当最不利点消火栓栓口压力满足下式时，系统中任一消火栓栓口压力均能满足设计要求：

$$H_{xh0} \geqslant H_{xh}$$

式中 H_{xh0}——最不利点消火栓栓口水压，kPa。

2. 系统所需水压的确定

(1) 给水管网水头损失

室内消火栓给水系统给水管网的水头损失包括沿程水头损失和局部水头损失部分，按下式计算：

$$H_w = H_y + H_j$$

式中 H_w——给水管网水头损失，kPa；

H_y——沿程水头损失，kPa；

H_j——局部水头损失，kPa。

① 沿程水头损失　沿程水头损失按下式计算：

$$H_y = i \cdot L$$

式中 i——单位长度沿程水头损失，kPa/m；

L——计算管段的管线长度，m。

钢管、铸铁管的单位长度沿程水头损失可按下式计算，也可查表确定：

当 $v<1.2$m/s 时：

$$i = 0.00912\frac{v^2}{d_j^{1.3}}\left(1+\frac{0.867}{v}\right)^{0.03}$$

当 $v \geqslant 1.2$m/s 时：

$$i = 0.0107\frac{v^2}{d_j^{1.3}}$$

式中 v——计算管段内的平均水流速度，m/s；

d_j——管段计算内径，m。

② 局部水头损失　由于给水管网中局部零件甚多，随着构造不同，其局部阻力系数也不尽相同，要详细计算相当繁琐且意义不大，因此，在实际工作中局部水头损失按管道沿程损失的10%～20%计算。

$$H_j = (0.1 \sim 0.2)H_y$$

(2) 系统所需水压

系统所需水压应为克服室内给水管网起始点到最不利点消火栓栓口的静水压力和管网水头损失之和后，仍能满足最不利点消火栓栓口所需压力，按下式计算：

$$H = H_{xh0} + H_z + H_w$$

式中 H——系统所需水压，kPa；

H_w——给水管网水头损失，kPa；

H_z——室内给水管网起始点到最不利点消火栓栓口处高差引起的静水压力，kPa。

第六章 自动喷水灭火系统

第一节 自动喷水灭火系统简介

一、概述

自动喷水灭火系统是一种能够在火灾发生时自动启动并喷水达到灭火效果，同时发出火警信号的灭火系统，它具有工作性能稳定、适应范围广、安全可靠、控火灭火成功率高、维修简便等优点，可用于各种建筑物中允许用水灭火的保护对象和场所。

自动喷水灭火系统特指由洒水喷头、报警阀组、水流报警装置（水流指示器或压力开关）等组件，以及管道、供水设施组成。按规定技术要求组合后的系统，应能在初期火灾阶段自动启动喷水，灭火或控制火势的发展蔓延。因此，此类系统的功能是扑救初期火灾，其性能应符合《自动喷水灭火系统设计规范》（GB 50084）的规定。

自动喷水灭火系统是目前国际上应用范围最广、用量最大、灭火成功率最高、且造价最为低廉的固定灭火设施，并被公认是最为有效的建筑火灾自救设施。1965 年美国的统计资料表明：在当时的技术状况下，包括不同火灾危险性的各类民用与工业建筑在内，25 年间共 8 万多次喷淋系统自救灭火的案例中，系统控灭火的成功率达到 96%以上。在灭火失败的案例中，属于设备失修和误关闭控制阀门等人为因素导致系统失效的占一半以上，上述统计资料充分证明该系统扑救火灾的可靠性与有效性。

美国费城第一子午广场大厦火灾，是一起典型的火灾案例，充分说明了此类系统的自救灭火能力。该大厦共 38 层，自 30 层向上的楼层安装了自动喷水灭火系统。大厦 22 层在当地时间晚 8 时许起火，消防队于 8 点 30 分左右投入灭火，但未能有效遏制火势，并付出牺牲 2 名消防员的沉重代价，当火势蔓延至 27 层时，消防队员被迫撤离。此后，大火继续自由蔓延，直到次日早 7 点许大火烧至 30 层时，驱动了该楼层的 10 只喷头，遏制了火势的蔓延，并最终在与水枪射流的夹击下扑灭了这场大火。

自动喷水灭火系统设计，应根据建筑物、构筑物的功能，火灾危险性以及当地气候条件等特点，合理选择喷水灭火系统类型，做到保障安全、经济合理、技术先进。

设有自动喷水灭火系统的建筑物、构筑物，其危险等级应根据火灾危险性大小、可燃物数量、单位时间内放出的热量、火灾蔓延速度以及扑救难易程度等因素，划分以下三级。

① 严重危险级　火灾危险性大，可燃物多、发热量大、燃烧猛烈和蔓延迅速的建

筑物、构筑物。

② 中危险级　火灾危险性较大，可燃物较多、发热量中等、火灾初期不会引起迅速燃烧的建筑物、构筑物。

③ 轻危险级　火灾危险性较小，可燃物量少、发热量较小的建筑物、构筑物。

建筑物、构筑物危险等级举例如表 6-1 所示。

表 6-1　建筑物、构筑物危险等级举例

火灾危险等级		设置场所举例
轻危险级		建筑高度为 24m 及以下的旅馆、办公楼；仅在走道设置闭式系统的建筑等
中危险级	Ⅰ级	①高层民用建筑：旅馆、办公楼、综合楼、邮政楼、金融电信楼、指挥调度楼、广播电视楼（塔）等 ②公共建筑（含单多高层）：医院、疗养院；图书馆（书库除外）、档案馆、展览馆（厅）；影剧院、音乐厅和礼堂（舞台除外）及其他娱乐场所；火车站和飞机场及码头的建筑；总建筑面积小于 $5000m^2$ 的商场、总建筑面积小于 $1000m^2$ 的地下商场等 ③文化遗产建筑：木结构古建筑、国家文物保护单位等 ④工业建筑：食品、家用电器、玻璃制品等工厂的备料与生产车间等；冷藏库、钢屋架等建筑构件
	Ⅱ级	①民用建筑：书库、舞台（葡萄架除外）、汽车停车场、总建筑面积 $5000m^2$ 及以上的商场、总建筑面积 $1000m^2$ 及以上的地下商场、净空高度不超过 8m、物品高度不超过 3.5m 的自选商场等 ②工业建筑：棉毛麻丝及化纤的纺织、织物及制品、木材木器及胶合板、谷物加工、烟草及制品、饮用酒（啤酒除外）、皮革及制品、造纸及纸制品、制药等工厂的备料与生产车间
严重危险级	Ⅰ级	印刷厂、酒精制品、可燃液体制品等工厂的备料与车间、净空高度不超过 8m、物品高度超过 3.5m 的自选商场等
	Ⅱ级	易燃液体喷雾操作区域、固体易燃物品、可燃的气溶胶制品、溶剂清洗、喷涂油漆、沥青制品等工厂的备料及生产车间、摄影棚、舞台葡萄架下部
仓库级	Ⅰ级	食品、烟酒；木箱、纸箱包装的不燃难燃物品等
	Ⅱ级	木材、纸、皮革、谷物及制品、棉毛麻丝化纤及制品、家用电器、电缆、钢塑混合材料制品、各种塑料瓶盒包装的不燃物品及各类物品混杂储存的仓库等
	Ⅲ级	塑料与橡胶及其制品；沥青制品等

二、自动喷水灭火系统的选择

1. 开、闭式自动喷水灭火系统的使用场所

根据被保护建筑物的性质和火灾发生、发展特性的不同，自动喷水灭火系统可以有许多不同的系统形式。通常根据系统中所使用的喷头形式的不同，分为闭式自动喷水灭火系统和开式自动喷水灭火系统 2 大类。

闭式自动喷水灭火系统采用闭式喷头，它是一种常闭喷头，喷头的感温闭锁装置只有在预定的温度环境下才会脱落，开启喷头。因此，在发生火灾时，这种喷头灭火系统只有处于火焰之中或临近火源的喷头才会开启灭火。闭式系统包括湿式系统、干式系统、预作用系统、重复启闭灭火系统等。

开式自动喷水灭火系统采用的是开式喷头，开式喷头不带感温闭锁装置，处于常开状态。发生火灾时，火灾所处的系统保护区域内的所有开式喷头一起喷水灭火。开式系

统包括雨淋系统、水幕系统。

系统分类及不同自动喷水灭火系统使用场所及特殊技术要求，见表 6-2。

表 6-2 系统分类及自动喷水灭火系统使用场所及特殊技术要求

系统分类		使用场所
闭式系统	湿式系统	①环境温度不低于 4℃，且不高于 70℃的建筑物及场所 ②广泛应用于众多建筑和场所
	干式系统	环境温度低于 4℃或高于 70℃的建筑物及场所，如敞开的避难层、技术层、汽车库等
	预作用系统	系统处于准工作状态时，严禁滴漏及误动作，不允许有水渍损失的场所。目前多用于保护档案、计算机房、贵重纸张和票证等场所
	重复启闭式系统	火灾停止后必须及时停止喷水，复燃时再喷水灭火或需要减少水渍损失的场所，贵重纸张和票证等场所
开式系统	雨淋系统	①燃烧猛烈、蔓延迅速、闭式喷头开放不能及时使喷水有效覆盖着火区域的严重危险级场所，如摄影棚、舞台葡萄架下部、有易燃材料的景观展厅等 ②因净空超高，闭式喷头不能及时动作的场所
	水幕系统	①作为防火分隔措施，如建筑中开口尺寸等于或小于 15m（宽）×8m（高）的孔洞和舞台的保护 ②水幕用于防火卷帘的冷却

2. 自动喷水灭火系统的设置要求

建筑物中保护局部场所的干式系统、预作用系统、雨淋系统、自动喷水-泡沫联用系统，可串联接入同一建筑物内湿式系统，并应与其配水干管连接。

自动喷水灭火系统应有下列组件、配件和设施。

① 应设有洒水喷头、水流指示器、报警阀组、压力开关等组件和末端试水装置，以及管道、供水设施。

② 控制管道静压的区段宜分区供水或设减压阀，控制管道动压的区段宜设减压孔板或节流管。

③ 应设有泄水阀（或泄水口）、排气阀（或排气口）和排污口。

④ 干式系统和预作用系统的配水管道应设快速排气阀。有压充气管道的快速排气阀入口前应设电动阀。

三、闭式自动喷水灭火系统

1. 闭式自动喷水灭火系统的设置场所

闭式自动喷水灭火系统是使用时间最长、应用最广的灭火系统。多层和高层民用建筑闭式自动喷水灭火系统的设置场所见表 6-3，表 6-4。

表 6-3 多层建筑闭式自动喷水灭火系统的设置场所

设置部位		设置条件
厂房	棉纺厂：开包车间、清花车间	≥50000 纱锭
	麻纺厂：分级车间、梳麻车间	≥5000 纱锭
	木器厂	建筑面积＞1500m²
	制鞋、制衣、玩具及电子等单层、多层厂房	占地面积＞1500m² 或总建筑面积＞3000m²

续表

设置部位		设置条件
库房	棉、毛、丝、麻、化纤、毛皮及制品库房	每座占地面积＞1000m²
	火柴库房	每座占地面积＞600m²
	邮政楼中的空邮袋库，可燃物品地下仓库	建筑面积＞500m²
	可燃、难燃物品的高架仓库和高层仓库	冷库除外
公共建筑	会堂、礼堂	＞2000座位
	剧院	特等、甲等或＞1500座位剧院
	体育馆；体育场的室内人员休息室与器材间	＞3000座位；大于1500人
	展览建筑、商店、旅馆建筑、病房楼、门诊楼、手术部	总建筑面积＞3000m² 或任一楼层建筑面积＞1500m²
	地下商店	建筑面积＞500m²
	设置有送回风道(管)的集中空调系统的办公楼	＞3000m²
	歌舞娱乐放映游艺场所(游泳场所除外)	地下、半地下或地上四层及以上；或者在首层、二层和三层且任一层建筑面积＞3000m²
	图书馆	藏书量超过50万册

表6-4　高层民用建筑闭式自动喷水灭火系统的设置场所

设置场所	设置条件
除游泳池、溜冰场、建筑面积小于5.00m² 的卫生间、不设集中空调且户门为甲级防火的住宅的户内用房和不宜用水扑救的部位外的其他场所	建筑高度超过100m的高层建筑及其裙房
除游泳池、溜冰场、建筑面积小于5.00m² 的卫生间、普通住宅、设集中空调的住宅的户内用房和不宜用水扑救的部位外的其他场所	建筑高度不超过100m的一类高层建筑及其裙房
公共活动用房(公共活动空间) 走道、办公室和旅馆的客房 自动扶梯底部 可燃物品库房	二类高层公共建筑
歌舞娱乐放映游艺场所 空调机房 公共餐厅、厨房 经常有人停留或可燃物较多的地下室、半地下室	高层建筑

2. 闭式自动喷水灭火系统的种类

(1) 湿式自动喷水灭火系统

湿式自动喷水灭火系统是目前使用最为广泛的一种固定喷水灭火系统，它具有自动检测报警和自动喷水灭火的功能。系统由湿式报警阀、水力警铃、延迟器、压力开关、水流指示器、供水管网、闭式洒水喷头、报警控制装置和信号蝶阀等部件组成，详见图6-1和图6-2。该系统管网内充满压力水，长期处于伺应工作状态，适用于4～7℃环境温度中使用，报警阀阀体应垂直方向安装。当保护区某处发生火灾时，环境温度升高，闭式喷头的维护敏感元件（玻璃球）破裂，压力水从喷孔口喷出并自动启动报警阀将水直接喷向火灾发生区域，同时，部分水流由阀座上的凹形槽经报警阀的信号阀，延时器延时 5～20s 后发出报警信号，带动警铃以达到报警、灭火的目的。湿式报警装置最大的工作压力是 1.2MPa。

图 6-1　湿式自动喷水灭火系统（一）

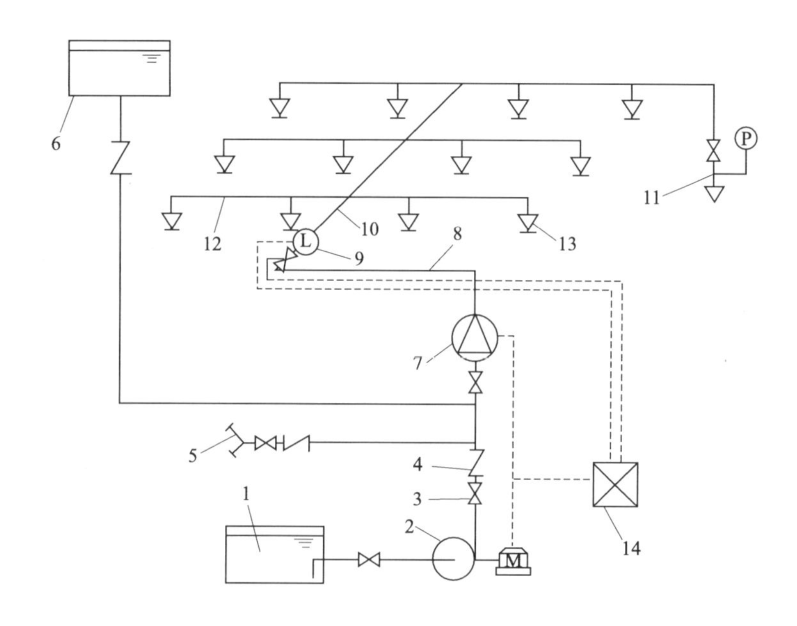

图 6-2　湿式自动喷水灭火系统（二）

1—水池；2—水泵；3—闸阀；4—止回阀；5—水泵接合器；6—消防水箱；7—湿式报警阀；8—配水干管；9—水流指示器；10—配水管；11—末端试水装置；12—配水管网；13—闭式洒水喷头；14—报警控制器；P—压力表；M—驱动电动机；L—水流指示器

该系统的特点是安全可靠；控火、灭火效果显著，成功率高；系统结构简单、维护方便；应用范围广，使用寿命长。因而被广泛应用于高层建筑、宾馆、医院、剧院、工厂、仓库及地下工程等适用灭火的建筑物、构作物的消防保护。目前世界上有 70%以上的自动喷水灭火系统采用了湿式自动喷水灭火系统。

随着科学技术的进步，系统中加入了火灾控制、警报等装置，丰富了自动喷水灭火系统的功能，提高了系统的安全性，保证了控火灭火的效果。

（2）干式自动喷水灭火系统

干式喷水灭火系统一般是由闭式喷头、管道系统、干式报警阀、报警装置、充气设备、排气设备和供水设备等组成。干式自动喷水灭火系统的组成如图 6-3 所示。

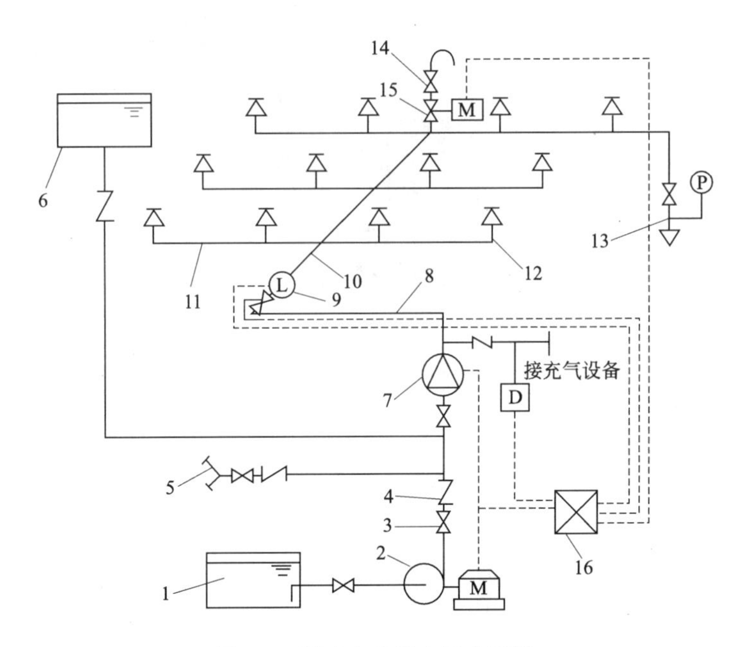

图 6-3　干式自动喷水灭火系统

1—水池；2—水泵；3—闸阀；4—止回阀；5—水泵接合器；6—消防水箱；
7—湿式报警阀组；8—配水干管；9—水流指示器；10—配水管；
11—末端试水装置；12—配水支管；13—闭式洒水喷头；
14—报警控制器；15—电动阀；16—报警控制器；
P—压力表；D—电磁阀；
M—驱动电机；L—水流指示器

干式自动喷水灭火系统，处于戒备状态时配水管道内充有压气体，因此使用场所不受环境温度的限制。与湿式系统的区别在于采用干式报警阀组，警戒状态下配水管道内充入压缩空气等有压气体，为保持气压，需要配套设置补气设施，从而也提高了系统造价。干式系统配水管道中维持的气压，根据干式报警阀入口前管道需要维持的水压，结合干式报警阀的工作性能确定，因而对管网的气密性有较严格的要求，其施工和平时管理更为复杂。

该系统适用于有冰冻危险与环境温度有可能超过 70℃、使管道内的充水汽化升压的场所。闭式喷头开放后，配水管道有一个排气充水过程。系统开始喷水的时间，将因排气充水过程而产生滞后，因此削弱了系统的灭火能力，这一点是干式系统的固有缺陷。

（3）干湿式自动喷水灭火系统

干湿式自动喷水灭火系统与干式系统大致相同，只是使用了干式报警阀和湿式报警阀串联而成的组合阀来替换干式系统中的报警阀。因此该系统可作为干式系统和湿式系统交替使用。当气温较高，系统管网中可充压力水，作为湿式系统使用。当冬季气温较低时，在管网中充有压气体，作为干式系统使用。干湿式自动喷水灭火系统的最大工作压力不得超过 1.6MPa，喷水管网的容积不宜超过 3000L。其气压和水压关系如表 6-5 所示。

表 6-5　干湿式阀气压与水压的关系

最大供水压力/MPa	0.20	0.40	0.60	0.80	1.00	1.20	1.40	1.60
空气压力/MPa	0.16	0.19	0.23	0.26	0.30	0.33	0.37	0.40

对于环境温度小于 4℃或大于 7℃的小型区域，如建筑物中的局部小型冷藏室、温度超过 70℃的烘房、蒸气管道等部位，当建筑物的其他部位采用了湿式自动喷水灭火系统时，在这种特殊小区域可以在湿式系统上接设尾端干式系统或干湿式系统。

由于干湿式系统管网内交替使用水和空气，管道易受腐蚀，所以系统每年都随季节变化变换系统形式，管理相当繁琐。

(4) 预作用自动喷水灭火系统

预作用自动喷水灭火系统主要由火灾探测系统、闭式喷头、预作用组阀、充气设备、供水设备等组成，如图 6-4 所示。

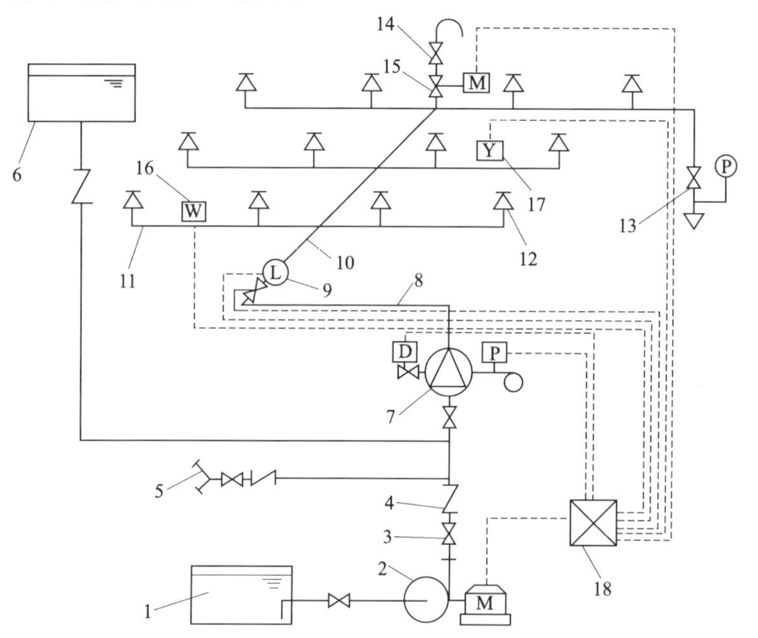

图 6-4　预作用自动喷水灭火系统

1—水池；2—水泵；3—闸阀；4—止回阀；5—水泵接合器；6—消防水箱；7—预作用报警阀组；8—配水干管；9—水流指示器；10—配水管；11—配水支管；12—闭式喷头；13—末端试水装置；14—快速排气阀；15—电动阀；16—感温探测器；17—感烟探测器；18—报警控制器；P—压力表；D—电磁阀；M—驱动电机；L—水流指示器

预作用系统采用了预作用报警阀组，并由火灾自动报警系统启动，系统的配水管道内平时不充水，发生火灾时，由比闭式喷头更灵敏的火灾报警系统联动雨淋阀和供水泵，在闭式喷头开放前完成管道充水过程，转换为湿式系统，使喷头能在开放后立即喷水。

一般情况下，预作用系统要求火灾探测器的动作先于喷头动作，而且应确保当闭式喷头受热时开放式管道内已经充满了压力水。从火灾探测器动作到水流流到最远喷头的时间不应超过 3min。同时，水流在水管中的流速不应小于 2m/s，由此也可以确定预作用系统管网的最长保护距离。

预作用系统既兼有湿式、干式系统的优点，又避免了湿式、干式系统的缺点，在不允许出现误喷或管道漏水的重要场所，可替代湿式系统使用；在低温或高温场所中替代干式系统使用，可避免喷头开启后延迟喷水的缺点。另外，由于预作用系统在戒备状态时配水管道内如果维持一定气压，所以也有助于监测管道的严密性和寻找泄漏点，从而提高了系统安全可靠度，其灭火率也优于湿式自动喷水灭火系统。

预作用系统组成较其他系统复杂，投资高，对系统管网和喷头安装要求严格，因此常用于不能使用干式系统或湿式系统的场所，或对系统安全程度要求较高的区域。

(5) 重复启闭式自动喷水灭火系统

最近，科学界提出了一项自动喷水灭火系统新技术——重复启闭预作用系统，也叫循环自动喷水灭火系统。该系统不但像预作用系统一样自动喷水灭火，而且火被扑灭后能自动关闭，火复燃后还能再次开启喷水灭火。如图 6-5 所示。

重复启闭式喷水灭火系统的核心部分是一个水流控制阀，如图 6-5 所示。阀板是一个与橡皮隔膜圈相连的圆形阀，可以垂直上下移动，橡皮隔膜圈将供水与上室隔开。阀板下部的供水端和上空由一压力平衡相连。当阀关闭时，上、下阀室板闭合，只有当阀板上部水压降至下部水压的 1/3 时，阀板才会开启，当接在阀上部的排水阀开启排水，压力平衡管上由于装有限流孔板，补水有限，已不能维持两侧的压力平衡，此时阀板上升，供水进入喷水管网，一旦喷头开启便能迅速出水灭火，水流控制阀上部接出的排水管上装有 2 个电磁阀，电磁阀的开启放水控制了水流控制阀的动作，电磁阀又是由设在被保护区域上方的、可重复使用的感温探测器控制的。当喷头开启控制扑灭了火灾以后，使环境温度下降到 60℃时，感温探测器复原，使得电磁阀关闭。于是随着压力平衡的不断补水，水流控制阀上室的水压与供水压力达到平衡，阀板又落回到阀座上，关闭阀门。出于安全考虑，系统在电磁阀关闭后 5min 才关闭。如果火灾复燃增大到重新开启感温探测器，电磁阀重新开启放水，喷头重新喷水灭火。由于感温探测器比喷头更敏感，所以不大可能有更多的喷头开启，而且在火灾增大之前就能重新提供足够的流量。

循环自动喷水灭火系统具有以下特点。

① 循环自动喷水灭火系统功能优于以往所有的喷水灭火系统，应用范围广泛。

② 系统在灭火后能自动关闭，节省消防用水，最重要的是能将灭火造成的水渍损失减轻到最低限度。

③ 火灾后喷头的替换，可以在不关闭系统、系统仍处于工作状态下进行。平时喷头或管网的损坏也不会造成水渍破坏。

④ 系统断电时，能自动切换转用备用电池操作，如果电池在恢复供电前用完，电磁阀开启，系统转为湿式系统形式工作。

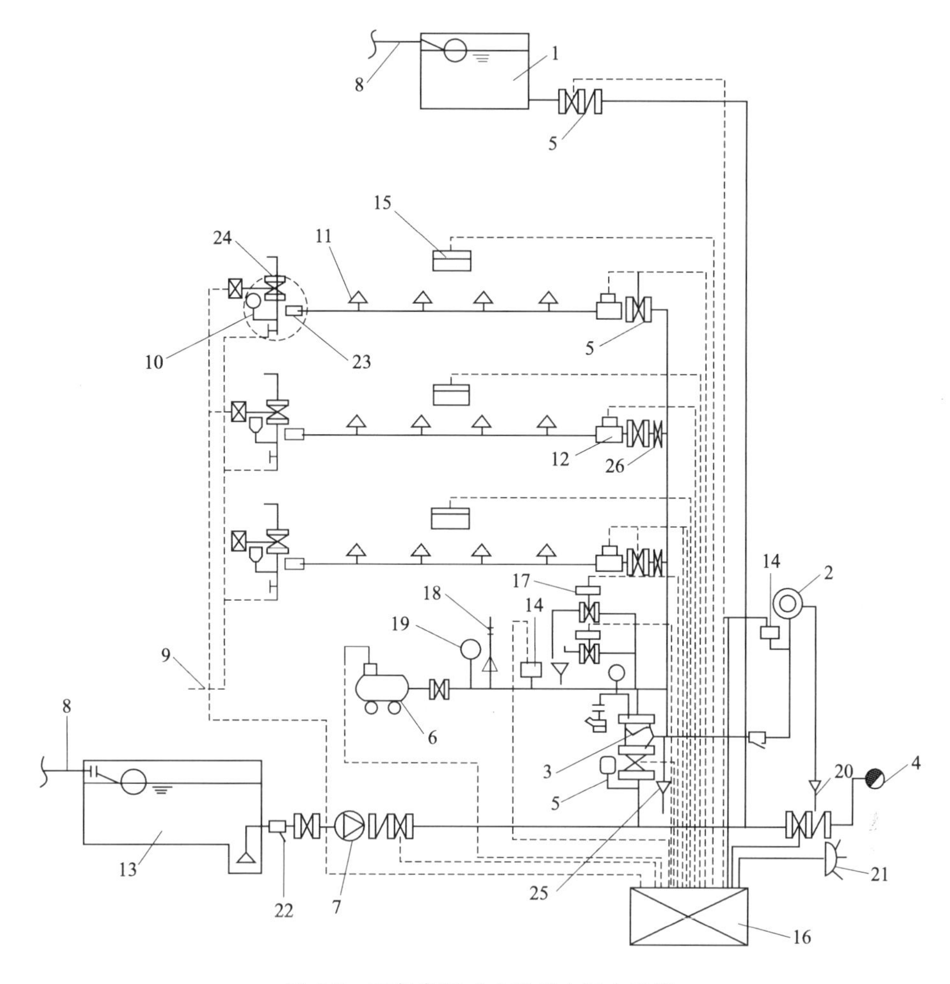

图 6-5　重复启闭式自动喷水灭火系统

1—高位水箱；2—水力警铃；3—水流控制阀；4—消防水泵接合器；5—消防安全指示阀；6—空压机；7—消防水泵；8—进水管；9—排水管；10—末端试水装置；11—闭式喷头；12—水流指示器；13—水池；14—压力开关；15—探测器；16—控制箱；17—电磁阀；18—安全阀；19—压力表；20—排水漏斗；21—电铃；22—过滤器；23—水表；24、25—排气阀；26—节流孔板

⑤ 循环自动喷水灭火系统造价较高，一般只用在特殊场合。

四、开式自动喷水灭火系统

1. 开式自动喷水灭火系统的分类

(1) 雨淋喷水灭火系统

雨淋喷水灭火系统为开式自动喷水系统的一种，该系统由开式喷头、管道系统、雨淋阀、火灾探测器、报警控制组件和供水设施等组成。系统工作时所有喷头同时喷水，好似倾盆大雨，故称为雨淋系统或洪水系统。

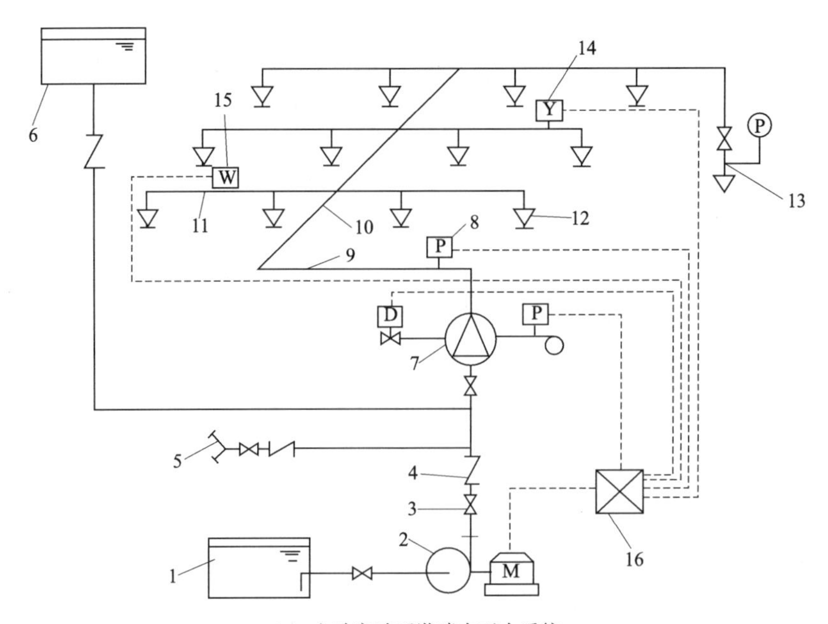

(a) 电动启动雨淋喷水灭火系统

1—水池；2—水泵；3—闸阀；4—止回阀；5—水泵接合器；6—消防水箱；7—雨淋报警阀组；8—压力开关；9—配水干管；10—配水管；11—配水支管；12—开式洒水喷头；13—末端试水装置；14—感烟探测器；15—感温探测器；16—报警控制器

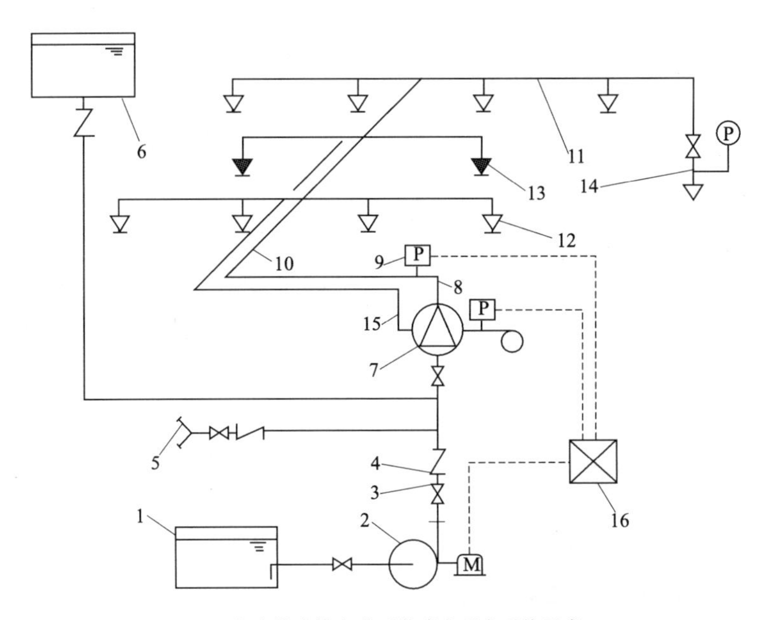

(b) 充液传动管启动雨淋喷水灭火系统示意

1—水池；2—水泵；3—闸阀；4—止回阀；5—水泵接合器；6—消防水箱；7—雨淋报警阀；8—配水干管；9—压力开关；10—配水管；11—配水支管；12—开式洒水喷头；13—闭式喷头；14—末端试水装置；15—传动管；16—报警控制器

图 6-6　雨淋喷水灭火系统

雨淋喷水灭火系统适用于需要大面积喷水、快速灭火的特殊场所，该系统雨淋阀之后管道平时为空管，发生火灾时，火灾探测器将信号送至火灾报警控制器，控制器输出信号打开雨淋阀，使整个保护区内的开式喷头喷水灭火。同时启动水泵保证供水，压力开关、水力警铃一起报警。

火灾水平蔓延速度快的场所和室内净空高度过高、不适合采用闭式系统；室内物品顶面与顶板或吊顶的距离加大，使闭式喷头在火场中的开放时间推迟，喷头动作时间的滞后使火灾得以继续蔓延，而使开放喷头的喷水难以有效覆盖火灾范围，上述情况使闭式系统的控火能力下降，而采用雨淋系统则可消除上述不利影响。雨淋系统启动后立即大面积喷水，遏制和扑救火灾的效果更好，但水渍损失大于闭式系统。适用场所包括舞台葡萄架下部、电影摄影棚等。

（2）水幕系统

水幕系统的工作原理与雨淋系统基本相同，所不同的是水幕系统喷出的水为水幕状，而雨淋系统喷出的水为开花射流。由于水幕喷出的水为水帘状，因此它不是直接用来扑灭火灾的，而是用作防火隔断或进行防火分区及局部降温保护，防止火势扩大和蔓延。一般情况下，水幕系统常与防火幕或防火卷帘配合使用。

水幕系统是由水幕喷头、管道系统、控制阀等组成。其中控制阀可为雨淋阀、干式报警阀、电磁阀、手动阀球或蝶阀。水幕系统的开启装置可采用自动或手动两种方式，采用自动开启装置时应同时设有手动开启装置。

（3）水喷雾灭火系统

用水雾喷头代替雨淋喷水灭火系统中的开式洒水喷头，即是水喷雾灭火系统。水喷雾灭火系统由喷雾喷头、管道、控制装置等组成，常用来保护可燃液体、气体储罐及油浸电力变压器等。它能控制和扑灭上述对象发生的火灾，也能阻止邻近的火灾蔓延危及保护对象。

它的组成和工作原理与雨淋系统基本一致。其区别主要在于喷头的结构和性能不同：雨淋系统采用标准开式喷头，而它则采用中速或高速喷雾喷头。水喷雾的形成是使水在喷头内经历撞击、回旋、搅拌后喷射出来，形成细微水滴。在灭火时，水喷雾喷头的工作压力高，喷出的水雾液滴粒径小，呈现不连续间断状态，因此有较好的冷却、窒息、与电绝缘效果。

水雾喷头必须有足够的强度及一定的耐腐蚀性和耐热性。喷嘴的选择范围大致为：灭火用 0.35～0.7MPa；防护用 0.20～0.5MPa；喷水量为 10～180L/min；雾化角为 120°以下；有效射程为 0.5～6m。

2. 开式自动喷水灭火系统的设置场所

（1）雨淋喷水灭火系统的设置场所

雨淋喷水灭火系统的设置场所如表 6-6 所示。

表 6-6　雨淋喷水灭火系统的设置场所

建筑类别	设置条件	设置部位
剧院	座位超过 1500 个	舞台葡萄架下部
会堂	座位超过 2000 个	舞台葡萄架下部

续表

建筑类别		设置条件	设置部位
演播室		建筑面积超过 400m^2	
电影摄影棚		建筑面积超过 500m^2	
库房		建筑面积超过 60m^2 或储存量超过 2t	
厂房	火柴厂	建筑面积超过 100m^2	氯酸钾压碾长房
	易燃易爆品		生产使用硝化棉、火胶棉、喷漆棉等化纤物品的厂房
	乒乓球厂		扎坯、切片、磨球、分球检验部位

(2) 水幕系统设置场所

水幕系统的设置场所如表 6-7 所示。

表 6-7　水幕系统的设置场所

建筑类别		设置条件	设置部位
设防火分隔物的建筑		防火卷帘或防火幕	上部
		应设防火墙等防火分隔物但无法设置时	开口部位
剧院、会堂、礼堂	非高层	剧院座位超过 1500 个 会堂、礼堂座位超过 200 个	舞台口 与舞台口相连的侧台后的门、窗、洞口
	高层	座位超过 800 个	舞台口

(3) 水喷雾灭火系统设置场所

水喷雾灭火系统的设置场所如表 6-8 所示。

表 6-8　水喷雾灭火系统的设置场所

建筑类别	设置条件	设置部位
高层建筑	燃油或燃气	锅炉房
	充可燃油	高压电容器和多油开关室
	柴油	自备发电机房
	可燃油	油浸电力变压器
非高层建筑	①厂矿企业单台容量在 40MV·A 及以上 ②电厂单台容量在 90MV·A 及以上 ③独立变电所单台容量在 125MV·A 及以上	油浸电力变压器
	试飞部位	飞机发动机试验台

第二节　自动喷水灭火系统组件

本章第一节提到，自动喷水灭火系统由洒水喷头、报警阀组、水流报警装置（水流指示器或压力开关）以及管道、供水设施等组成，这一节具体介绍自动喷水灭火系统的各个组件。

一、供水设备

自动喷水灭火系统用水应无污染、无腐蚀、无悬浮物。可由市政或企业的生产、消防给水管道供给，也可由消防水池或天然水源供给，并应确保持续喷水时间内的用水量。与生活用水合用的消防水箱和消防水池，其水质应符合饮用水标准。对寒冷地区系统中容易遭受影响的部分，应采取防冻措施。当系统中设有两个以上报警阀组时，报警阀组前应当设置换装供水管道。

消防用水通常分水箱供水和水泵供水两种情况计算。前者一般采用高位水箱、水塔、气压水罐等储水设备，用来提供火灾发生至消防水泵开启之间一段时间内的供水，后者指消防水泵开启之后的供水。

1. 高位消防水箱

高位消防水箱指符合设计规范要求的静压满足最不利点消火栓水压的水箱，利用重力自流供水，设置在建筑的最高处，静压不能满足最不利点消火栓水压时，应设增压稳压设施。临时高压消防给水系统必须设置消防水箱，系统平时仅能满足消防水压而不能保证消防用水量。

建筑物不超过 24m，并按轻危险级或中危险级场所设置湿式系统、干式系统或预作用系统时，如设置高位消防水箱确有困难，应采用 5L/s 流量的气压给水设备供给 10min 初期用水量。

高位水箱或气压管道的储水量应满足以下要求。

① 保证火灾发生的前 10min 内的灭火系统用水量。

② 高位水箱储水容积 V 需满足：

$$V \geqslant Qt$$

式中 V——高位水箱储水容积，m^3；

Q——消防用水流量，m^3/s；

t——消防要求最短供水时间，s。

消防水箱的出水管应符合下列规定。

※ 系统应设独立的供水泵，并应按一运一备或二运一备比例设置备用泵。

※ 应设止回阀，并应与报警阀入口前管道相连接。

※ 轻危险级、中危险级场所的系统，管径不小于 80mm，严重危险级和仓库危险级不应小于 100mm。

※ 系统的供水泵、稳压泵，应采用自灌式吸水方式。采用天然水源时，水泵的吸水口应采取防止杂物堵塞的措施。

※ 自动喷水灭火系统消防用水与其他用水合用水箱时，应有确保消防用水不被他用的技术措施。

2. 消防水池

消防水池用于无室外消防水源情况下，储存火灾持续时间内的室内消防用水量。消防水池可设于室外地下或地面上，也可设在室内地下室，或与室内游泳池、水景水池兼用。消防水池应设有水位控制阀的进水管和溢水管、通气管、泄水管、出水管及水位指示器等附属装置。

自动喷水灭火系统的中间储水池和蓄水池可安装在中间层或地下层。中间水池的容量当作有限水源时，用于轻火灾危险级建筑物，水池容量不小于 $5m^3$；用于中火灾危险级的建筑物，其水池容量不应小于 $20m^3$；用于严重火灾危险级建筑物的，水池容量不小于 $70m^3$。

3. 气压给水设备或稳压水泵

气压给水设备是根据波义耳-马略特定律，即：在定温条件下，一定质量气体的绝对压力和它所占的体积成反比的原理制造的。它利用密闭罐中压缩空气的压力变化，调节和压送水量，在给水系统中主要起增压和水量调节作用。

当高位水箱不能满足建筑物、构筑物最不利点的自动喷水灭火系统的水压时，应设气压给水设备或稳压水泵等增压设施，从而加大水压，达到灭火效果。

二、消防水泵

这里所指的消防水泵是固定消防水泵，又称为消防主泵，其主要作用是保证消防时消防给水管网所需的水压和水量。自动喷水灭火系统中应设立独立供水泵，并应按一用一备或两用一备设置备用泵。系统供水泵及稳压泵应采用自灌式吸水方式。采用天然水源时，水泵吸水口应防止杂物堵塞。

每组供水泵的吸水管不应少于 2 根。报警阀入口前设置环状管道的系统，每组供水泵的出水管不应少于 2 根。供水泵的吸水管应设控制阀；出水管应设控制阀、止回阀、压力表和直径不小于 65mm 的试水阀。必要时，应采取控制供水泵出口压力的措施。

三、消防水泵接合器

水泵接合器是根据《高层建筑防火设计规范》为高层建筑配套的消防设施。通常与建筑物内的自动喷水灭火系统或消火栓等消防设备的供水系统相连接。当发生火灾时，消防车的水泵可迅速方便地通过该接合器的接口与建筑物内的消防设备相连接，并送水加压，从而使室内的消防设备得到充足的压力水源，用以扑灭不同楼层的火灾，有效地解决了建筑物发生火灾后，消防车灭火困难或因室内的消防设备得不到充足的压力水源无法灭火的情况。

消防水泵接合器有墙壁型、地上型、地下型、多用式。图 6-7 所示是一种地下式消防水泵接合器。

图 6-7　地下式消防水泵接合器

水泵接合器设置的数量应按室内消防用水量确定，每个水泵接合器的流量应按10～15L/s计算。但其数量不得少于2个。

四、配水管网

1. 供水干管

每一单元喷头管网宜布置成树枝状，但作为一个建筑物的自喷系统，其给水干管应布置成环状，进水管不少于两条，与干管相连，一条发生故障时，另一条进水管保证全部用水量。当两者压力相近时，供水环状干管，可与消火栓系统合为一个系统但必须在控制阀前分开。

2. 配水管网

自喷系统配水管网分为配水干管、配水立管、配水支管、分布支管。管网的配置要满足以下要点。

① 配水立管：最好设在配水干管的中央。

② 配水支管：和干管应在配水立管两侧均匀分布。

③ 配水支管应在配水支管两侧均匀分布。

④ 每根配水支管和分布支管直径均不应小于25mm。

⑤ 每根分布支管的喷头对于轻危险和中危险不应超过8个，对严重危险级不超过6个（目的是控制配水支管管径≤50mm）。

⑥ 为了便于检修管道内的水放空，配水管道应有一定坡度，并在分布支管最低点设泄水阀，湿式喷水灭火系统坡度不应小于2‰，且坡度与水流方向相同。干式喷水灭火系统的坡度不应小于4‰。

五、喷头

1. 喷头的选用

① 根据《自动喷水灭火系统设计规范》(GB 50084) 之规定，采用闭式系统场所的最大净空高度不应大于表6-9的规定，仅用于保护室内钢屋架等建筑构件和设置货架内喷头的闭式系统，不受此表规定的限制。

表6-9　采用闭式系统场所的最大净空高度/m

设置场所	采用闭式系统场所的最大净空高度	设置场所	采用闭式系统场所的最大净空高度
民用建筑和工业厂房	8	采用早期抑制快速响应喷头的仓库	13.5
仓库	9	非仓库类高大净空场所	12

防火分隔水幕应采用开式洒水喷头或水幕喷头；防护冷却水幕应采用水幕喷头。

② 下列场所宜采用快速响应喷头：

※ 公共娱乐场所、中庭环廊；

※ 医院、疗养院的病房及治疗区域，老年、少儿、残疾人的集体活动场所；

※ 超出水泵接合器供水高度的楼层；

※ 地下的商业及仓储用房。

③ 同一隔间内应采用相同热敏性能的喷头。

④ 雨淋系统的防护区内应采用相同的喷头。

⑤ 自动喷水灭火系统应有备用喷头，其数量不应少于总数的1%，且每种型号均不得少于10只。

表6-10所示为各类喷头适用场所。

表6-10 各类喷头适用场所

	喷头类型	适用场所
闭式喷头	玻璃球洒水喷头	适用于宾馆等美观要求高和具有腐蚀性场所
	易熔合金洒水喷头	适用于外观要求不高，腐蚀性不大的工厂、仓库和民用建筑
	直立型洒水喷头	适用安装在管路下面经常有移动物体的场所、尘埃较多的场所
	下垂型洒水喷头	适用于各种保护场所
	边墙型洒水喷头	安装空间狭窄，不便在天花板下安装其他类型喷头的场所
	吊顶型洒水喷头	属装饰型喷头，可安装于旅馆、客厅、餐厅、办公室等建筑
	普通型洒水喷头	可直立、下垂安装，适用于有可燃吊顶的房间
	干式下垂型洒水喷头	专用于干式喷水灭火系统的下垂型喷头
开式喷头	开式洒水	适用于雨淋喷水灭火系统和其他开式系统
	水幕喷水	凡需要保护的门、窗、檐口、舞台口等必须安装此类喷头
	水喷雾喷头	用于保护石油化工装置、电力设备等
特殊喷头	自动启闭洒水喷头	具有自动启闭功能，凡需降低水渍损失的场所均适用
	快速反应洒水喷头	具有短时启闭功能，凡要求启动时间短的场所均适用
	大水滴洒水喷头	适用于高架库房等火灾危险等级高的场所
	扩大覆盖面洒水喷头	喷水保护面积可达30～36m^2，可降低系统造价

2. 典型喷头简介

(1) 闭式喷头

① 玻璃球闭式喷头　玻璃球闭式喷头是通过玻璃球内充装的液体受热膨胀使玻璃球爆破而开启的喷头，又称为爆炸瓶式喷头。如图6-8所示。

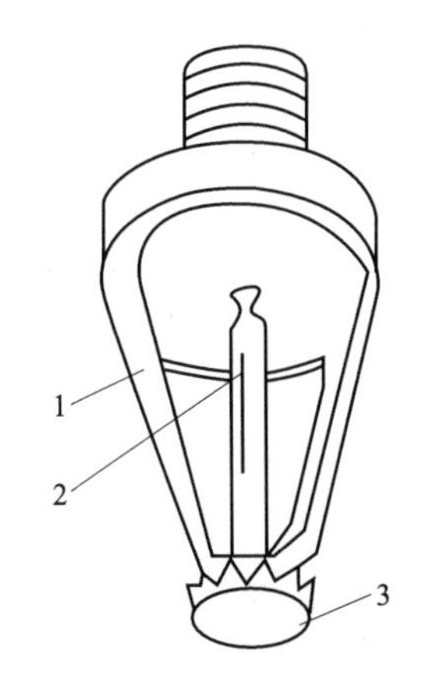

图6-8 玻璃球闭式喷头

1—支架；2—玻璃球；3—溅水盘

玻璃球用于支撑喷水口的阀盖，其内部装有酒精或乙醚等高膨胀液体，球内留有一个小气泡，温度升高时，气泡收缩并融入液体中，在温度低于动作温度5℃时，液体全部充满玻璃球容积，当温度持续升高时，玻璃球就会爆炸，喷水阀盖脱落，喷水口开启，达到灭火效果。

不同环境温度场合使用的玻璃球式喷头，其公称动作温度也有不同要求，如表6-11所示。

表 6-11 玻璃球喷头的静态动作温度/℃

喷头公称动作温度	最低动作温度	最高动作温度	喷头公称动作温度	最低动作温度	最高动作温度
57	54	63	163	170	171
68	65	74	182	175	190
79	75	87	204	196	213
93	89	101	227	218	237
107	102	115	260	250	271
121	116	129	343	330	357
141	135	149			

② 易熔合金闭式喷头　易熔合金闭式喷头（见图6-9）是采用易熔合金为温感元件一种喷头，和其他喷头一样广泛用于宾馆、商厦、餐厅、仓储库房、地下车库、服装厂等轻、中危险等级，也可用于保护严重危险等级的场所。

易熔合金闭式喷头喷水口的支撑利用熔解温度很低的金属合金支制成，在特定的温度下开放喷水。

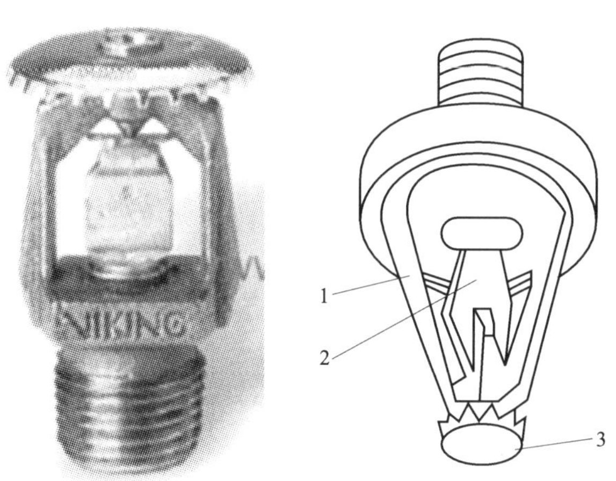

图 6-9　易熔合金闭式喷头

1—支架；2—锁片；3—溅水盘

喷口平时被玻璃阀堵封盖，玻璃阀堵由三片锁片组成的支撑顶住，锁片由易熔合金焊料焊住。当喷头周围温度达到预定限制时，合金焊料熔化，管路中的水利用压力冲开玻璃阀堵喷出，达到灭火效果。

易熔合金洒水喷头的静态动作温度按不应超过下式规定的范围。

$$X \pm (0.035X + 0.62)$$

式中　X——公称动作温度，℃。

为了更好地区分不同公称温度的喷头，将易熔元件喷头的支架和玻璃球喷头中的液体饰以不同颜色加以区分。表 6-12 是根据建筑环境的不同要求，区分的喷头公称动作温度的分类。

表 6-12　公称动作温度和颜色标志

玻璃球喷头		易熔元件喷头	
公称动作温度/℃	液体色标	公称动作温度/℃	轭臂色标
57	橙	55～77	无色
68	红	80～107	白
79	黄		
93	绿	121～149	蓝
107	绿		
121	蓝	163～191	红
141	蓝		
163	紫	204～246	绿
182	紫		
204	黑	250～302	橙
227	黑		
260	黑	320～343	橙
343	黑		

③ 吊顶型闭式喷头　吊顶型闭式喷头（见图 6-10）适用于吊有天棚的房间，管道在喷头内暗装，喷头基座紧贴天棚下垂安装，玻璃球感温元件在天棚以下安装。

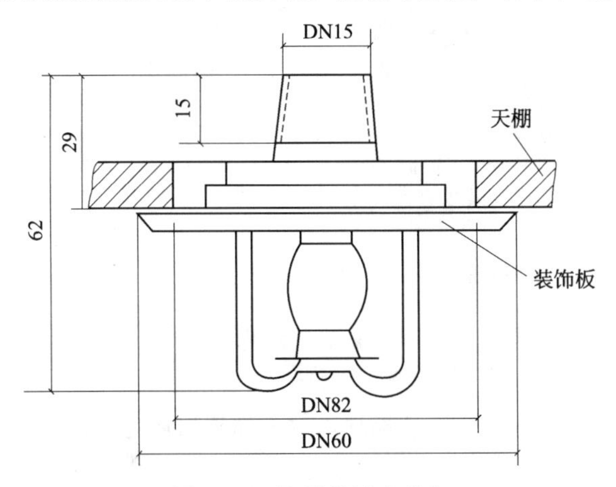

图 6-10　吊顶型闭式喷头

④ 喷头的布水性能　喷头的溅水盘使喷头按设计要求进行均匀布水，喷头溅水盘的形状决定了洒水的分布状态，喷头溅水盘有伞形和平板形。

伞形溅水盘的喷头喷出的水大部分喷向地板，也有一小部分喷向顶棚，保护了天花板和地板。这种形式的喷头可向上或向下安装；平板型的喷头在溅水盘以下水流向下分布呈半球形，只有很少的水喷向顶棚。这种形式的喷头因安装方式不同可分为直立型（喷头向上）和下垂型（喷头向下）。

无论是什么形式的溅水盘，其布水的均匀性应符合表 6-13 的规定。

表 6-13　溅水盘布水均匀性

喷头公称直径/mm	喷头间距/m	保护面积/m²	每个喷头流量/(L/min)	平均洒水密度/(mm/min)	低于平均洒水密度 50% 的集水盒的数量/个
10	4.5	20.25	50.6	2.5	<8
15	3.5	12.25	61.3	5.0	<5
	3	9	135.0	15.0	<4
20	3	9	90.0	10.0	<4
	2.5	6.25	187.5	30.0	<3

（2）开式喷头

开式喷头是指不带感温元件和密封元件的敞口喷头。按不同的安装形式可分为直立型、下垂型和边墙型三种。开式喷头由溅水盘、喷水口组成。按用途分为开启式和喷雾式。

图 6-11 所示为几种类型的开式洒水喷头。

六、报警阀组

报警阀包括湿式报警阀、干式报警阀、雨淋报警阀、预作用报警阀等，是湿式自动喷水灭火系统最核心的组件。水源从阀体底部进入，通过阀体内自重关闭止回的阀瓣后，形成一个带有水压的伺候状态系统。高位压力表指示系统内压力，低位压力表指示系统外（供水）压力。当被保护区域发生火灾，高温令喷头的温感元件炸开，喷头喷水灭火，系统内压力下降，阀瓣打开，水源不断进入系统内，流向开启的喷头，持续喷水灭火。同时，少量水源由阀座内孔进入报警管道，经过滤器，延迟器，然后推动水力警铃报警。另外，压力开关被启动后，发出电讯号及启动补给水。

1. 报警阀组的作用

（1）自动控制流水

在干式系统、预作用系统等管网平时不充水的系统中，报警阀组自动控制供水，使水在平时不进入管网；在湿式系统中，报警阀组控制管网中的水不倒流。

（2）自动报警并启动水泵

当发生火灾，喷头开始喷水时水力警铃发出声响报警，压力开关接收到信号并启动消防水泵。

2. 报警阀组构造和工作原理

自动喷水灭火系统应设报警阀组。保护室内钢屋架等建筑构件的闭式系统，应设独

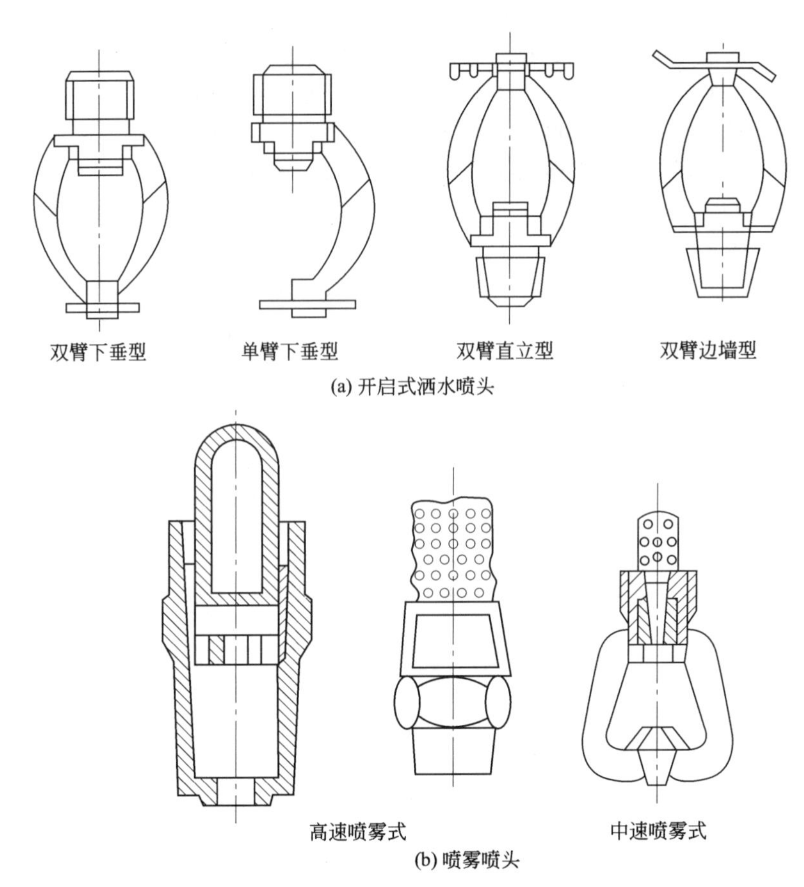

图 6-11　开式洒水喷头构造示意

立的报警阀组。水幕系统应设独立的报警阀组或感温雨淋阀。

（1）湿式报警阀组（见图 6-12）

湿式报警阀组是一种当火灾发生时能迅速启动消防设备进行灭火，并发出报警信号的设备。主要包括湿式报警阀、延时器、压力开关、水力警铃和压力表等。

其中，湿式报警阀是一个起止回阀和在开启时又能报警两种作用的合为一体的阀门，主要由阀体和阀瓣组成，在阀体座圈的密封面上，有通往延时器和水力警铃的沟槽及小孔；阀瓣将消防喷水系统分隔为系统侧和水源侧。当火灾发生时，系统侧喷头动作喷水，阀瓣在压差作用下自动开启，水流经座圈的沟槽及小孔流向延时器，再流向压力开关和水力警铃。水力警铃发出报警声响的同时压力开关动作，输出电信号启动喷淋泵进行灭火。

（2）干式报警阀组

干式报警阀组由干式报警阀、试警铃阀、延迟器、压力开关、水力警铃、控制和检修阀、检验装置、充气装置等组成。适用于在干式自动喷水灭火系统立管上安装，其作用是隔开管网中的空气和供水管中的压力水，使喷水管网始终处于干管状态。

干式报警阀原理如图 6-13 所示。

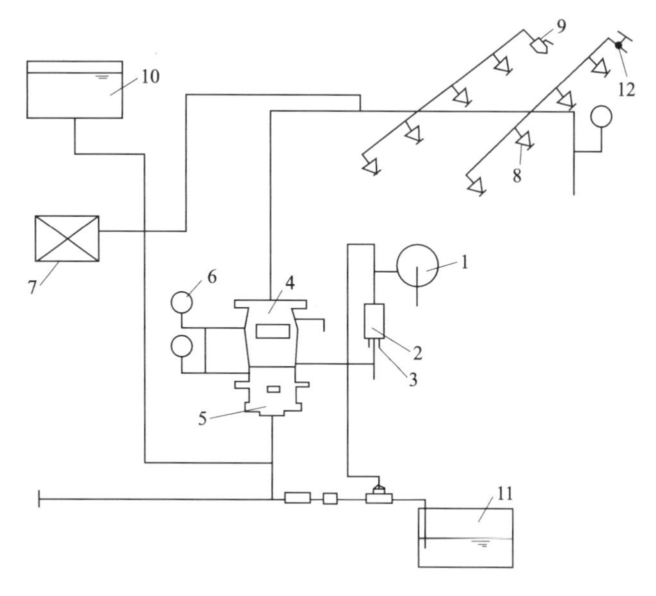

图 6-12　湿式报警阀组

1—水力警铃；2—延迟器；3—节流器；4—湿式报警阀；5—信号阀；6—压力表；
7—火灾报警控制器；8—闭式喷头；9—末端试水装置；10—消防水箱；
11—水池；12—试水阀

干式报警阀上圆盘的面积为下圆盘面积的 8 倍。为了使上下差动阀板上的总用力平衡并使阀保持关闭状态，闭式喷洒管网内的空气压力应大于水压的 1/8，并使空气压力保持恒定。

(3) 干湿式报警阀

干湿式报警阀又称充气充水式报警阀，安装在干湿式喷水系统立管上。这种报警阀实际是由湿式报警阀和干式报警阀一次连接而成。

在寒冷季节，装置为充气状态，充气式报警阀的上室和闭式喷水管网充满压缩空气，充水式报警阀和充气式报警阀的下室充满水。当闭式喷头开启时，压缩空气从喷水管网中喷出，使管网中的压力下降，当压力降到供水压力的 1/8 之下时，作用在阀板上的力的平衡被打破，水将阀板推起而进入喷水管网，并通过截止阀和信号阀进入信号设施。

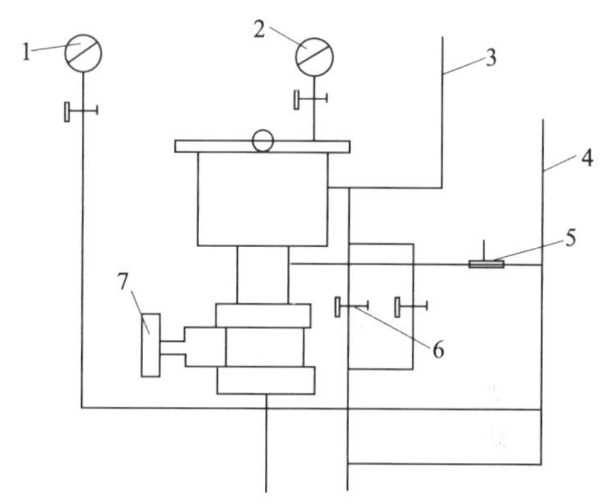

图 6-13　干式报警阀原理

1—阀前压力表；2—阀后压力表；3—配水管；4—信号管；5—止回阀；6—截止阀；7—总闸阀

在温暖季节，装置为充水状态，差动阀板从充气报警阀中取出，完全闭式喷水管网、充气和充水式报警阀中均充满水。此时工作原理同湿式报警阀组。

(4) 延迟器

在高位水箱、稳压泵、气压罐等设施，其供水压力平时不会有波动，在通往水力警铃的管道上无须安装延迟器，但如果供水源来自城市管网，水压波动频繁，湿式报警阀受到较大供水压力或发生水锤作用时，阀瓣会被冲开，导致误报警。这种情况下，应当在水力警铃前安装延迟器来缓冲短暂水压力，迫使水流不会冲击水力警铃。

延迟器的工作原理是：当不稳定压力的水流冲击报警阀之前，暂时由延迟器收容，从而不去推动警铃而自行排掉。当喷头放水时，报警阀持续开启，延迟器在不断有水流入的情况下，由于排水孔直径小，只有一小股水排出，大股水将去推动水轮机使水力警铃发出警报，如有压力开关与之连接，也将转换成电信号报警，并启动消防加压泵。

（5）水力警铃

水力警铃主要用于湿式喷水灭火系统，宜装在报警阀附近（其连接管不宜超过6m）。当报警阀打开消防水源后，具有一定压力的水流冲动叶轮打铃报警。

水力警铃不得由电动报警装置取代。水力警铃易于安装，通常安装在建筑物外墙上，当水流经湿式报警阀、干式报警阀、预作用阀或雨淋阀至水力警铃时，警铃即鸣响。

水力警铃一定是在人多且靠近报警阀的位置。放在消防控制中心，只有两种可能，一是消防控制中心在泵房附近，二是消防控制中心在报警阀附近。一般安装方式是将水轮机室置在室内，警铃置在墙外，击钟锤可设在钟壳内，也可设在钟壳外。

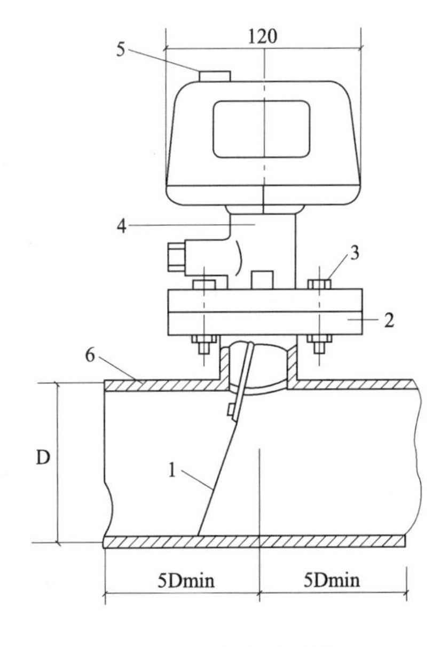

图 6-14　水流指示器

1—桨片；2—法兰底座；3—螺栓；4—指示器本体；5—接线孔；6—喷水管道

（6）水流指示器

自动喷水灭火系统中安装使用的水流指示器是在主供水管或横杆水管上，给出某一分区域小区域水流动的电信号，并将此电信号传送到电控箱，也可用于启动消防水泵的控制开关。通常水流指示器设在喷水灭火系统的分区配水管上，当喷头开启时，向消防控制室指示开启喷头所处的位置分区，有时亦可设在水箱的出水管上，一旦系统开启，水箱水被动用，水流指示器可以发出电信号，通过消防控制室启动水泵供水灭火。如图 6-14 所示。

（7）末端试水装置

末端试水装置（见图 6-15）由试水阀、压力表和试水接头组成。可以检验水流指示器、报警阀的压力开关和水力警铃能否及时动作和报警。另外，末端试水装置还具有其辅助检验系统水力状态的作用。

为了检验每一个报警阀控制范围内系统的性能，每个报警阀组供水最不利处，应设置末端试水装置；在其他防火分区以及每个楼层的供水最不利处，应设直径为 DN25 的试水阀。并且为提高系统的可靠性可采用有自动控制功能的末端试水装置。

3. 报警阀组主要部分的作用

湿式报警阀的作用：防止水倒流，并在一定流量下报警的止回阀。

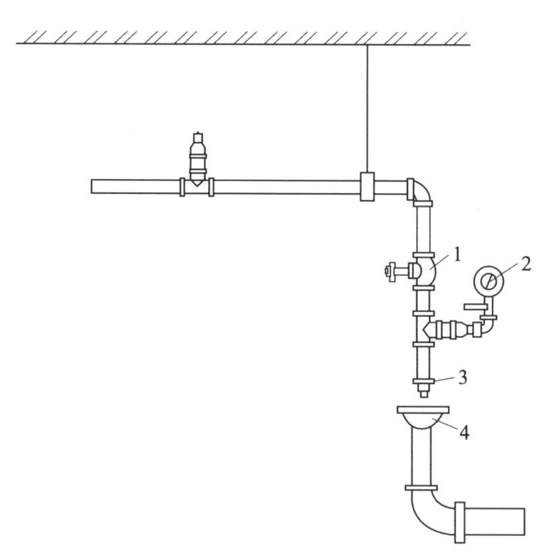

图 6-15　末端试水装置

1—截止阀；2—压力表；3—试水接头；4—排水漏斗

干式报警阀的作用：防止水汽倒流，并在一定流量下报警的止回阀。

水力警铃的作用：靠水力驱动的机械警铃。报警阀阀瓣打开后，水流通过报警连接管冲击水轮，带动铃锤敲击铃盖发出报警警报。

压力开关的作用：一般垂直安装在延时器与水力警铃之间的信号管道上。检测管网内的水压，给出接点信号，发出火警信号并自动启泵。

延时器的作用：安装在报警阀与水力警铃之间的罐式容器，用以防止水源发生水锤时引起水力警铃的误动作。

气压维持装置：包括空压机和气压控制装置。空压机壳输出压缩空气经供气管供入干式阀或预作用阀的空气管接口，充满配水管网系统，维持系统压力。供气管路上的压力开关自动启停空压机，保持气体压力。供气管上的止回阀阻止水进入空压机，安全阀用于防止气压超压。

4. 报警阀组的设置原则

① 自动喷水灭火系统应设报警阀组。保护室内钢屋架等建筑构件的闭式系统，应设独立的报警阀组。水幕系统应设独立的报警阀组或感温雨淋阀。

② 串联接入湿式系统配水干管的其他自动喷水灭火系统，应分别设置独立的报警阀组，其控制的喷头数计入湿式阀组控制的喷头总数。

③ 一个报警阀组控制的喷头数应符合下列规定：

※ 湿式系统、预作用系统不宜超过 800 只；干式系统不宜超过 500 只；

※ 当配水支管同时安装保护吊顶下方和上方空间的喷头时，应只将数量较多一侧的喷头计入报警阀组控制的喷头总数。

④ 每个报警阀组供水的最高与最低位置喷头，其高程差不宜大于 50m。

⑤ 雨淋阀组的电磁阀，其入口应设过滤器。并联设置雨淋阀组的雨淋系统，其雨淋阀控制腔的入口应设止回阀。

⑥ 报警阀组宜设在安全及易于操作的地点，报警阀距地面的高度宜为1.2m。安装报警阀组的部位应设有排水设施。

⑦ 连接报警阀进出口的控制阀应采用信号阀。当不采用信号阀时，控制阀应设锁定阀位的锁具。

⑧ 水力警铃的工作压力不应小于0.05MPa，并应符合下列规定：

※ 应设在有人值班的地点附近；

※ 与报警阀连接的管道，其管径应为20mm，总长不宜大于20m。

第三节　自动喷水灭火系统分区

一、自动喷水灭火系统的分区

大型建筑或高层建筑往往需要数个自动喷水灭火系统联合运作才能满足实际的灭火要求，因此要对自动喷水灭火系统划分自身的灭火区域，自动喷水灭火系统的分区有平面分区和竖向分区的方式。

1. 平面分区原则

① 系统的布置宜与建筑防火分区一致，尽量做到区界内不出现两个以上的系统交叉；若在同层平面上有两个以上自动喷水灭火系统时，系统相邻处两个边缘喷头的间距不应超过0.5m，以加强喷水强度，起到加强两区之间阻火能力，如图6-16所示。

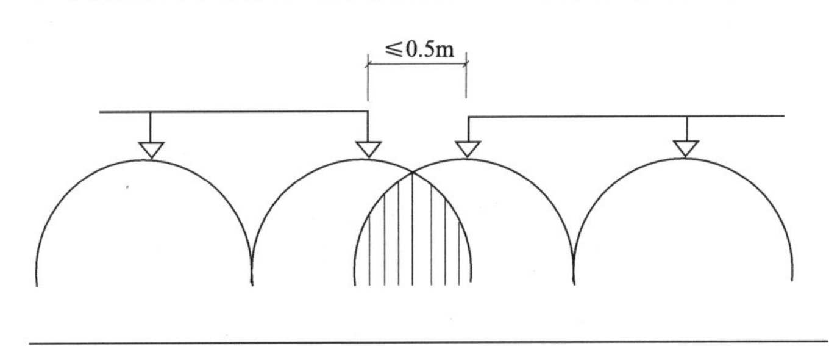

图6-16　两相邻自动喷水灭火系统交界处的喷头间距

② 每个系统所控制的喷头数不能超过一个报警阀控制的最多喷头数，湿式系统、预作用系统不宜超过800只；干式系统不宜超过500只。

③ 系统管道铺设应有一定的坡度坡向排水口，管道坡降值一般不宜超过0.3m（根据工程具体情况，与其他相关工种协调确定）。

2. 竖向分区原则

① 自动喷水灭火系统管网内的工作压力不应大于1.2MPa，考虑到系统管网安装在吊顶内以及我国管道安装的条件，适当降低管网的工作压力可减少维修工作量和避免发生渗漏。自动喷水灭火的竖向分区压力可以与消火栓给水系统相近。通常将每一分区内的最高喷头与最低喷头之间的高程差控制在50m内。为保证同一竖向分区内的供水均匀性，在分区低层部分的入口处设减压板，将入口压力控制在0.45MPa以下。

② 屋顶设高位水箱供水系统，最高层喷头最低供水压力小于0.05MPa时，需设置增压设备，可单独形成一个系统。

③ 在城市供水管网能保证安全供水时，可充分利用城市自来水压力，单独形成系统。

二、喷头选型和布置

1. 自动喷水灭火系统设计基本数据

《自动喷水灭火系统设计规范》（GB 50084）中对不同火灾危险等级建筑物的设计基本数据作出了规定，如表6-14所示。

表6-14 自动喷水灭火系统设计的基本数据和计算用水量

建筑物的危险等级		设计喷水强度/[L/(min·m²)]	作用面积/m²	喷头工作压力/MPa	计算用水量
严重危险级	Ⅰ级	12	260	0.1	52
	Ⅱ级	16			69
中危险级	Ⅰ级	6	160		16
	Ⅱ级	8			20
轻危险级		4	160		11

2. 喷头的选择

喷头是自动喷水灭火系统的关键部位，在灭火过程中能够探测火警并启动灭火系统，因此，自动喷水灭火系统的灭火效果很大程度上取决于喷头的性能和合理的布置。

在选择喷头时要注意下面几个问题。

① 喷头的动作温度。喷头公称动作温度宜比环境最高温度高出30℃，以避免在非火灾情况下环境温度发生较大幅度波动时导致误喷。

② 热敏元件的热量吸收速度。喷头自动开启不仅与公称动作温度有关，而且与建筑物构件的相对位置、火灾中燃烧物质的燃烧速度，空气气流传递热量的速度等有关。因此，不少种类的喷头在加速热敏元件吸收热容量的性能上，增加了快速反应的措施，如采用金属薄片传递热量给易熔元件、扩大溅水盘对热辐射吸收的能力等来加快热敏元件动作所需的吸热速度，使正常需耗时1min左右的动作加快，仅需11s既能动作。

③ 喷头的布水形态、安装方式及喷放的覆盖面积与流量系数等。

3. 喷头的布置

（1）喷头布置基本要求

① 在顶板或吊顶下易于接触到火灾热气流并有利于均匀布水的位置。

② 直立型、下垂型喷头的布置，包括同一根配水支管上喷头的间距及相邻配水支管的间距，应根据系统的喷水强度、喷头的流量系数和工作压力确定，并不应大于表6-15的规定，且不宜小于2.4m。

③ 除吊顶型喷头及吊顶下安装的喷头外，直立型、下垂型标准喷头，其溅水盘与顶板的距离，不应小于75mm、不应大于150mm。

表 6-15　同一根配水支管上喷头的间距及相邻配水支管的间距

喷水强度 /(L/min·m²)	正方形布置的边长/m	矩形或平行四边形布置的长边边长/m	一只喷头的最大保护面积/m²	喷头与端墙的最大距离/m
4	4.4	4.5	20.0	2.2
6	3.6	4.0	12.5	1.8
8	3.4	3.6	11.5	1.7
≥12	3.0	3.6	9.0	1.5

注：1. 仅在走道设置单排喷头的闭式系统，其喷头间距应按走道地面不留漏喷空白点确定。

2. 喷水强度大于 8L/min·m² 时，宜采用流量系数 $K>80$ 的喷头。

3. 货架内置喷头的间距均不应小于 2m，并不应大于 3m。

※ 当在梁或其他障碍物底面下方的平面上布置喷头时，溅水盘与顶板的距离不应大于 300mm，同时溅水盘与梁等障碍物底面的垂直距离不应小于 25mm、不应大于 100mm。

※ 当在梁间布置喷头时，应符合表 6-15 的规定。确有困难时，溅水盘与顶板的距离不应大于 550mm。梁间布置的喷头，喷头溅水盘与顶板距离达到 550mm 仍不能符合表 6-15 的规定时，应在梁底面的下方增设喷头。

※ 密肋梁板下方的喷头，溅水盘与密肋梁板底面的垂直距离，不应小于 25mm、不应大于 100mm。

※ 净空高度不超过 8m 的场所中，间距不超过 4m×4m 布置的十字梁，可在梁间布置 1 只喷头。

④ 早期抑制快速响应喷头的溅水盘与顶板的距离，应符合表 6-16 的规定。

表 6-16　早期抑制快速响应喷头的溅水盘与顶板的距离/mm

喷头安装方式	直立型		下垂型	
	不应小于	不应大于	不应小于	不应大于
溅水盘与顶板的距离	100	150	150	360

⑤ 图书馆、档案馆、商场、仓库中的通道上方宜设有喷头。喷头与被保护对象的水平距离，不应小于 0.3m；喷头溅水盘与保护对象的最小垂直距离不应小于表 6-17 的规定。

表 6-17　喷头溅水盘与保护对象的最小垂直距离/m

喷 头 类 型	最 小 垂 直 距 离
标准喷头	0.45
其他喷头	0.90

⑥ 货架内置喷头宜与顶板下喷头交错布置，其溅水盘与上方层板的距离，应符合第三条之规定，与其下方货品顶面的垂直距离不应小于 150mm。

⑦ 货架内喷头上方的货架层板，应为封闭层板。货架内喷头上方如有孔洞、缝隙，应在喷头的上方设置集热挡水板。集热挡水板应为正方形或圆形金属板，其平面面积不宜小于 0.12m²，周围弯边的下沿，宜与喷头的溅水盘平齐。

⑧ 净空高度大于 800mm 的闷顶和技术夹层内有可燃物时，应设置喷头。

⑨ 当局部场所设置自动喷水灭火系统时，与相邻不设自动喷水灭火系统场所连通

的走道和连通门窗的外侧，应设喷头。

⑩ 装设通透性吊顶的场所，喷头应布置在顶板下。

⑪ 顶板或吊顶为斜面时，喷头应垂直于斜面，并应按斜面距离确定喷头间距。

尖屋顶的屋脊处应设一排喷头。喷头溅水盘至屋脊的垂直距离，屋顶坡度≥1/3时，不应大于 0.8m；屋顶坡度＜1/3 时，不应大于 0.6m。

⑫ 边墙型标准喷头的最大保护跨度与间距，应符合表 6-18 的规定。

表 6-18　边墙型标准喷头的最大保护跨度与间距/m

设置场所火灾危险等级	轻危险级	中危险级Ⅰ级
配水支管上喷头的最大间距	3.6	3.0
单排喷头的最大保护跨度	3.6	3.0
两排相对喷头的最大保护跨度	7.2	6.0

注：1. 两排相对喷头应交错布置。

2. 室内跨度大于两排相对喷头的最大保护跨度时，应在两排相对喷头中间增设一排喷头。

⑬ 边墙型扩展覆盖喷头的最大保护跨度、配水支管上的喷头间距、喷头与两侧端墙的距离，应按喷头工作压力下能够喷湿对面墙和邻近端墙距溅水盘 1.2m 高度以下的墙面确定，且保护面积内的喷水强度应符合《自动喷水灭火系统设计规范》关于“民用建筑和工业厂房的系统设计参数”的规定。

⑭ 直立式边墙型喷头，其溅水盘与顶板的距离不应小于 100mm，且不宜大于 150mm，与背墙的距离不应小于 50mm，并不应大于 100mm。

水平式边墙型喷头溅水盘与顶板的距离不应小于 150mm，且不应大于 300mm。

⑮ 防火分隔水幕的喷头布置，应保证水幕的宽度不小于 6m。采用水幕喷头时，喷头不应少于 3 排；采用开式洒水喷头时，喷头不应少于 2 排。防护冷却水幕的喷头宜布置成单排。

（2） 喷头间距

喷头的布置必须覆盖到受保护场所的每一个角落，而且必须有一定的喷水强度。在无梁柱障碍的平顶下布置喷头时，如果火灾危险等级一致，一般采取喷头间距成正方形（见图 6-17）、长方形（见图 6-18）、菱形（见图 6-19）的布置。

喷头以正方形布置时，

$$X=2R\cos45^\circ=\sqrt{2}R\leqslant\sqrt{S}$$

喷头以长方形布置时，

$$\sqrt{A^2+B^2}=2R, A\cdot B\leqslant S$$

喷头以菱形布置时，

$$\tan\alpha=\frac{H}{2D}$$

$$D\cdot H\leqslant S$$

式中　D——喷头的水平间距，m；

H——喷头的垂直间距，m；

R——喷头的喷水半径，m；

S——喷头的最大保护面积，m^2。

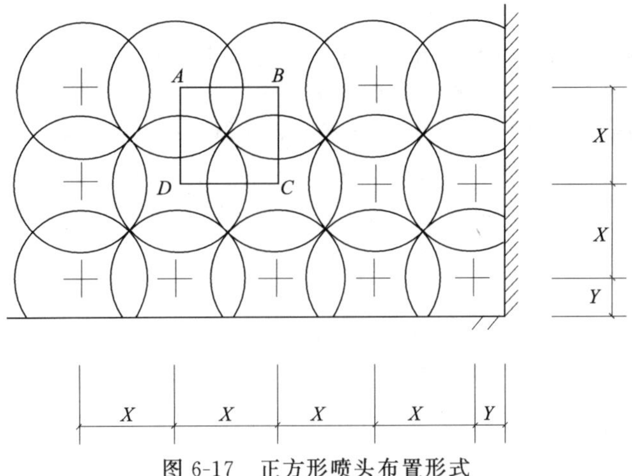

图 6-17　正方形喷头布置形式

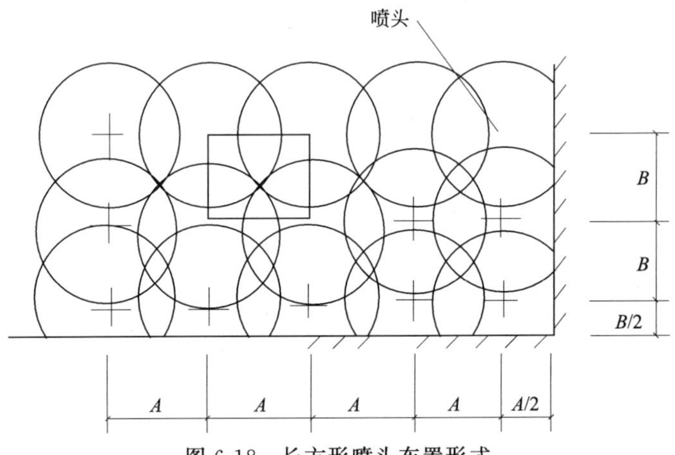

图 6-18　长方形喷头布置形式

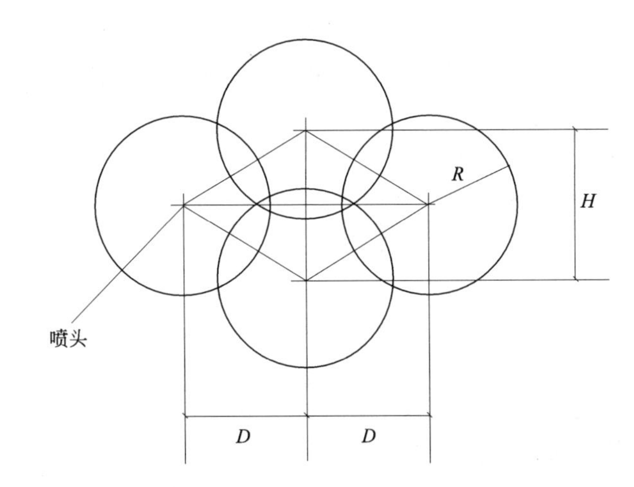

图 6-19　菱形喷头布置形式

(3) 喷头与障碍物的距离

① 直立型、下垂型喷头（见图6-20）与梁、通风管道的距离应符合表6-19的规定。

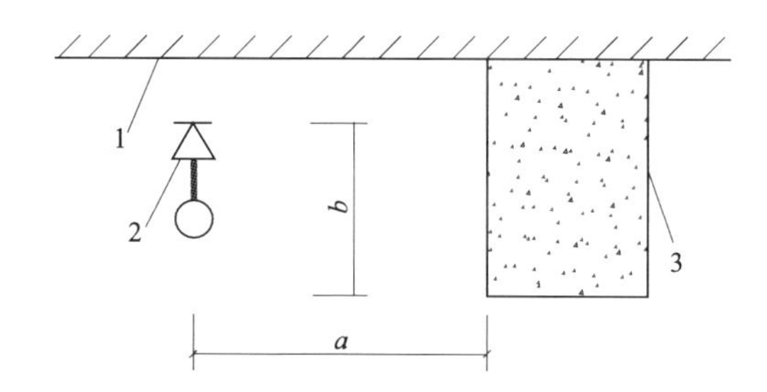

图6-20 喷头与梁、通风管道的距离

1—顶板；2—直立型喷头；3—梁（或通风管道）

表6-19 喷头与梁、通风管道的距离/m

喷头溅水盘与梁或通风管道的底面的最大垂直距离 b		喷头与梁、通风管道的水平距离 a
标准喷头	其他喷头	
0	0	$a<0.3$
0.06	0.04	$0.3\leqslant a<0.6$
0.14	0.14	$0.6\leqslant a<0.9$
0.24	0.25	$0.9\leqslant a<1.2$
0.35	0.38	$1.2\leqslant a<1.5$
0.45	0.55	$1.5\leqslant a<1.8$
>0.45	>0.55	$a=1.8$

② 直立型、下垂型标准喷头（见图6-21）的溅水盘以下0.45m、其他直立型、下垂型喷头的溅水盘以下0.9m范围内，如有屋架等间断障碍物或管道时，喷头与邻近障碍物的最小水平距离宜符合表6 20的规定。

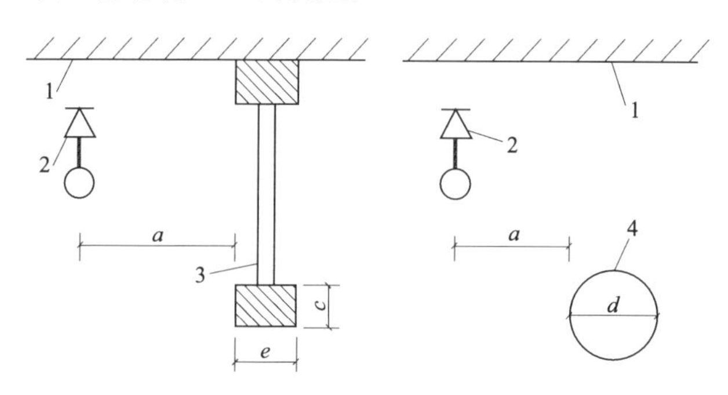

图6-21 喷头与邻近障碍物的最小水平距离

1—顶板；2—直立型喷头；3—屋架等间断障碍物；4—管道

表6-20 喷头与邻近障碍物的最小水平距离/m

喷头与邻近障碍物的最小水平距离 a	
c、e 或 $d\leqslant0.2$m	c、e 或 $d>0.2$m
$3c$ 或 $3e$(c 与 e 取大值)或 $3d$	0.6

③ 当梁、通风管道、成排布置的管道、桥架等障碍物的宽度大于1.2m时，其下方应增设喷头，见图6-22。增设喷头的上方如有缝隙时应设集热板。

④ 直立型、下垂型喷头与不到顶隔墙的水平距离，不得大于喷头溅水盘与不到顶隔墙顶面垂直距离的2倍，见图6-23。

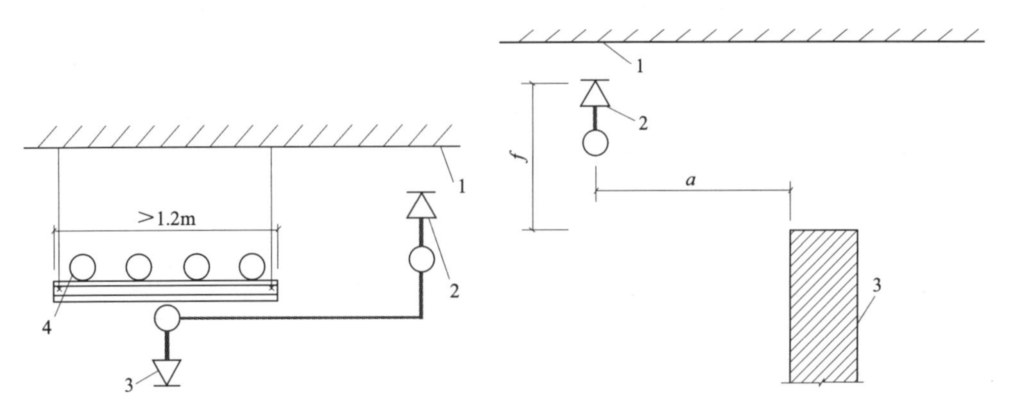

图6-22 障碍物下方增设喷头

1—顶板；2—直立型喷头；3—下垂型喷头；4—成排布置的管道（或梁、通风管道、桥架等）

图6-23 喷头与不到顶隔墙的水平距离

1—顶板；2—直立型喷头；3—不到顶隔墙

⑤ 直立型、下垂型喷头与靠墙障碍物的距离，见图6-24，应符合下列规定。

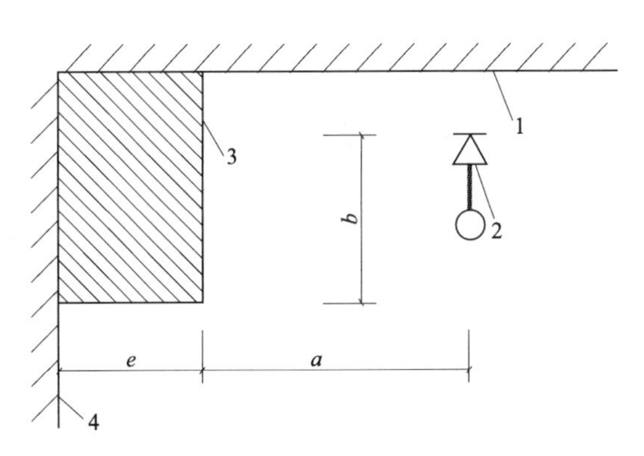

图6-24 喷头与靠墙障碍物的距离

1—顶板；2—直立型喷头；3—靠墙障碍物；4—墙面

a. 障碍物横截面边长小于750mm时，喷头与障碍物的距离，应按以下公式确定：

$$a \geqslant (e-200)+b$$

式中 a——喷头与障碍物的水平距离，mm；

b——喷头溅水盘与障碍物底面的垂直距离，mm；

e——障碍物横截面的边长，mm，$e<750$。

b. 障碍物横截面边长等于或大于750mm、或a的计算值大于《自动喷水灭火系统设计规范》有关喷头与端墙距离的规定时，应在靠墙障碍物下增设喷头。

⑥ 边墙型喷头的两侧1m及正前方2m范围内，顶板或吊顶下不应有阻挡喷水的障碍物。

三、自动喷水灭火系统的用水量

1. 喷头流量

喷头的流量应按下式计算：

$$q=K\sqrt{10P}$$

式中　q——喷头流量，L/min；

P——喷头工作压力，MPa；

K——喷头流量系数。

系统最不利点处喷头的工作压力应计算确定。

2. 作用面积和喷头数的确定

（1）作用面积的确定

水力计算选定的最不利点处作用面积宜为矩形，其长边应平行于配水支管，其长度不宜小于作用面积平方根的1.2倍。即：

$$L_{min}=1.2\sqrt{A}$$

式中　A——相应危险等级的作用面积，m^2；

L_{min}——作用面积长边的最小长度，m；

作用面积的短边为：

$$B\geqslant A/L$$

式中　B——作用面积短边长度，m；

L——作用面积长边的实际长度，m。

对仅在走道内设置单排喷头的闭式系统，其作用面积应按最大疏散距离对应的走道面积计算。

（2）喷头数的确定

作用面积内的喷头数应根据喷头的平面布置、喷头的保护面积 A_s 和设计作用面积 A'确定，即：

$$N=A'/A_s$$

式中　N——作用面积内喷头个数，个；

A'——设计作用面积，m^2；

A_s——一个喷头的保护面积，m^2/个。

3. 自动喷水灭火系统的用水量

① 自动喷水灭火系统的用水量应按喷头个数等基本数据确定。自动喷水灭火系统的设计秒流量的计算公式如下：

$$Q_s=\frac{1}{60}\sum_{i=1}^{n}q_i$$

式中　Q_s——系统设计秒流量，L/s；

q_i——最不利点处作用面积内各喷头节点的流量，L/s；

n——最不利点处的作用面积内喷头数。

② 自动喷水灭火系统的用水量应该满足消火栓、水幕以及各类灭火系统同时开启时所需的用水量之和。由于舞台灭火系统的特殊性，自动喷水灭火系统与雨淋喷水灭火

系统用水量可不按同时开启计算，而应按其中用水量较大者计算。

4. 水幕系统给水量

当水幕仅作为保护使用时，其用水量不应小于0.5L/(s·m)；当水幕作为防火隔断使用时，其用水量不宜小于2L/(s·m)。

5. 水雾系统给水量

水喷雾灭火系统的设计流量应按下式计算

$$Q_s=1.05\sim1.10Q_j$$

式中 Q_s——系统的设计流量，L/s

Q_j——系统的计算流量，即系统启动后，水雾喷头同时喷雾的实际流量之和，L/s。

水喷雾灭火系统的保护对象水雾喷头的数量应按照下式计算：

$$N=\frac{S\cdot W}{q}$$

式中 N——保护对象的水雾喷头数；

S——保护对象面积，m^2；

W——保护对象的设计喷雾强度，L/(min·m^2)；

q——水雾喷头流量，L/min。

第四节 自动喷水灭火系统设计和水力计算

一、管网的布置

自动喷水灭火系统的管网由供水管、配水立管、配水干管、配水管及配水支管等组成，其分布一般呈网状式。根据管路之间连接的具体形式，可将消防管理布置成侧边式和中央式，见图6-25。管网的布置应对称合理，以降低成本方便维修。

配水管网的布置应满足以下要求。

① 配水管道的工作压力不应大于1.20MPa，并不应设置其他用水设施。

② 配水管道应采用内外壁热镀锌钢管或符合现行国家或行业标准、并同时符合《自动喷水灭火系统设计规范》规定的涂覆其他防腐材料的钢管以及铜管、不锈钢管。当报警阀入口前管道采用不防腐的钢管时，应在该段管道的末端设过滤器。

③ 镀锌钢管应采用沟槽式连接件（卡箍）、丝扣或法兰连接。报警阀前采用内壁不防腐钢管时，可焊接连接。铜管、不锈钢管应采用配套的支架、吊架。除镀锌钢管外，其他管道的水头损失取值应按检测或生产厂提供的数据确定。

④ 系统中直径等于或大于100mm的管道，应分段采用法兰或沟槽式连接件（卡箍）连接。水平管道上法兰间的管道长度不宜大于20m；立管上法兰间的距离，不应跨越3个及以上楼层。净空高度大于8m的场所内，立管上应有法兰。

⑤ 管道的直径应经水力计算确定。配水管道的布置，应使配水管入口的压力均衡。轻危险级、中危险级场所中各配水管入口的压力均不宜大于0.40MPa。

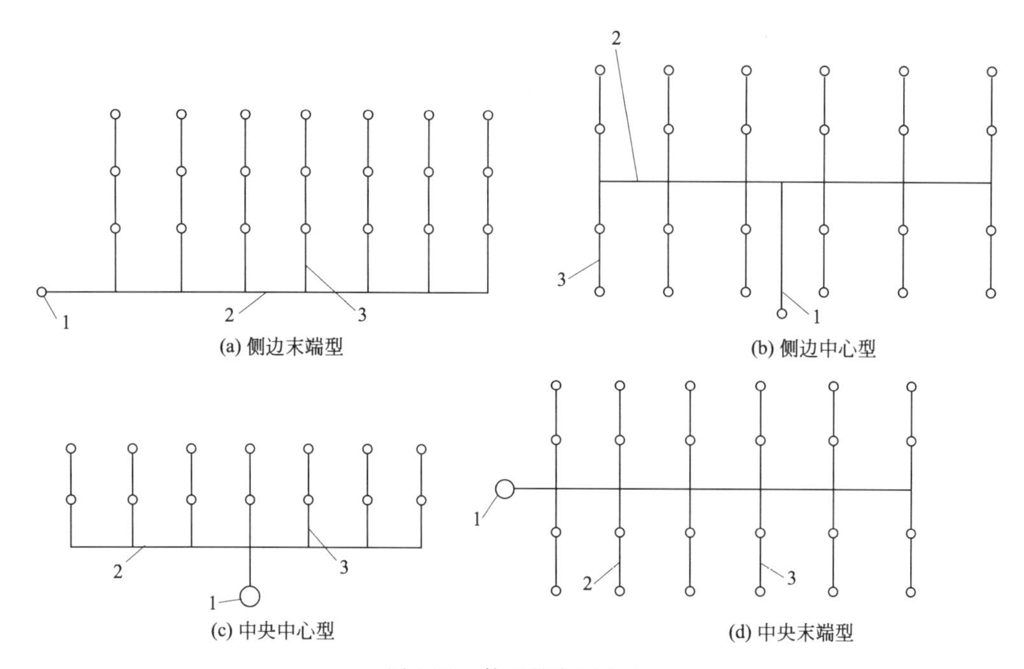

图 6-25　管网的布置方式

1—主管；2—配水管；3—配水支管

⑥ 配水管两侧每根配水支管控制的标准喷头数，轻危险级、中危险级场所不应超过 8 只，同时在吊顶上下安装喷头的配水支管，上下侧均不应超过 8 只。严重危险级及仓库危险级场所均不应超过 6 只。

⑦ 轻危险级、中危险级场所中配水支管、配水管控制的标准喷头数，不应超过表 6-21 的规定。

表 6-21　轻危险级、中危险级场所中配水支管、配水管控制的标准喷头数

公称管径/mm	控制的标准喷头数/只	
	轻危险级	中危险级
25	1	1
32	3	3
40	5	4
50	10	8
65	18	12
80	48	32
100	—	64

⑧ 短立管及末端试水装置的连接管，其管径不应小于 25mm。

⑨ 干式系统的配水管道充水时间，不宜大于 1min；预作用系统与雨淋系统的配水管道充水时间，不宜大于 2min。

⑩ 干式系统、预作用系统的供气管道，采用钢管时，管径不宜小于 15mm；采用铜管时，管径不宜小于 10mm。

⑪ 水平安装的管道宜有坡度，并应坡向泄水阀。充水管道的坡度不宜小于 2‰，准工作状态不充水管道的坡度不宜小于 4‰。

二、管道水力计算

1. 管道流速

闭式自动喷水灭火系统的流速一般不应大于 5m/s，特殊情况下不应超过10m/s。流速允许值用以下公式计算。

$$v=K_0Q$$

式中 v——管道内的流速，m/s；

K_0——流速系数，m/L；

Q——管道流量，L/s。

为了计算方便，可根据预选管径，由表 6-22 查出流速系数，并以流速系数与流量相乘，即可校对流速是否超过允许值。如果计算得到的流速大于规定值，应重新选择管径。

表 6-22　流速系数 K_0 值

钢管管径/mm	1.5	20	25	32	40	50	70
K_0/(m/L)	5.85	3.105	1.883	1.05	0.8	0.47	0.238
钢管管径/mm	80	100	125	150	200	250	
K_0/(m/L)	0.204	0.115	0.075	0.053			
铸铁管管径/mm		100	125	150	200	250	
K_0/(m/L)		0.1273	0.0814	0.0566	0.0318	0.021	

2. 管道的水头损失

每米管道的水头损失应按下式计算：

$$i=0.0000107\cdot\frac{V^2}{d_j^{1.3}}$$

式中 i——每米管道的水头损失，MPa/m；

V——管道内水的平均流速，m/s；

d_j——管道的计算内径，m，取值应按管道的内径减 1mm 确定。

3. 管件的局部水头损失

管件的局部水头损失，宜采用当量长度法计算。当量长度见表 6-23。

表 6-23　管件当量长度/m

管件名称	管件直径/mm								
	25	32	40	50	70	80	100	125	150
45°弯头	0.3	0.3	0.6	0.6	0.9	0.9	1.2	1.5	2.1
90°弯头	0.6	0.9	1.2	1.5	1.8	2.1	3.1	3.7	4.3
三通或通	1.5	1.8	2.4	3.1	3.7	4.6	6.1	7.6	9.2
蝶阀				1.8	2.1	3.1	3.7	2.7	3.1
闸阀				0.3	0.3	0.3	0.6	0.6	0.9
止回阀	1.5	2.1	2.7	3.4	4.3	4.9	6.7	8.3	9.8
异径接头	32/25	40/32	50/40	70/50	80/70	100/80	125/100	150/125	200/150
	0.2	0.3	0.3	0.5	0.6	0.8	1.1	1.3	1.6

注：1. 过滤器当量长度的取值，由生产厂提供。

2. 当异径接头的出口直径不变而入口直径提高 1 级时，其当量长度应增大 0.5 倍；提高 2 级或 2 级以上时，其当量长度应增大 1.0 倍。

湿式报警阀的局部水头损失取0.04MPa，水流指示器的局部水头损失取0.02MPa，雨淋阀取0.07MPa。

4. 水泵扬程或系统入口的供水压力

水泵扬程或系统入口的供水压力应按下式计算：

$$H=\sum h+P_0+Z$$

式中 H——水泵扬程或系统入口的供水压力，MPa；

$\sum h$——管道沿程和局部水头损失的累计值，MPa，湿式报警阀取值0.04MPa或按检测数据确定、水流指示器取值0.02MPa、雨淋阀取值0.07MPa；

P_0——最不利点处喷头的工作压力，MPa；

Z——最不利点处喷头与消防水池的最低水位或系统入口管水平中心线之间的高程差，当系统入口管或消防水池最低水位高于最不利点处喷头时，Z应取负值，MPa。

三、自动喷水灭火系统设计简例

一栋设有空气调节系统的6层办公楼，每层楼房的高度为2.8m。中间走廊宽度为$B=2.4$m，长度$L=45$m，楼梯间设在走廊两端，并在走廊设置闭式灭火系统，试计算楼层作用面积内的喷头数和走廊内布置的喷头总数。

1. 首先确定设计参数

办公楼的建筑高度为$6\times2.8=16.8\text{m}<24\text{m}$，因此属于低层民用建筑，由于设置有空气调节系统，故由表6-14得知该旅馆属于轻危险级，且喷水强度为$q=4\text{L}/(\text{min}\cdot\text{m}^2)$，喷头工作压力为$P=0.1$MPa。

在走道内设置闭式喷水灭火系统，其作用面积即最大疏散面积，即为走道长度一半的距离所占的面积，$S=2.4\times45/2=54\text{m}^2$。

2. 确定喷头间距

采用标准喷头，$K=80$，由式$q=K\sqrt{10P}$得

$$q=D\times A_s=K\sqrt{10P}=80\times\sqrt{10\times0.1}=80\text{L/min}$$

所以，一只喷头的最大保护面积：

$$A_s=80/4=20\text{m}^2$$

$$R=\sqrt{A_s/\pi}=\sqrt{20/3.14}=2.52\text{m}$$

则喷头间距：

$$S=2\sqrt{R^2-b^2}=2\times\sqrt{2.52^2-1.2^2}=4.43\text{m}$$

则喷头数：

$$n=22.5/4.43\approx5.1$$

按$n=6$计算，则走道内喷头数为$6\times2=12$只。

因此该题目的解为：作用面内的喷头数为5只，走廊内应布置的喷头总数为12只。

第七章 气体灭火系统

第一节 气体灭火系统概述

在建筑物中，有些火灾场所不便用水扑救，如计算机房、重要文物档案库、通信广播机房、微波机房等忌水场合和设备的火灾，用水扑灭会造成严重的水渍损失。有的物质（如电石、碱金属）与水接触会引起燃烧爆炸反应或助长火势蔓延，有些场所有可燃、易燃液体，很难用水扑灭火灾，所以虽然固定喷水灭火系统是迄今为止世界上应用最为广泛的灭火系统，但是，由于它不适用于扑救可燃气体、可燃液体和电气火灾，适用范围存在一定的局限性，因此，气体灭火系统就相继发展起来了。

气体灭火系统采用的是冷却、窒息（稀释氧气）、隔离（去除燃料）和化学抑制方法中的一种或多种方法。一般包括二氧化碳灭火系统、水蒸气灭火系统、氮气灭火系统和烟雾灭火系统、卤代烷灭火系统等。

一、二氧化碳灭火剂及灭火系统

1. 二氧化碳气体的灭火机理

常温条件下，CO_2 的物态为气相，它的临界温度是 31.4℃，临界压力为 7.4MPa（绝压）。固、气、液三相点为－56.6℃，该点压力为 0.52MPa（绝对压力）。在这个温度下，液相不复存在；在这个温度上，固相不复存在。存于低温容器中的 CO_2 是以气、液两相共存（温度－18℃，压力 2.17MPa），其压力随温度的升高而增加。

二氧化碳灭火作用主要在于窒息。灭火中，二氧化碳释放出来，稀释空气中的氧含量，氧含量降低会使燃烧时热产生率减小，而热产生率减小到热散失率的程度时，燃烧就会停止，不同物质在不同氧含量下燃烧，热产生率是不同的，热散失率却与燃烧物的结构有着密切的关系，所以，降低氧含量所需二氧化碳的灭火浓度，是针对燃烧对象通过试验进行测试而定。其次对于低压二氧化碳来说还有冷却作用。在灭火中，当二氧化碳从储存系统中释放出来，压力会骤然下降使得二氧化碳迅速由液态转变为气态；又因焓降的关系，温度会急剧下降，当其达－56℃以下，气相的二氧化碳有一部分会转变成微细的固体粒子——干冰。这时干冰的温度一般为－78℃。干冰吸取周围热量而升华，即能产生冷却燃烧物的作用，但冷却效果只相当于水的十分之一。

2. 二氧化碳灭火系统

二氧化碳是一种良好的灭火剂。在常温下是一种无色、无味、不导电、化学上呈中性、不腐蚀的惰性气体。二氧化碳灭火系统是气体消防的一种，其灭火机理主要靠窒息作用，并有一定的冷却降温作用。

二氧化碳的蒸气压随着温度的变化而变化，温度升高，蒸气压力增大，如表 7-1 所示。

表 7-1 二氧化碳蒸气压随温度变化

温度/℃	压力/ MPa	温度/℃	压力/ MPa
−56.6	0.528	0	3.554
−50	0.697	5	4.050
−40	1.025	10	4.595
−30	1.435	15	5.193
−20	2.060	20	5.846
−15	2.334	25	6.559
−10	2.699	30	7.334
−5	3.105	31	7.496

在固定容器内，温度升高则容器内二氧化碳压力增大，如图 7-1 所示。二氧化碳的物理性质如表 7-2 所示。

二氧化碳是一种中等毒性物质，对人体的危害主要是窒息作用。在不同二氧化碳浓度时对人体的影响如表 7-3 所示。在被全淹没式二氧化碳灭火系统保护的封闭空间内，二氧化碳浓度要大大高于表 7-3 中各项浓度，人员留存于这种空间内是非常危险的。另外，由于液态二氧化碳的迅速汽化，与人体接触时，会造成皮肤灼伤。

对于大型灭火系统，一般采用二氧化碳的低压储存，储存温度在−18℃左右，相应的压力为 2.07MPa。

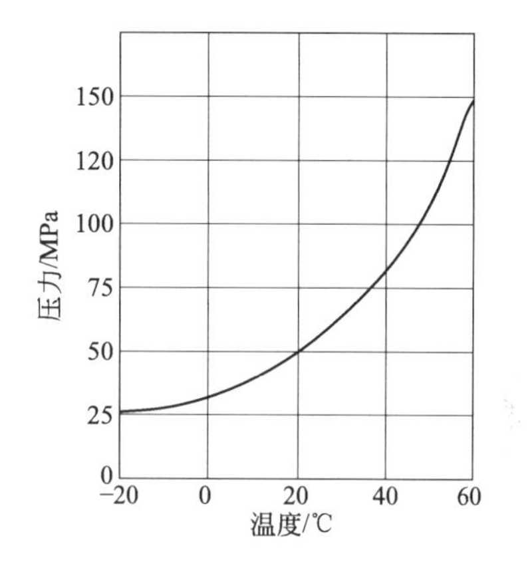

图 7-1 二氧化碳储存压力与温度的关系
（充装比 0.625kg/L）

表 7-2 二氧化碳物理性质

名 称	二氧化碳
相对分子质量	44.01
熔点(526.9kPa)/℃	−56.6
沸点(101.3kPa)/℃	−78.5(升华)
密度(0℃,液态)/(g/cm³)	0.914
密度(0℃,气体)/(g/L)	1.977
重度(气体,空气=1)	1.529
折射率[气体,(N-1)×10⁶,D线,0℃,101.3kPa]	448.1
黏度(气体,20℃)/(Pa·s)	1.47×10^{-5}
表面张力(液体,−52.2℃)/(N/m)	0.0165
临界温度/℃	31.35
临界压力/kPa	7395
临界密度/(g/m³)	0.46
熔解热(熔点)/(kJ/kg)	189.7
蒸发热(沸点)/(kJ/kg)	557
比热容(气体,15℃,恒压)/[kJ/(kg·K)]	0.833

二氧化碳对可燃物质的灭火效率是由物质的性质决定的，可以用灭火所需的二氧化碳最低浓度作衡量，由于可燃物的性质不同，维持燃烧的极限含氧量也不同，如表7-4所示。从理论上进行计算与通过试验实测所得出的最低灭火浓度，会有一些差别，如表7-5所示。

表7-3 在不同二氧化碳浓度时对人体的影响

二氧化碳浓度/%	对人体影响程度	二氧化碳浓度/%	对人体影响程度
0.1	公共卫生容许的最高限度	6.0	呼吸次数显著增加
2.5	几小时对人体无明显影响	8.0	呼吸困难
3.0	呼吸深度增大	10.0	丧失意识
4.0	对黏膜有刺激的感觉，头部有压迫感，持续数小时后感到头痛，耳鸣，血压上升，眩晕，呕吐等	20.0	死亡

表7-4 某些可燃物维持燃烧所需的极限含氧量

燃料	维持燃烧需要的极限含氧量/(体积分数%)		燃料	维持燃烧需要的极限含氧量/(体积分数%)	
	二氧化碳-空气混合	氮气-空气混合		二氧化碳-空气混合	氮气-空气混合
甲烷	14.6	12.1	苯	13.9	11.2
乙烷	13.4	11.0	氢	5.9	5.0
丙烷	14.3	11.4	天然气	14.4	12.0
丁烷	14.5	12.1	一氧化碳	5.9	5.6
庚烷	14.4	12.1	甲醇	13.5	10.0
己烷	14.5	11.9	乙醇	10.5	11.9
汽油	14.4	11.6	乙醚	13.0	—
乙烯	11.7	11.0	二氧化碳	8.0	—

表7-5 二氧化碳的最低灭火浓度

燃料	最低灭火浓度/(体积%)	燃料	最低灭火浓度/(体积%)
乙炔	55	二氯乙烯	21
丙酮	20	环氧乙烷	44
苯	31	汽油	28
丁二烯	34	己烷	29
二氧化碳	55	氢	62
丁烷	28	异丁烷	30
天然气	31	煤油	28
一氧化碳	53	甲烷	25
环丙烷	31	戊烷	29
异热姆换热剂	38	甲醇	26
乙烷	33	丙烷	30
乙醚	38	丙烯	30
乙醇	36	润滑油	28
乙烯	41		

3. 二氧化碳灭火系统的适用范围

A类：固体火灾。

B类：液体火灾或可融化的固体火灾。

C类：可切断气源的气体火灾和电器火灾（占火灾事故的30%）。

二氧化碳灭火系统不得用于扑救下列火灾。

① 硝化纤维、火药等含氧化剂的化学制品火灾。

② 钾、钠、镁、钛等活泼金属火灾。

③ 氢化钠等金属氢化物火灾。

4. 二氧化碳灭火系统主要适用场合

由于二氧化碳灭火时不会对火场环境造成污染，不腐蚀设备和贵重物品，灭火后不留痕迹，因此主要用于电子计算机房、通信中心、微波站、图书馆、博物馆、档案馆、发电机房、轧机、电子变送器、印刷机、烤漆线、烟草、印染、纺织、粮食加工成品库房、棉花库房等其他库房。

二、水蒸气灭火剂及灭火系统

水蒸气是不燃的惰性气体，是一种较好的灭火剂。在常压下，水温超过100℃时，即迅速挥发成气体——水蒸气。水蒸气能冲淡燃烧区的可燃气体浓度，并能隔绝燃烧区的空气，使区内空气中氧的含量降低，有良好的窒息灭火作用。试验表明，当煤油、汽油、柴油等易燃、可燃体燃烧时，该燃烧区的水蒸气浓度达到35%以上时，燃烧即停止，火焰熄灭。水蒸气用来扑灭高温设备和煤气管道火灾时，不致引起因设备热胀冷缩的应力作用而破坏设备。

厂房、库房、泵站、舱室的灭火蒸汽量可按以下公式计算，即：

$$W=0.284V$$

式中　W——为室内空间体积，m^3

　　V——为灭火最小蒸汽量，kg。

整齐灭火除了需要满足以上公式计算的蒸汽量外，还应有一定的供给强度，才能达到灭火效果。汽油、柴油、煤油生产车间和储存舱室，不仅与防护区的封闭性有关，而且与防护区的空间体积有关。蒸汽的供给强度可参照表7-6。

表7-6　蒸汽供给强度

蒸汽供给强度/[kg/(s·m³)]			
防护区体积		体积较小(<150m³)	体积较大(>150m³)
防护区封闭性	全封闭	0.0015	0.002
	有窗户及通风口，其余均封闭	0.003	0.005

水蒸气灭火延续时间不宜超过3min，即宜在3min内使燃烧区内空间的蒸汽量达到灭火要求。

水蒸气灭火系统适用范围为：

① 使用蒸汽的甲、乙类厂房和操作温度等于或超过本身自燃点的丙类液体厂；

② 单台锅炉蒸发量超过2t/h的燃油、燃气锅炉房；

③ 火柴厂的火柴生产联合机部位；

④ 有条件并适用蒸汽灭火系统设置的场所。

三、其他灭火剂及灭火系统

1. 氮气灭火机理

氮气灭火是根据冷却可燃物质可以减缓油转化为可燃气体，并最后终止可燃气体的产生而使火熄灭的原理。氮气灭火的系统主要用于电力变压器的油箱灭火，又称为“排油搅拌灭火系统”。

从20世纪60年代起，一些国家就开始利用氮气扑救煤矿井下火灾，法国国家电力局的工程师根据美国油罐的防火技术，并以碳氢化合物的燃烧原理为基础，通过进行“机油搅拌防火”试验研制了“排油注氮搅拌式变压器灭火装置”。我国从20世纪70年代开始对液氮在煤矿井下灭火进行了研究和试验。20世纪80年代中期开始使用，并取得了很好的效果。我国煤矿应用氮气灭火系统已积累了丰富的经验，对氮气在密闭空间的作用机理、流动规律、灭火工艺及火区的密闭和启封等都有较成熟的研究，氮气的制取技术已经达到了国际领先的水平。由于地下建筑火灾与煤矿井下火灾有许多相同之点，这些经验和技术也可于地下建筑火灾的扑救。

2. 干粉灭火系统

现在国外很少使用这类的灭火系统，因为使用过后很脏。要花大量的时间清理。而且有系统储存一段时间后就要更换，有些干粉遇到水气就会硬化堵塞喷嘴，致使用有喷不出来的危险，所以一般不考虑使用。

3. 循环洒水灭火系统

作为卤代烷的代用系统，为了尽量减少灭火用水或灭火剂对财产的损坏，可采用循环灭火系统。此系统可确保在灭火过程中尽量减少水破坏力又不失灭火的功能。这套系统是针对预作用系统的缺点而设计的，所以又称为“循环式的预作用洒水灭火系统”。

循环灭火系统是一完全自动的单连锁性、受监督作用的洒水系统，它集中了普通洒水系统、预作用洒水系统的功能，加上了一套自动感应系统。自动感应系统可使洒水系统在适当的时候洒水灭火，在火灾过后便停止喷水，以减少对周围财物的损坏。而当火死灰复燃时又可重新洒水灭火。此系统已在欧美被广泛使用。

4. 泡沫喷水灭火系统

泡沫消防是在19世纪后期首次用来扑灭原油火灾的。最早期的为化学泡沫，由化学反应产生，现在已被物理性的机械或空气泡沫所代替。物理性的泡沫是通过引导空气注入由水和泡沫浓缩液组成的混合液中，由泡沫发生器使泡沫发泡。利用泡沫浓缩液，经混合器混合后加入自动喷水灭火管道中，形成泡沫喷水灭火系统。

在泡沫喷水灭火系统中，关键是合理选择泡沫灭火剂和混合设备。

泡沫灭火剂的代表是美国3M公司的轻水牌水成层薄膜泡沫灭火剂AFFF（Aqlleous Film Folmring Foam）。它是一种氨化物泡沫灭火剂，特别适用于扑灭碳氢燃料及化合物所造成的火灾。衡量泡沫质量有4点：①25%离析率（即混合液从泡沫中流出的比率）；②膨胀比例或泡沫内所含空气与混合物的比例；③灭火性能；④抗复燃性（即耐热能力）。轻水泡沫具有较好的上述特点。

泡沫喷水灭火系统采用水成膜灭火剂后，无论是对配用部件、设备装置及其使用剂量方面，还是安装的面积均无特别要求，但却能大大地提高自动喷水系统的灭火性能，扩大系统可应用于停车场、车库、柴油发电机房、易燃液体储存仓库、飞机仓库或一切有易燃液体存在的场合。

5. 水喷雾灭火系统

水喷雾系统是利用冷却、窒息、乳化的原理，迅速扑灭66℃以上的可燃液体火灾，水喷雾系统由雨淋阀组、水喷雾喷头、水喷雾系统控制屏紧急释放器、温差探测器、探测用闭式喷淋头、电磁阀等组成。

水喷雾喷头分布于受保护设备的四周及顶部、底部。常用的以水为系统的启动组合，包括温差探测器和定温闭式喷淋头，这种系统不适合于结冰的环境。

对于一些既有强电又有易燃油类的部分，如室外油浸式变压器、油浸高压电容器室，多油开关室等地可采用水喷雾灭火系统。在国外，采用水喷雾灭火系统来代替卤代烷1301/1211系统已越来越多。而我国，新的《高层民用建筑设计防火规范》(GB 50045—1995) 第7.6.6条亦指出“高层建筑内的可燃油油浸电力变压器室应设气体或水喷雾等自动灭火系统”。可见，水喷雾灭火系统是取代卤代烷系统的可行办法之一。

6. 卤代烷灭火剂及灭火系统

卤代烷灭火系统由于毒性小，使用时间长，灭火效果好，喷射性能高，是近几十年应用最广泛的气体灭火剂。但从20世纪70年代起，发现它对臭氧层有严重的破坏作用。我国政府于1989年及1991年分别签署了《关于保护臭氧层的维也纳公约》、《关于破坏臭氧层物质的蒙特利尔协议书》，并决定于2005年停产“1211”，2010年停产“1301”。所以淘汰哈龙灭火剂，开发新型清洁灭火剂已成为历史的趋势。

第二节 七氟丙烷灭火系统

七氟丙烷（HFC-227ea）自动灭火系统是一种高效能的灭火设备，其灭火剂HFC-227ea是一种无色、无味、低毒性、绝缘性好、无二次污染的气体，对大气臭氧层的耗损潜能值（ODP）为零，是目前替代卤代烷1211、1301最理想的替代品。

一、七氟丙烷灭火系统概述

七氟丙烷是无色无味的气体，是由美国大湖化学公司开发的洁净气态化学灭火剂。它不含溴和氯元素，因而对大气中臭氧层无破坏作用，即ODP＝0。

1. 七氟丙烷的优点

① 有良好的灭火效率，灭火速度快，效果好，灭火浓度低。

② 对大气臭氧层无破坏作用，在大气中存留时间比1301低得多。低毒，适用于经常有人工作的防护区。对人员暴露于七氟丙烷中的时间限制为：

※9％提及浓度以下，无限制；

※9%～10.5%，限制为1min；

※10.5%以上，避免暴露。

③ 不导电，不含水性物质，不会对电器设备、磁带、资料等造成损害，灭火后无残留物。

④ 不含固体粉尘、油渍。它是液态储存，气态释放；喷后可自然排出或由通风系统迅速排除。

⑤ 七氟丙烷灭火系统所使用的设备、管道及配置方式与1301几乎完全相同，替代更换1301系统极为方便。

2. 七氟丙烷的性能

七氟丙烷环境数据和物理特性分别如表7-7、表7-8所示。

表7-7 七氟丙烷环境数据

杯式法灭火浓度		5.8%
系统设计浓度		7.0%
惰化(抑爆)浓度	甲烷环境	8.0%
	丙烷环境	11.6%
急性中毒 LC_{50}		>8L/L
对心脏产生的敏感度	无可观察不良影响(无副作用的最高浓度)	9.0%
	最低可观察不良影响(有副作用的最低浓度)	10.5%
臭氧层损耗能力(ODP)		0
全球温度效应潜能值(GWP)	CFC11=1.00	0.3～0.5
	100(vsCO_2)	2050
大气中停留时间		31～42年

注：1. 设计浓度比杯式法灭火浓度高20%。

2. LC_{50}是半数致死浓度，即导致半数试验动物死亡的浓度值。

表7-8 七氟丙烷物理特性

分子式		CF_3CHFCF_3
俗名		七氟丙烷
相对分子质量		170.03
冰点		－204℉(－131℃)
沸点(一个大气压)		2.6℉(－16.36℃)
蒸气压	40℉(4.4℃)	32.9lb/in^2(2.36bar)
	70℉(21℃)	56.3lb/in^2(4.04bar)
	77℉(25℃)	66.4lb/in^2(4.76bar)
	130℉(54℃)	148.2lb/in^2(10.63bar)
蒸气密度 70℉(21℃)		2.01lb/ft^3(32.3kg/m^3)
液体密度 70℉(21℃)		87.40lb/ft^3(1400kg/m^3)

续表

临界温度	215.1℉(101.72℃)
临界密度	38.76lb/ft³(620.88kg/m³)
临界压力	422lb/in²(30.26bar)
临界体积	0.0258in³/lb(1.61L/kg)
饱和气体(1atm)比热容 77℉(25℃)	0.1734Btu/(lb·℉) [0.724kJ/(kg·℃)]
饱和气体比热容 77℉(25℃)	0.1856Btu/(lb·℉) [0.7733kJ/(kg·℃)]
饱和液体比热容 77℉(25℃)	0.2633Btu/(lb·℉) [1.1kJ/(kg·℃)]
沸点时汽化热	57.0Btu/lb[132.5kJ/kg]
气体热导率 77℉(25℃)	0.0068Btu/(h·ft·℉)[0.012W/(m·K)]
液体热导率 77℉(25℃)	0.040Btu/(h·ft·℉)[0.069W/(m·K)]
液体黏度 77℉(25℃)	—

注：1. $t/℃=\frac{5}{9}(t/℉-32)$。

2. 1lb/in²=6894.76Pa。

3. 1bar=1×10⁵Pa。

4. 1Btu=1055.06J。

3. 七氟丙烷灭火系统适用条件

(1) 适用范围

七氟丙烷适用于以下情况的火灾：

① 电气火灾；

② 液体火灾或可融化固体火灾；

③ 固体表面火灾；

④ 灭火潜能切断气源的气体火灾。

(2) 七氟丙烷灭火系统适用的火灾区域

七氟丙烷灭火系统适用于以下火灾区域：

① 防护的设施含贵重物品、无价珍宝，或公司赖以生存发展及维持正常运行所需资料档案及软、硬件设施等。

② 无自动喷水系统灭火系统或使用水系统会造成损失的设施。

③ 人员常住的区域。

④ 药剂喷放后清洗残留物有困难的区域。

⑤ 药剂钢瓶存放时间有限，少量灭火药剂即能达到灭火效能的区域。

⑥ 防护对象为电器设施，需使用非导电性的灭火药剂的区域。

(3) 典型的防护设施

数据处理中心，电信通信设施，过程控制中心，昂贵的医疗设施，贵重的工业设备，图书馆、博物馆及艺术馆，机器人，洁净室，消声室，应急电力设施，易燃液体储存区等。

（4）使用限制

七氟丙烷灭火系统不得用于扑救含有下列物质的火灾。

① 含氧化剂的化学制品及混合物，如硝化纤维、硝酸钠等。

② 活泼金属，如钾、钠、镁、钛、锆、铀等。

③ 金属氢化物，如氢化钠等。

④ 能自行分解的化学物质，如过氧化氢、联胺等。

二、七氟丙烷灭火系统设计计算

1. 主要技术参数

主要技术参数如表 7-9 所示。

表 7-9　主要技术参数

灭火技术方式	全淹没
系统设计工作压力	2.5MPa，4.2 MPa
系统最大使用工作压力	3.5MPa，5.42MPa
喷头工作压力	一般≥0.8MPa，最小≥0.5MPa
单只喷头的保护半径	5.0m
喷头的保护高度	5.0m
喷放时间	≤10s
储存容器充装率	≤1150kg/m^3
储存容器容积	100L
系统运行/储存温度范围	－10～50℃
防护区最低环境问题	≥－10℃
防护区面积	≤500m^2
防护区体积	≤2000m^3
系统启动方式	自动，手动，应急启动
系统启动电源	DC24V，1A
N_2 启动瓶容积	4L，40L
N_2 启动瓶充装压力	7.0±1.0MPa
4.0LN_2 启动瓶开启灭火剂瓶数	≤30 瓶
40.0LN_2 启动瓶开启灭火剂瓶数	≤200 瓶

注：1. 预置灭火装置≤100m^2。

2. 预置灭火装置≤300m^2

2. 一般规定

一般在喷头数量、气瓶位置确定后，即可进行管道布置。管网宜布置成均衡系统，否则为不均衡系统。均衡系统的好处是：其一便于系统设计计算；其二可减少管网内灭火剂的剩余量，从而节省投资。

国外对于 2 个或 4 个喷头的系统，要求布置为对称的（即均衡系统）。此系统每个喷头彼此对称地喷射同样质量的灭火剂。为实现这一目的，从气瓶阀门到喷头的管道口径必须相同；从气瓶阀门到喷头的管道系统必须对称；最短的管道长度不能少于最长的管道长度的 90%。还有，气瓶应尽可能靠近防护区域，以减少压力衰减因数。

① 单元独立系统要预先设定管径、最大管长、最大管道配件数及喷头直径。其优点是安装简单，不需经过冗长的计算，一般安装在比较小的房间内。

选用方法：首先计算防护区净容积，确定环境最低温度及要求的设计浓度，然后查表并计算灭火剂用量，继之选定气瓶后，根据表 7-10，将其配置在防护区内。

表 7-10　预置灭火装置选用

钢瓶容量/L	最小充装量/L	最大充装量/L	管径/mm	最大长度/m	最大管道配件数/个	喷头直径/mm
6.5	4	6	25	9	1①5△②	25
13.0	7	12	25	9	1①5△②	25
25.5	13	25	25	9	1①5△②	25
52.0	26	56	40	12	1①5△②	40
105.0	53	100	50	12	1①5△②	50

① 活接头。

② 弯头

② 组合分配管网系统设计计算时，一般应考虑：

a. 防护区应以固定的封闭空间划分，分别计算各保护空间的净容积。

b. 每一保护空间的喷头处压力及灭火剂喷射时间应基本一致。

c. 管网管径、管长、T 形接头、弯头、瓶头阀、选择阀及压力开关等均应进行严格的设计计算，使灭火剂喷射时间控制在 10s 以内。

d. 视现场情况制订方案，使每一保护空间的灭火剂浓度控制在允许的设计浓度之内。

e. 根据现场情况制订控制方案。

f. 对保护空间大、保护区多的系统，应设计备用量。

3. 设计用量（包括门、窗等缝隙高压喷射时漏失流量）

设计药剂用量按国家《七氟丙烷（HFC-227ea）洁净气体灭火系统设计规范》（建议草案）确定，即

$$W=K\frac{V}{s}\times\frac{c}{100-c}$$

式中　W——设计药剂用量，kg；

V——防护区净容积（建筑构件除外），m^3；

s——过热蒸气比容，m^3/kg；用 $s=0.1269+0.000513t$ 计算；

t——为防护区内的最低环境温度，℃；

K——海拔高度修正系数；

c——七氟丙烷灭火（或惰化）设计浓度，%。

无爆炸危险的气体、液体类火灾和固体类火灾的防护区，应采用灭火设计浓度；有爆炸危险的气体、液体类火灾的防护区，应采用惰化设计浓度。灭火设计浓度不应小于灭火浓度的 1.2 倍；惰化设计浓度不应小于惰化浓度的 1.1 倍。几种可燃物共存或混合时，其设计浓度应按其最大的确定。固体表面火灾灭火浓度 5.8%，气体、液体类火灾灭火浓度如表 7-11 所示；气体、液体类火灾惰化浓度如表 7-12 所示；固体及气体、液

体类火灾灭火设计浓度和浸渍时间如表 7-13 所示；海拔高度修正系数 K 如表 7-14 所示。

表 7-11 可燃物的灭火浓度

可燃物	灭火浓度/%	可燃物	灭火浓度/%
丙酮	6.8	JP-4	6.6
乙腈	3.7	JP-5	6.6
AV 汽油	6.7	甲烷	6.2
丁醇	7.1	甲醇	10.2
丁基醋酸酯	6.6	甲乙酮	6.7
环戊酮	6.7	甲基异丁酮	6.6
2 号柴油	6.7	吗啉	7.3
乙烷	7.5	硝基甲烷	10.1
乙醇	8.1	丙烷	6.3
乙基醋酸酯	5.6	Pyrollidine	7.0
乙二醇	7.8	四氢呋喃	7.2
汽油(无铅,7.8%乙醇)	6.5	甲苯	5.8
庚烷	5.8	变压器油	6.9
1 号水利流体	5.8	涡轮液压油 23	5.1
异丙醇	7.3	二甲苯	5.3

表 7-12 可燃物的惰化浓度

可燃物	惰化浓度/%	可燃物	惰化浓度/%
1-丁烷	11.3	乙烯氧化物	13.6
1-氯-1,1-二氟乙烷	2.6	甲烷	8.0
1,1-二氟乙烷	8.6	戊烷	11.6
二氯甲烷	3.5	丙烷	11.6

表 7-13 灭火设计浓度和浸渍时间

火灾类型	灭火设计浓度/%	浸渍时间/min	火灾类型	灭火设计浓度/%	浸渍时间/min
图书库	≥10	≥20	带油开关的配电室	≥8.3	≥10
档案库	≥10	≥20	自备发电机机房	≥8.3	≥10
票据库(宝库金库)	≥10	≥20	通信机房	≥8	≥3
文物资料库	≥10	≥20	电子计算机房	≥8	≥3
油浸变压器室	≥8.3	≥10	气体和液体		≥1

表 7-14 海拔高度修正系数

海拔高度/m	修正系数 K	海拔高度/m	修正系数 K
−1000	1.130	2500	0.735
0	1.000	3000	0.690
1000	0.885	3500	0.650
1500	0.830	4000	0.610
2000	0.785	4500	0.565

4. 管网计算

（1）主干管平均设计流量

$$Q_W=\frac{W}{t}$$

式中 Q_W——主干管平均设计流量，kg/s；

W——药剂灭火设计用量，kg；

t——药剂喷放时间，s。

（2）支管平均设计流量

$$Q_g=\sum_{1}^{N_g}Q_c$$

式中 Q_g——支管平均设计流量，kg/s；

N_g——安装在计算支管下游的喷头数量，个；

Q_c——单个喷头设计流量，kg/s。

（3）喷放“过程中点”储存容器内压力

$$P_m=\frac{P_0V_0}{V_0+\frac{W}{2\rho}+V_p}$$

式中 P_m——喷放“过程中点”储存容器内压力，MPa；

P_0——储存容器额定增压压力，MPa；一级（2.5±0.125）MPa，二级（4.2±0.125）MPa；

W——药剂灭火设计用量，kg；

ρ——液体密度，kg/m³。20℃时为1047kg/m³；

V_p——管道内容积，m³；

V_0——喷放前全部储存容器内的气相总容积，m³，即：

$$V_0=n\cdot V_b\left(1-\frac{\eta}{\rho}\right)$$

式中 n——储存容器数量，个；

V_b——储存容积容量，m³；

η——充装率，kg/m³，即

$$\eta=\frac{W_s}{nV_b}$$

式中 W_s——系统药剂设置用量，kg；

（4）按图7-2初定管径

可按平均设计流量及管道阻力损失为0.003～0.02MPa/m进行计算。

（5）计算管段阻力损失

① 管段阻力损失按下式计算：

$$\Delta P=\frac{5.75\times10^5Q_p^2}{\left(1.74+2\lg\frac{D}{0.12}\right)^2D^5}L$$

式中 ΔP——计算管段阻力损失，MPa；

L——计算管段的计算长度，m；

Q_p——管道流量，kg/m³；

D——管道内径，mm。

② 管段阻力损失按图 7-2 确定。

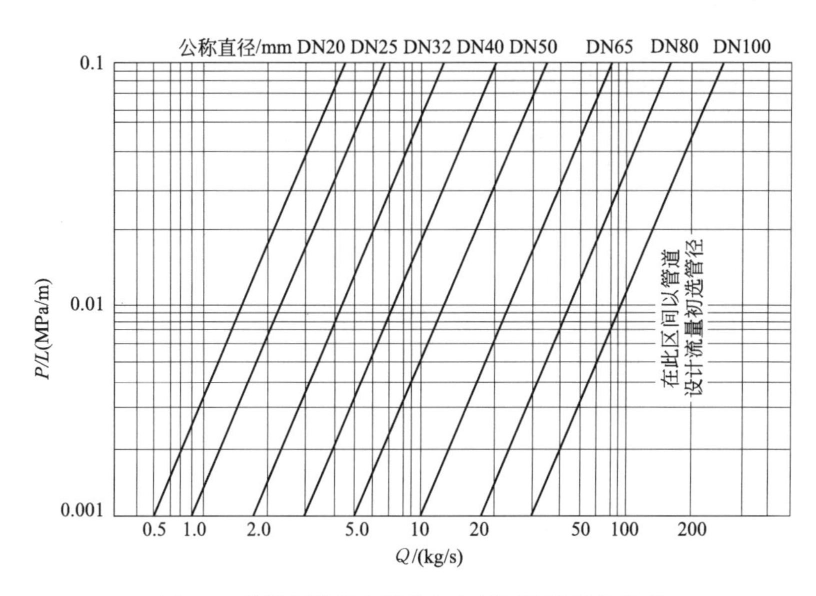

图 7-2　锌镀钢管阻力损失与七氟丙烷流量的关系

(6) 高程压头

$$P_h = 10^{-6} \cdot \rho \cdot H \cdot g$$

式中　P_h——高程压头，MPa；

H——喷头高度相对“过程中点”时储存容器液面的位差，m；

ρ——液体密度，kg/m³，20℃时为 1407kg/m³；

g——重力加速度，9.81m/s²。

(7) 喷头工作压力

$$P_c = P_m - \sum_{1}^{N_d} \Delta P + P_h$$

式中　P_c——喷头工作压力，MPa；

P_m——喷放“过程中点”储存容器内压力，MPa；

ΔP——系统流程总阻力损失，MPa；

N_d——计算管段的数量；

P_h——高程压头，MPa，向上取正值，向下取负值。

(8) 喷头空口面积

$$F_c = \frac{10Q_c}{\mu_c \sqrt{2\rho P_c}} = \frac{Q_c}{q_c}$$

式中　F_c——喷头孔口面积，cm²；

Q_c——单个喷头的设计流量，kg/s；

P_c——喷头工作压力，MPa；

ρ——液体密度，kg/m^3。20℃时为 $1407kg/m^3$；

μ_c——喷头流量系数；

q_c——喷头计算单位面积流量，$kg/(s \cdot cm^2)$。

喷头空口面积根据图 7-3 的 JP6-36 型喷头流量曲线确定。

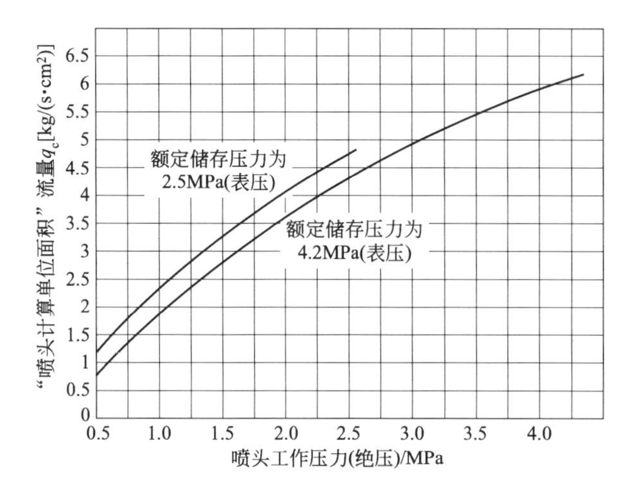

图 7-3 使用氮气增压输送的七氟丙烷 JP6-36 型喷头流量曲线

第三节 气体灭火系统类型、组成和工作原理

气体灭火系统根据灭火技术方法和系统配置方式常分为：全淹没系统，局部应用系统和无管网系统。

一、全淹没系统

全淹没系统是由灭火剂储存装置在规定的时间内向防护区喷射灭火剂，使防护区内达到设计所需要的灭火浓度，并能保护一定的浸渍时间，已达到扑灭火灾而不再复燃效果的灭火系统。这种灭火系统的特点是防护区内任何位置均能形成足够的、均匀的灭火剂浓度，并足以扑灭火灾。

1. 系统组成

全淹没系统由灭火剂储存容器、容器阀、管道、喷头、操作系统及附属装置等组成。灭火系统按保护范围分为两种形式。

(1) 单元独立系统

这是用一个或一组灭火剂储存容器保护一个防护区的系统。图 7-4 为单元独立系统的原理。

(2) 组合分配系统

这是用一组灭火剂储存装置保护多个防护区的灭火系统。在灭火剂总管上可分出若

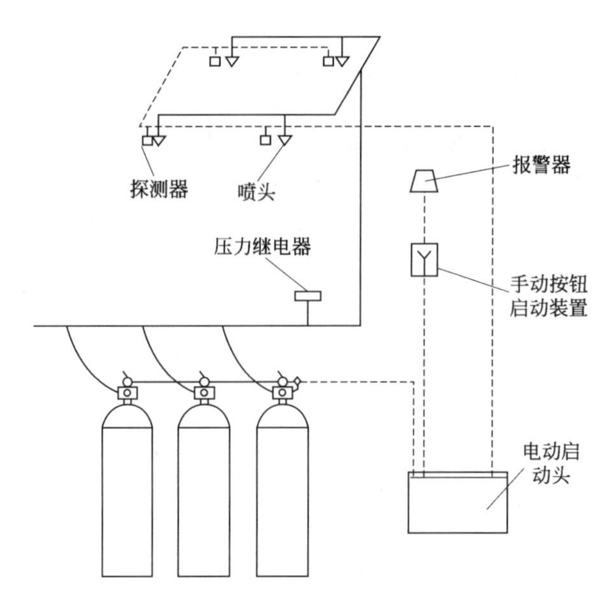

图 7-4　单元独立系统原理示意

干路支管，并分别设置选择阀。并按灭火需要，将灭火剂输送到着火区域。系统原理如图 7-5 所示。

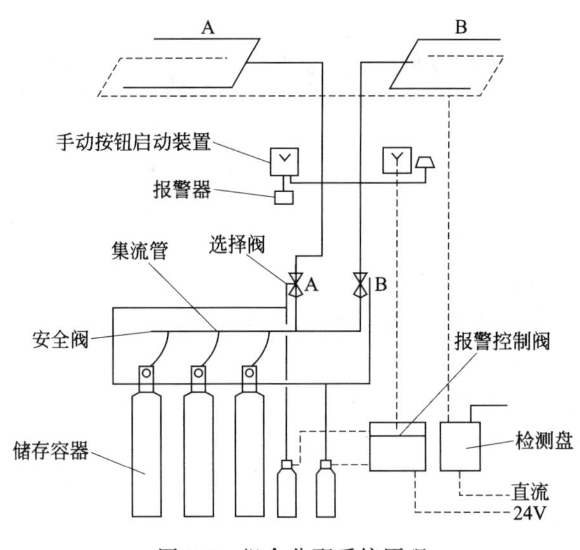

图 7-5　组合分配系统原理

2. 工作原理

全淹没系统的启动方式有手动启动和自动启动两种，并且可以自动转换。其工作原理是：当防护区发生火灾，火灾探测器首先感觉到火的存在，向消防控制中心发出火灾信号，控制中心发出火灾警报。此时，有关人员可视火灾情况适当处理。如果人可以将火扑灭，就将灭火系统切断，待火灾处理后再使系统恢复正常状态；若防护区无人或人工不能将火扑灭，人员赶快撤离防护区。在火灾报警延时约 30s 后，自动打开启动气瓶，瓶中高压 N_2 或 CO_2 气体将灭火剂储存容器及相应的选择阀打开，灭火剂释放到着火防护区实施灭火。消防控制中心在发出火灾报警的同时，使联动装置动作，关闭开口，停止空调，确保灭火。系统工作原理如图 7-6 所示。

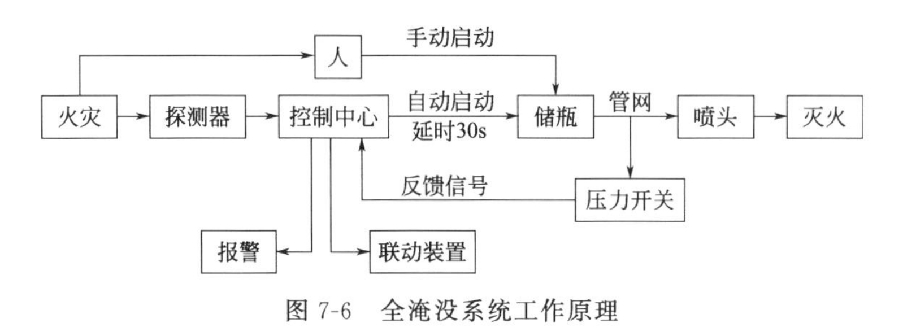

图 7-6　全淹没系统工作原理

二、局部应用系统

局部应用系统是由一套灭火剂储存装置，在规定的时间内直接向燃烧着的可燃物表面喷射一定量灭火剂的灭火系统。它可用于没有固定封闭的防护区，也可用于防护大型封闭空间中局部的危险区。局部应用系统主要用以保护液体油罐，用油冷却或润滑的设备、淬火油槽、雾化室、充油变压器、蒸气通风口等危险部位。

局部应用系统的系统组成与工作原理基本上与全淹没系统相同。其具体要求是：采用与保护对象相适应的专用喷头；喷放出来的灭火剂能直接、集中地施放到正在燃烧的物体上或其周围；在燃烧物表面的灭火剂，要达到一定的供给强度，并延续一定的时间使燃烧熄灭；保护对象为可燃液体时，要防止因灭火剂喷射引起可燃物飞溅造成流淌火势或更大的火灾危险。

局部应用系统和全淹没系统的灭火方式有很大的差别。按局部应用系统的要求，具有较低的挥发性和较高液体密度的灭火剂（如卤代烷 1211 灭火剂挥发性较低，二氧化碳灭火剂液体密度较高）更宜作为局部应用系统的灭火剂。这是由于它们可以像液体喷雾那样喷向火区，且可以较长时间包围火区，有利于灭火。

值得注意的是，局部应用系统只能用于扑灭表面火灾（包括固体表面火灾），不得用于扑灭深位火灾。

三、无管网系统

无管网系统也称预制系统。当某些被保护的区域较小，无须设置固定的管网与瓶站时，可使用这种系统。无管网系统是将灭火剂储存容器、灭火报警控制箱、短管系统和喷头等预先组合，可独立应用的一种灭火装置。

这种系统通常有柜式灭火装置（图 7-7）、悬挂式灭火装置（图 7-8）和手持软管灭火装置（图 7-9）。

手持软管灭火装置在软管的前端接有大型喇叭喷筒。发生火灾时，通过手动阀打开灭火剂储存容器的容器阀，接着延伸软管，打开喇叭管阀，将灭火剂直接向着灭火点喷射。无管网系统具有轻便灵活、减少工程设计和施工劳务等优点，一次性投资少，安装容易，但维修费用较高。

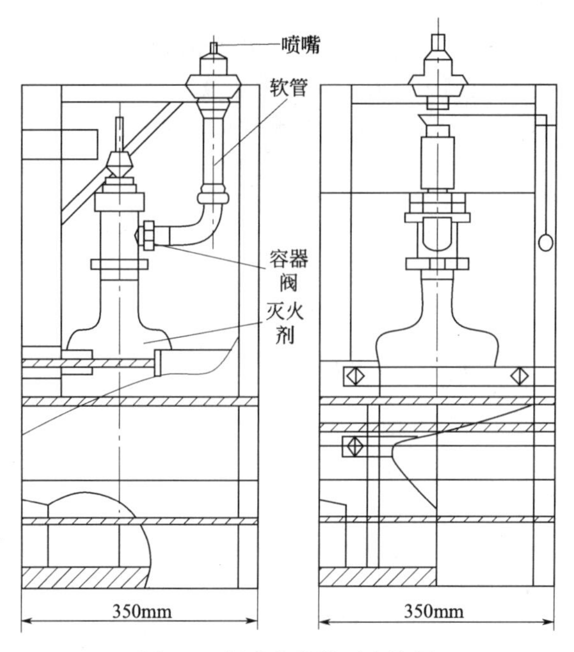

图 7-7　柜式卤代烷灭火装置

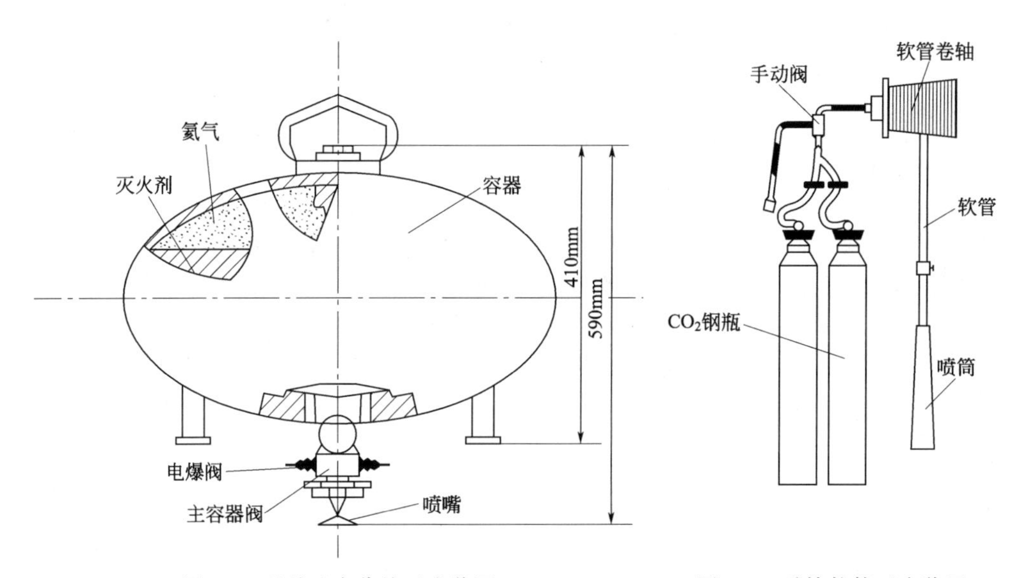

图 7-8　悬挂式卤代烷灭火装置

图 7-9　手持软管灭火装置

在一个防护区内的无管网灭火装置，最好由单个储存装置组成，最多不得超过 8 个储存装置。如储存装置超过两个以上，应将它们设计成能同时释放灭火剂。

图 7-10 是气体灭火系统的综合布置示意，图中包括的应用形式有：单元独立系统(I)，组合分配系统（C、D、E、H）和无管网系统（G、F)。

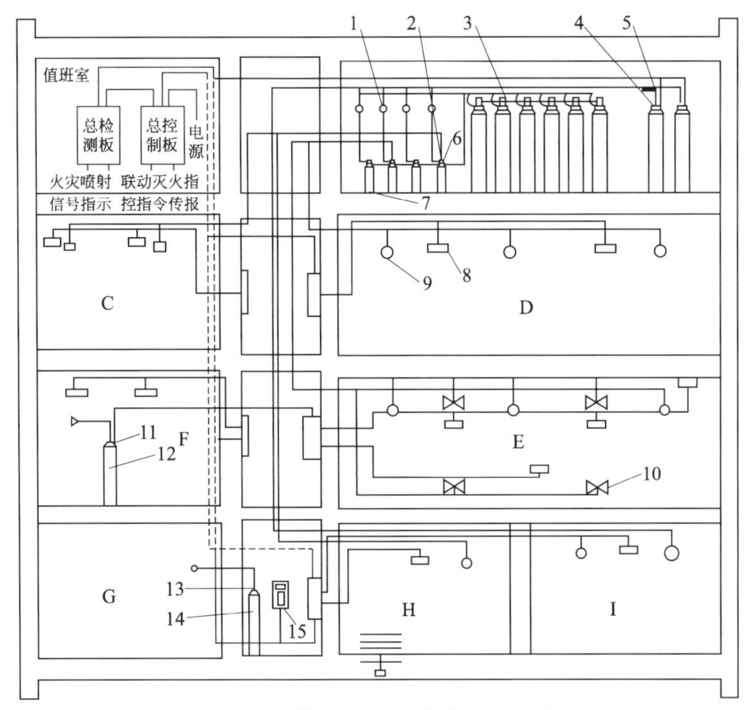

图 7-10 气体灭火系统的综合布置示意

1—止回阀；2—选择阀；3—气动容器阀；4—电磁容器阀；5—压力信号器；6—启动电磁阀Ⅰ；7—启动用 CO_2 钢瓶；8—火灾探测器；9—喷嘴；10—分区检控板；11,13—电磁容器阀（或电爆阀）；12—无管系灭火装置Ⅰ（置于被保护区内）；14—无管系灭火装置Ⅰ（置于被保护区外）；15—分区检控板

第四节 气体灭火系统的组件及设计

一、系统主要组件

1. 管道系统

（1）容器配管

① 操作管 操作管这是输送启动瓶放出的驱动气体的配管，一般为紫钢管或挠性管。

② 集流管 集流管的用途是将若干储瓶同时开启施放出的灭火剂汇集起来，然后通过分配管道输送至保护空间。集流管为较粗的管道，工作压力不小于最高环境温度时储存容器内的压力。集流管上应设有安全阀。

③ 排放软管组 排放软管组（图 7-11）是连接容器阀与集流管的重要部件，它允许储存容器与集流管之间的安装间距存在一定的误差，可以减缓施放灭火剂时对管网系统的冲击力。

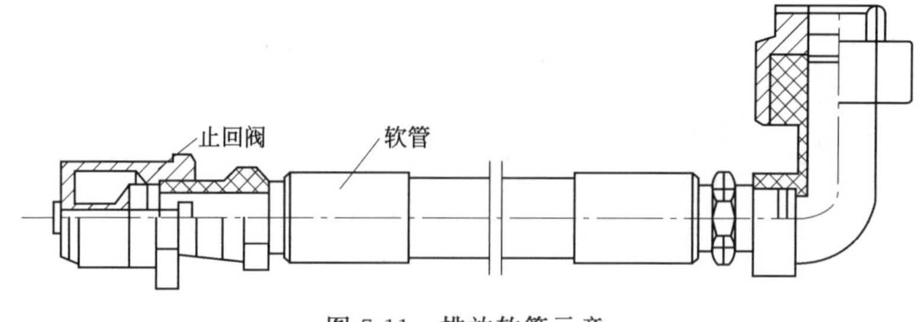

图 7-11　排放软管示意

（2）管道系统设计要求

① 管道及其附件应能承受最高环境温度下灭火剂的储存压力。

② 管道应采用符合现行国家标准《冷拔或冷轧精密无缝钢管》中规定的无缝钢管，并应内外镀锌。

③ 对镀锌层有腐蚀的环境，管道可采用不锈钢管、铜管或其他抗腐蚀的材料。

④ 挠性连接的软管必须能承受系统的工作压力，宜采用符合现行国家标准《不锈钢软管》中规定的不锈钢软管。

⑤ 管道可采用螺纹连接、法兰连接或焊接。公称直径等于或小于 80mm 的管道，宜采用螺纹连接；公称直径大于 80mm 的管道，宜采用法兰连接。

2. 压力开关

压力开关是将压力信号转换成电气信号的装置。压力开关结构如图 7-12 所示，它由壳体、波纹管或膜片、微动开关、接头座、推杆等组成。其动作原理是：当集流管或配管中灭火剂气体压力上升至设定值时，波纹管或膜片伸长，通过推杆或拨臂拨动开关，使触点闭合或断开，以达到输出电气信号的目的。压力开关还有其他一些种类，但它们的工作原理都基本相同。

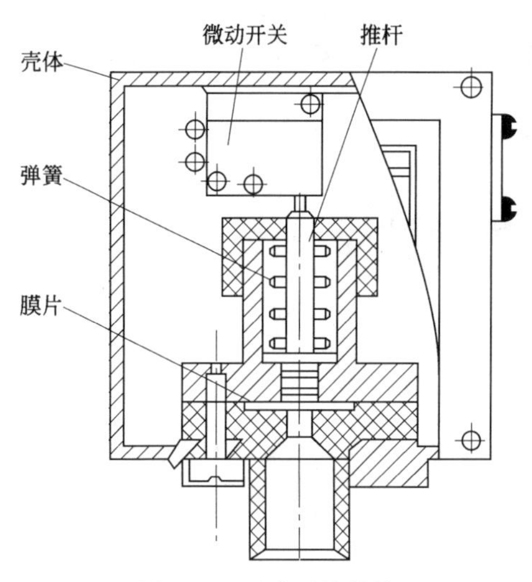

图 7-12　压力开关结构

在气体灭火系统中，为及时、准确了解系统各部件在系统启动时的动作状态，一般在选择阀前后设置压力开关，以判断各部件的动作正确与否。虽然有些阀门本身带有动作检测开关，但用压力开关检测各部件的动作状态，则最为可靠。

3. 喷头

喷头在气体灭火系统中，主要是用来控制灭火剂的喷射速率，并使灭火剂迅速汽化，均匀分布在防护区内。喷头按系统的防护方式，分为全淹没式喷头和局部保护式喷头。全淹没式喷头的特点是：在全淹没防护方式的封闭空间内，将灭火剂均匀地喷射进整个防护区内；而局部防护式喷头，则只是将灭火剂成扇形或锥形喷射到特定的被保护物周围的局部范围里。

4. 安全阀与泄压装置

安全阀一般装置在储存容器的容器阀上，以及组合分配系统中的集流管上。安全阀或泄压装置一般只用于配管系统耐压等级较低的场合。

在组合分配系统的集流管部分中，由于选择阀平时处于关闭状态，所以从容器阀的出口处至选择阀的进口端之间，就形成了一个封闭的空间，如图 7-13 中的虚线框内。为防止储存容器发生误喷射而在此空间内形成一个危险的高压压力，在集流管末端设置一个安全阀或泄压装置，当压力值超过规定值时，安全阀自动开启泄压，以保证管网系统的安全。

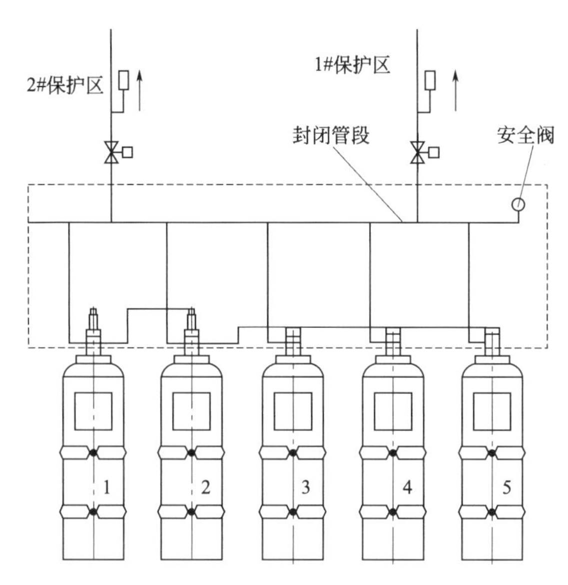

图 7-13　安全阀的设置示意

5. 单向阀和选择阀

单向阀是控制介质流向的。启动气体管路中设置的单向阀较小，用以开启相应的阀门，控制启动气瓶放出的高压气体。在成组灭火剂储存容器系统中，每个储存容器都应设有单向阀，防止灭火剂回流到空瓶或从卸下的储瓶接口处泄漏灭火剂。单向阀的位置一般安装在排放软管之后。

在多防护区的组合分配系统中，每个防护区在集流管上的排出支管上，均应设置与该防护区相对应的选择阀。阀门平时处于关闭状态，当该防护区发生火灾时，由控制盘启动控制气源来开启选择阀，以使气体灭火剂从排出支管通过选择阀进入火灾区，扑灭火灾。

选择阀的种类按启动方式分为电动式和气动式两种。电动式采用电磁容器阀或直接采用电机开启；气动式则是利用启动气体的压力，推动汽缸中的活塞，将阀门打开。启动控制气源可以是储存容器中的气体灭火剂，也可以是专用的启动容器中的 N_2 或 CO_2 气体。在工程实践中，一般使用气动式的较多。

选择阀的规格有通径为 32mm、40mm、50mm、65mm、80mm、100mm、125mm、150mm 等，与配管的连接一般采用法兰连接。

6. 容器阀

容器阀是气体灭火系统的重要组成部分，是安装在储存容器上的阀门，用来封闭及释放气体灭火剂。

容器阀按其结构形式，可分为膜片式和差动式两种。膜片式容器阀则是采用专用的密封膜片来封闭气体灭火剂。膜片式容器阀的特点是：结构简单，密封膜片的密封性能好，但释放气体灭火剂时阻力损失较大。另外，每次使用后，需更换密封膜片。

差动式容器阀是依靠阀体上、下腔的压强差来封闭或释放气体灭火剂。差动式容器阀的特点是：可以很方便地利用电、气、人工等方式开启容器阀。每次开启使用后，只要重新充装灭火剂，即可投入再运行，而无需更换任何零部件，重复操作非常方便，且容器阀阻力损失小。这种容器阀对阀体的加工要求及密封件的质量要求较高，否则容易造成灭火剂的渗漏。同时，由于压力表的安装位置与容器内部处于相通的位置（即压力表一直处于指示状态)，故对压力表的密封要求也很高。

容器阀的启动形式一般有：手动启动、拉索启动、气启动、电磁启动和电爆启动等。

7. 储存容器

储存容器长期处于充压工作状态，它既是储存灭火剂的容器，又是为系统的工作提供足够压力的动力源。因此，储存容器的任务既有满足充装压力的强度要求又有要保证灭火剂不能泄漏。

储存容器按储存压力可以分为高压储存容器和低压储存容器，如表 7-15 所示。储存容器由容器阀、虹吸管和钢瓶组成。

表 7-15　储存压力与耐压值

储存容器类别	二氧化碳储存容器		卤代烷储存容器		材质要求
	储存压力/MPa	耐压值/MPa	储存压力/MPa	耐压值/MPa	
高压	5.17	22.05	4.17	12.6	无缝钢质容器
低压	2.07	—	2.48	6.89	焊接钢质容器

注：目前我国二氧化碳储存容器均为高压型。

二、气体灭火系统的设计

1. 防护区的确定与划分

（1）全淹没系统防护区设置要求

防护区是指能满足灭火系统要求的有限封闭空间。若相邻的两个或两个以上封闭空间之间的隔断不能阻止灭火剂流失而影响灭火效果，或不能阻止火灾蔓延，则应将这些封闭空间划为一个防护区。防护区的划分应根据封闭空间的结构特点、数量和位置来确定。防护区的面积不宜大于表 7-16 中的规定。

表 7-16　防护区面积的规定

防护区尺寸	灭火方式	
	管网灭火系统	无管网灭火系统
面积/m^2	500	100
容积/m^2	2000	300

对防护区环境温度应予以重视。当防护区内温度低于灭火剂沸点时，施放的灭火剂将以液态形式存在。防护区的温度越低，灭火剂的汽化速度慢，这势必延长灭火剂在防护区内的均化分布时间，即影响了它和火焰接触、分解的时间，降低了灭火速度。同时，还会造成灭火剂的流失。

我国《卤代烷1211灭火系统设计规范》规定：“防护区的最低环境温度应不小于0℃。”因此，在这些地区设置卤代烷1211灭火系统，要求有取暖设备。如无增温设备，则应采用卤代烷1301灭火系统。卤代烷1301灭火剂的沸点低于我国各地的最低环境温度，因此，使用卤代烷1301灭火系统，基本上不受最低环境温度的限制。

二氧化碳灭火系统对防护区的环境温度未作限制。为了保证卤代烷和二氧化碳全淹没系统都能将建筑物内的火灾全部扑灭，护区的建筑物构件应有足够的耐火时间，以保证在完全灭火所需时间内，不致使初起火灾蔓延成大火。完成灭火所需要的时间，一般包括火灾探测时间、探测出火灾后到施放灭火剂之前的延时时间、施放灭火剂时间、保持灭火剂设计浓度的浸渍时间。

保持灭火剂设计浓度所需浸渍时间如表7-17所示。若建筑物的耐火极限低于这一时间，则有可能在火灾扑灭前被烧坏，使防护区的密闭性受到破坏，造成灭火剂流失而导致灭火失败。

表7-17　各种灭火剂保持设计浓度所需浸渍时间

灭火机名称	火灾类别	浸渍时间/min
卤代烷	可燃固体表面火灾	≥10
1301	可燃气体及甲、乙、丙类液体火灾电气火灾	≥1
1211		
二氧化碳	部分电气火灾	≥10
	固体深位火灾	≥20

为了防止保护区外发生的火灾蔓延到防护区内，防护区的围护结构及门窗的耐火极限不应低于0.50h，吊顶内不低于0.25h。防护区应为密闭形式，如必须开口时，应设置自动关闭装置，开口面积不应大于防护区总表面积的3%，且开口不应设在底面。

(2) 局部应用系统防护区设置要求

设置划分局部应用系统防护区的首要原则是，必须避免防护区内外的可燃物在发生火灾时相互传播而导致火灾蔓延。

一个局部应用系统的防护区范围，应将火灾发生时可能蔓延到的地方包括进去，或将该防护区同邻近的可燃物用非燃烧体或难燃体隔开。

当把一组互相连接的具有火灾危险的场所划分成若干较小的防护区，用局部应用系统分别保护时，每个局部应用系统必须对相邻的场所同时加以保护，以防火灾蔓延。

实验表明，对于二氧化碳局部应用系统保护对象周围的空气流动速度，不宜大于3m/s；若超过时，应采取挡风措施或扩大防护范围。

当保护对象为可燃液体时，盛可燃液体的容器缘口至液面的距离不得小于150mm，以防止由于灭火剂喷射引起可燃液体的飞溅而造成火灾蔓延。

采用二氧化碳局部应用系统的防护区的大小，可以与全淹没系统防护区相当。因此，对其防护区的大小主要从安全和经济的角度考虑，没有过多限制。

（3）建筑构件的耐压性能及防护区泄压

在一个密闭的防护区内迅速施放入大量的气体灭火剂时，空间内的压强将会迅速增加。例如向密闭防护区内施放5%体积浓度的卤代烷1301时，其空间内压强将增加5000Pa，超过了一般建筑物标准所允许的最高压强的一倍以上；若施放二氧化碳灭火剂时，则空间内压强增加幅度将更大。如果防护区建筑构件不能承受这个压强，则会被破坏，并造成灭火失败。因此，必须规定其最低耐压强度。据美国提供的试验资料，建筑物最高允许压强，轻型建筑为1200Pa，标准建筑为2400Pa，拱顶建筑为4800Pa。全密闭的防护区应设置泄压口。为防止灭火剂从泄压口流失，泄压口底部距室内地面高度不应小于室内净高的2/3。

对二氧化碳灭火系统，泄压口的面积按下式进行计算，即：

$$A=0.0076\frac{Q_m}{\sqrt{P}}$$

式中 A——泄压口面积，m^2；

P——防护区围护结构的允许压强，Pa；

Q_m——二氧化碳喷射速率，kg/min。

大多数全淹没系统的防护区都不是完全密闭的。有门、窗缝隙的防护区，一般都不需要开泄压口，因灭火剂能通过门、窗缝隙泄压，从而不至于使室内压力过高。此外，已设有防爆泄压口的防护区，也不需要再开泄压口。

2. 管网布置

卤代烷1301、1211和二氧化碳灭火系统，按其管网布置形式可分为均衡管网系统和非均衡管网系统。均衡管网系统（图7-14）具备以下条件：①从储存容器到每个喷头的管道长度应大于最长管道长度的90%；②从储存容器到每个喷头的管道长度应大于管道等效长度的90%（管道等效长度=实际管长+管件当量长度）；③每个喷头的平均质量流量相等。不具备上述条件的管网系统为非均衡管网系统（图7-15）。

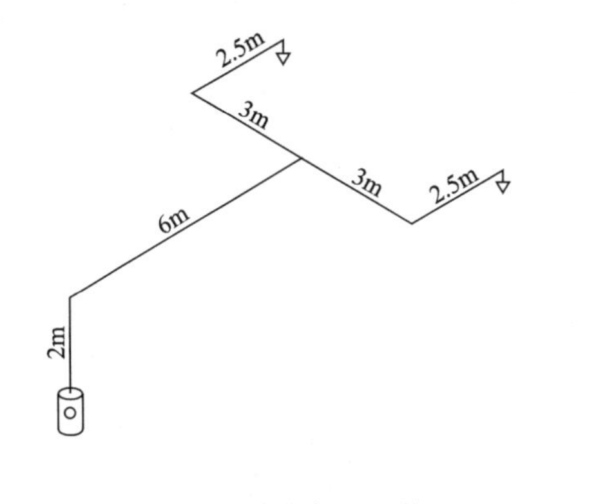

图7-14 均衡管网系统

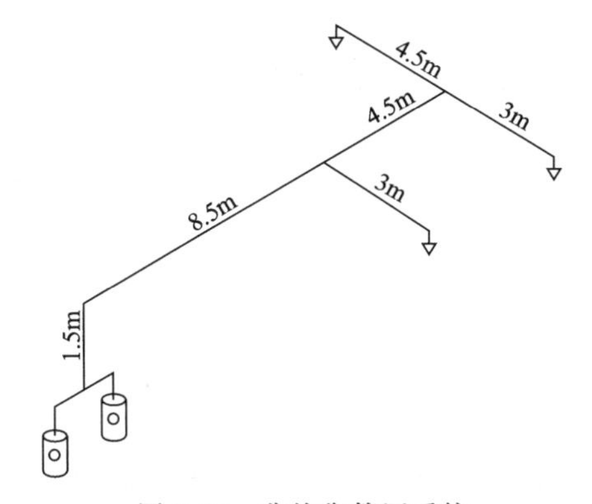

图7-15 非均衡管网系统

对于气体灭火系统，管道宜布置成均衡系统。均衡系统特点是：

① 有利于灭火剂释放后的均化，使防护区各部分空间能迅速达到浓度要求。

② 管网对称布置能简化管网流体计算和管道剩余量的计算，但这并不意味着不能

采用非均衡系统。事实上，在灭火剂被释放入防护区这段时间，就是一种可以允许的最大的非均衡状态。

在非均衡系统中，准确计算和选择喷头孔径是很重要的。在美国和英国的规范中均提出：在非均衡系统中，重要的是每个喷头应选用合适的孔径，以利于在计算确定的最终端压力下，产生出规定的流量速率。

第五节 气体灭火系统的操作与控制

一个完整的气体灭火系统除了灭火剂储存容器瓶及容器阀、各种启动器、配管、喷头以外，还必须配备探测报警系统和执行控制系统。探测报警系统由火灾探测器、声光报警器、报警控制盘等组成，执行控制系统由执行控制盘、多功能气启动盘、电磁阀、中继联动继电器以及其他附件组成。在实际工程中，有些设备和器件在系统中属于可选件，而有些设备和器件则是必需的。

一、操作与控制系统的组成设备和器件

1. 火灾探测器

火灾探测器根据其探测功能及用途，可分为感温探测器、感烟探测器、感光探测器及复合式探测器等几种类型。在气体灭火系统中，为了探测并输出火灾信号，每个防护区一般都要设置火灾探测器。

2. 声光报警器

声光报警器的机理是在执行控制盘开始执行灭火程序时，首先发出火灾警报，通知人员及时撤离；当灭火剂开始释放时，则发出释放警报声，提醒人员在释放灭火剂时，不要进入火灾区内。声光报警器安装在防护区的出、入口，由执行控制盘控制，它由声响警报和灯光警报两部分组成。其中，声响警报有两种不同的声调，即火灾警报声和灭火剂释放警报声。

3. 报警控制盘

报警控制盘通过接收防护区内火灾探测器发出的火灾信号，然后发出火灾警报，达到提醒人员注意的目的；与此同时，报警控制盘还将火灾信号输送到消防控制中心。若报警控制盘同时接收到的火灾探测器发出的火灾信号是两种或两路，除发出警报外，还通过“与门”电路，将灭火指令送至执行控制盘，从而启动灭火系统扑灭火灾。

根据有关规范要求，一套自动灭火系统管辖的防护区一般不多于8个，为便于系统的控制与管理，建议报警控制盘也采用不超过8个分路的控制盘。

4. 执行控制盘

当报警控制盘将两种或两路“与门”火警信号后传来后，执行控制盘立即发出警报并指示人员撤离；经过延时0～60s（根据灭火剂的种类、灭火剂的喷洒浓度、防护区的大小及出口数量的多少来确定，一般选择30s），报警控制盘开始启动灭火剂储存器瓶的容器阀和相应的防护区选择阀，释放灭火剂灭火；同时报警控制盘发出灭火剂释放

警告声。

另外，执行控制盘还具有紧急切断、人工启动、时钟显示、联动控制、故障检测、状态显示、试验装置及备用电源等功能和装置。图 7-16 为 BJQDb 型执行控制盘外形和面板。

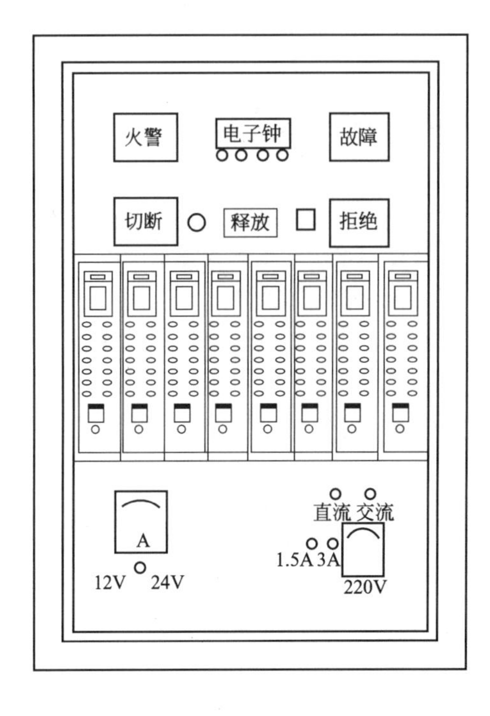

(a) 外形

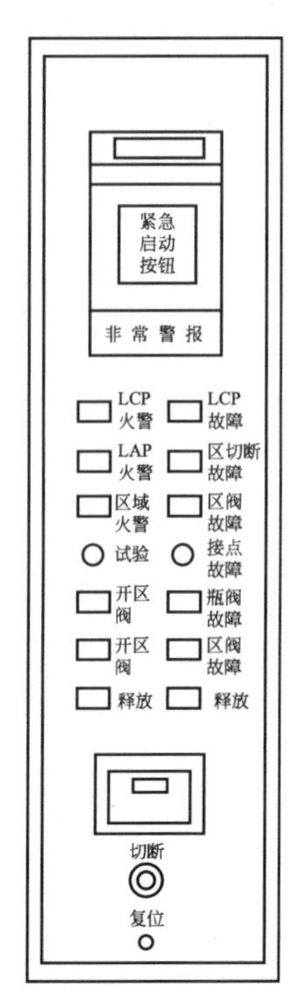

(b) 面板局部放大

图 7-16 BJQDb 型执行控制盘外形和面板

5. 报警执行联动控制盘

报警执行联动控制盘在只有气体灭火装置的场合可代替报警控制盘和执行控制盘。

从火灾探测器输入火灾信号开始，到启动灭火剂容器和防护区选择阀的整个灭火程序，均由报警执行控制盘内的计算机控制。一般说来，报警执行联动控制盘具备了报警控制盘和执行控制盘的各项功能，还具有体积小、使用操作和安装维护简便等优点。

二、气体自动灭火系统的操作控制过程

气体自动灭火系统的操作控制过程可用灭火系统控制流程来说明，如图 7-17 所示。

三、单元独立灭火系统的操作与控制

单元独立灭火系统的组成如图 7-18 所示。

系统的动作原理为：火灾探测器将火灾信号输送到报警控制盘后，报警控制盘即对火灾信号加以判别：若是一种或一路火灾信号，则发出火灾警报；若是两种或两路信号，则向执行控制盘发出启动指令。执行控制盘向火灾区发出声光警报并经延时后，启

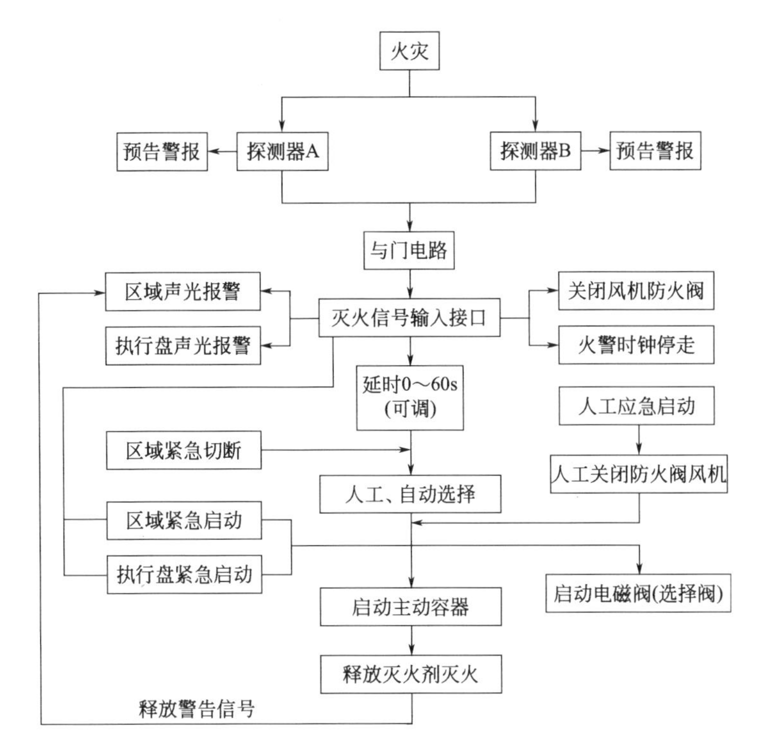

图 7-17　气体自动灭火系统的操作控制过程

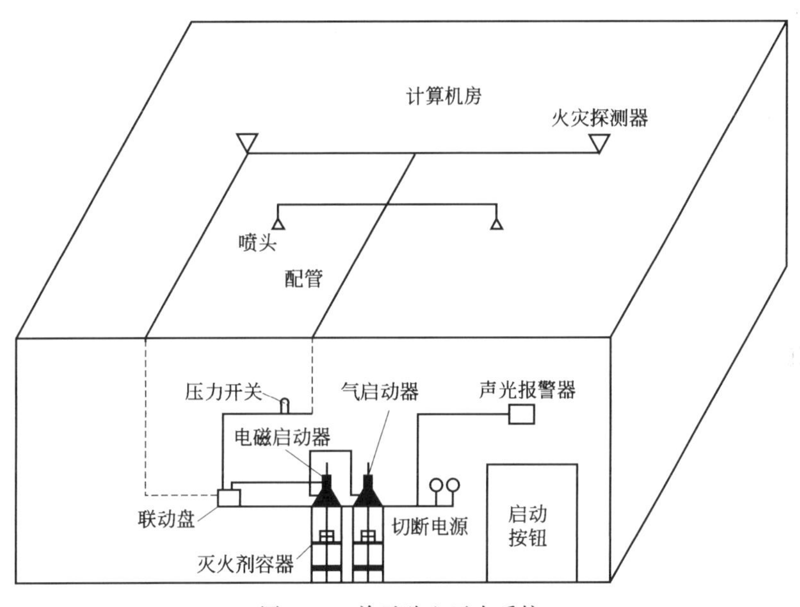

图 7-18　单元独立灭火系统

动主动灭火容器瓶上的电磁启动器，从主动灭火容器瓶中流出的灭火剂，带动从动灭火容器瓶的气启动器开启，释放灭火剂灭火。从动灭火容器瓶可以是一瓶，也可以是多瓶，可根据防护区的大小，经计算后确定。

若上述自动启动方式失效，则可在储瓶站用人工直接开启主动灭火容器瓶上的手动启动器，释放灭火剂灭火。

在工程实践中，一般用报警执行联动控制盘代替报警控制盘和执行控制盘。

单元独立灭火系统的缺点：若在多个防护区（两个或两个以上）的情况下，储瓶站的占地面积就比较大，有时甚至需要设置多个储瓶站，增加较多的工程投资和维护管理费用；同时，给管理工作也带来诸多不便。

四、组合分配灭火系统的操作与控制

组合分配灭火系统与单元独立灭火系统不同的地方在于有多个主动灭火容器瓶（根据防护区个数来确定），同时，还需要增加一套选择分配系统。发生火灾时，开启相应防护区的选择阀和主动灭火容器的启动器。

以某电力变配电所为例来说明系统的操作与控制。该灭火系统共有三个防护区，变压器室、高压配电室、低压配电室，系统布置如图 7-19 所示。经计算，变压器室需要一个灭火容器瓶的灭火剂量，高压配电室需要三个灭火容器瓶的灭火剂量，低压配电室需要四个灭火容器瓶的灭火剂量。

与单元独立系统的控制方式相比，这种灭火系统的控制方式可大大节省灭火容器瓶的使用数量及相应的启动器件，同时，还可减小储瓶站的占地面积。虽然增加了区域分配阀，但仍然可以节约可观的工程投资。

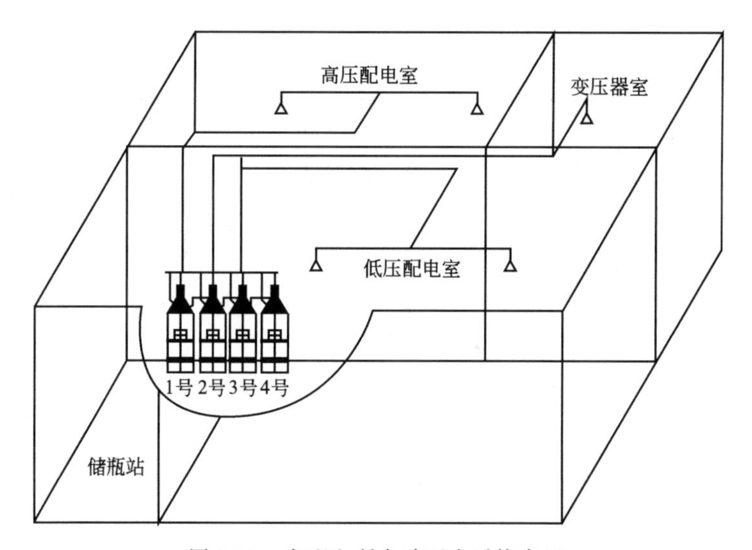

图 7-19　变配电所自动灭火系统布置

第八章 建筑防、排烟设计

本书第一章和第三章已经分别介绍了烟气的危害以及建筑物的防烟分区。本章主要介绍建筑防、排烟设计。近二三十年来，防、排烟（或称烟气控制）问题已成为国际消防界和建筑设计领域重点关注的问题。本章将介绍如何对建筑进行防、排烟设计，从而降低烟气在火灾逃生过程中对人造成的伤害。

第一节 建筑防、排烟设计简介

所谓防、排烟就是将火灾过程中产生的烟气，在着火房间和着火房间所在的防烟区内就地加以排出，防止烟气扩散到疏散通道和其他防烟分区中去，确保疏散和扑救用的防烟楼梯和消防电梯间内无烟，使着火层人员可以安全疏散，同时也可以给抢救工作创造有利条件。

防、排烟的主要部位：房间、走道、防烟楼梯间及其前室、消防电梯间前室、防烟楼梯及消防电梯间合用前室。

排烟方式总体可分为自然排烟方式和机械排烟方式，而机械排烟方式又分为三种不同的方式：全面通风排烟方式、机械送风正压防烟方式、机械负压排烟方式。

一、常用防、排烟技术

1. 自然通风排烟技术

该技术简便易行且较经济，无需较多的维护管理，也是目前较广泛采用的控烟技术之一，但易受外界环境的影响和建筑本身的限制，因而设计要合理，外界风压的影响要给予充分的考虑，因此国外开发出了能自动开启和能减小外界风力影响的风阀。

2. 机械防、排烟

机械排烟方法是用风机将起火建筑内的烟气通过排风风机和管道抽送出建筑外，以减少或消除建筑内的烟气，阻止烟气蔓延。机械正压送风则是对建筑物内的防烟保护区(封闭空间)，如安全疏散防烟楼梯间、避难间等，进行加压送风，使保护区的空气压力高于其他区域（有烟气的区域)，形成一个正压差，以此抵御火灾烟气因热浮力特性产生的压力，使烟气不能流向保护区。

3. 防烟分隔或建立防烟封闭避难区

建立防烟分区是最常使用的手段，使各种挡烟垂壁相继出现，如软质活动挡烟垂壁，玻璃挡烟垂壁。但目前建筑空间越来越大，防烟分隔或防烟封闭避难区对建筑的限制使建筑设计受到影响，有些大空间无法进行分隔，如机场候机楼，对此国际上提出了安全岛设计概念。

4. 建筑材料和家具的阻燃、消烟处理

目前对建筑材料的消烟处理主要是针对塑料材料，众所周知由于塑料为有机物，并含有各种有机、无机物助剂，燃烧时会产生大量的有毒成分，如 HCl，HCN 等，塑料燃烧产生的烟气的刺激性和减光性都非常强，目前常用抑烟剂主要有金属氧化物、无机盐，如 $Al(OH)_3$，ZnO，B_2O_3。世界上主要工业国家都对消烟机理和新型消烟助剂的研究非常重视。

二、我国防、排烟设计的现状

1. 防、排烟设计未引起足够的重视

由于主观和客观的原因，设计单位、消防工程施工单位和相关审批单位对防、排烟设施的认识存有一定偏差。主要表现在两个方面：一方面是防、排烟设施的作用未得到充分的认同；另一方面，是防、排烟工程设置相对随意。

2. 防、排烟研究技术相对落后

我国的机械防、排烟技术研究在20世纪80年代中期才开始起步，在“八五”、“九五”期间对高层建筑楼梯间和地下商业街的控烟技术及烟气流动特性进行了大量的研究，取得了一些重大成果。但是，这些研究主要针对工程实际，缺乏系统全面的研究和基础试验、基础理论研究。到目前为止，我国还没有一部防、排烟系统工程设计和施工验收的国家规范，有关防、排烟的设计要求只是穿插在相关防火设计规范中。

第二节 建筑防、排烟设施

一、防、排烟设施

1. 防烟设施

第三章提到的防烟分区是指用挡烟垂壁、挡烟梁、挡烟隔墙等划分的可把烟气限制在一定范围的空间区域。其中挡烟垂壁、挡烟隔墙、挡烟梁等统称防烟设施，其技术要求分别如下。

① 挡烟垂壁　用不燃烧材料制成，从顶棚下垂不小于500mm的固定或活动的挡烟设施。活动挡烟垂壁系指火灾时因感温、感烟或其他控制设备的作用，自动下垂的挡烟垂壁。主要用于高层或超高层大型商场、写字楼以及仓库等场合，能有效阻挡烟雾在建筑顶棚下横向流动，以利提高在防烟分区内的排烟效果，对保障人的安全起到积极作用。

② 挡烟隔墙　从挡烟效果看，挡烟隔墙比挡烟垂壁的效果好，因此要成为安全区域的场所，宜采用挡烟隔墙。

③ 挡烟梁　有条件的建筑物可利用从顶棚下凸出不小于 0.5m 的钢筋混凝土梁或钢梁进行挡烟。

各种防烟设施如图 8-1 所示。

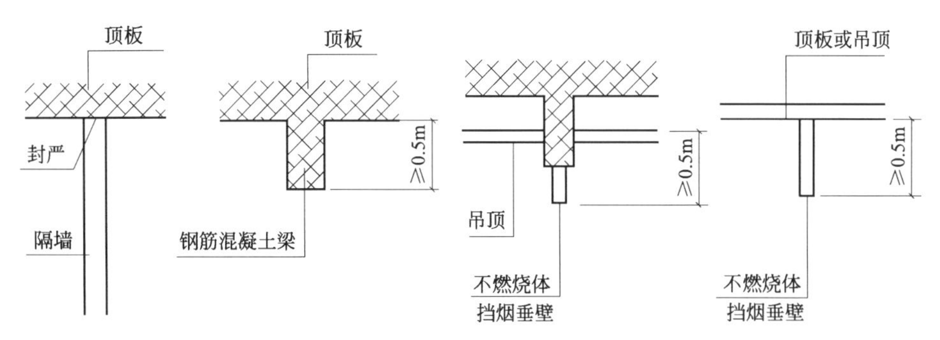

图 8-1　隔墙、挡烟梁和挡烟垂壁等防烟设施的布置

2. 排烟设施

设置排烟设施的场所当不具备自然排烟条件时，应设置机械排烟设施。排烟设施有加压送风口、排烟口、排烟窗、排烟防火阀等。

(1) 加压送风口

加压送风口设置应符合下列要求。

① 楼梯间宜每隔 2～3 层设一个常开式百叶送风口；合用一个井道的剪刀楼梯应每层设一个常开式百叶送风口。

② 前室应每层设一个常闭式加压送风口，火灾时由消防控制中心联动开启火灾层的送风口。当前室采用带启闭信号的常闭防火门时，可设常开式加压送风口。

③ 送风口的风速不宜大于 7m/s。

④ 送风口不宜设置在被门挡住的部位。

⑤ 只在前室设机械加压送风时，宜采用顶送风口或采用空气幕形式。

(2) 排烟口

排烟口应设在储烟仓内；且应常闭，火灾时由火灾自动报警装置联动开启排烟区域的排烟口，且在现场设置手动开启装置；排烟口的设置宜使烟流方向与人员疏散方向相反，排烟口与安全出口的距离不应小于 1.5m（尽量远离安全出口）；排烟口的风速不宜大于 10m/s。

(3) 排烟窗

排烟窗由电磁线圈、弹簧锁等组成。排烟窗平时关闭，用排烟锁锁住。当发生火灾时可自动或手动打开。

(4) 排烟防火阀

排烟防火阀是安装在排烟系统管道上，在一定时间内能满足耐火稳定性和耐火完整性要求，起阻火隔烟作用的阀门。

二、防、排烟设施的设置部位

1. 设置防烟设施的部位

高层、非高层民用建筑设置防烟设施的部位有：

① 防烟楼梯间及其前室；

② 防烟楼梯间及其消防电梯合用前室；

③ 消防电梯前室；

④ 高层建筑避难层（包括封闭式与非封闭式）。

2. 设置排烟设施的部位

① 一类高层和建筑高度超过 32m 的二类高层建筑的下列部位应安设排烟设施：

※中庭及长度超过 20m 的内走道；

※面积超过 $100m^2$，且经常有人停留或可燃物较多的房间，如多功能厅、餐厅、会议室、公共场所、贵重物品陈列室、商品库、计算机房等。

※高层建筑的中庭和经常有人停留或可燃物较多的地下室。

② 非高层建筑的下列部位应设排烟设施：

※公共建筑面积超过 $300m^2$，且经常有人停留或可燃物较多的地上房间；

※建筑总面积超过 $200m^2$ 或单个房间面积超过 $50m^2$，且经常有人停留或可燃物较多的地下、半地下房间。

※公共建筑面积中长度超过 20m 的内走道，其他建筑中地上长度超过 40m 的疏散通道；

※设置在一、二、三层且房间建筑面积大于 $200m^2$ 或设置在四层及四层以上或地下、半地下的歌舞娱乐放映游艺场所。

第三节 自然排烟

自然排烟是利用火灾产生的热流的浮力和外部风力通过建筑物的对外开口把烟气排至室外的排烟方式，其实质上就是热烟气与室外冷空气的对流运动，其动力是火灾加热室内空气产生的热压和室外的风压。

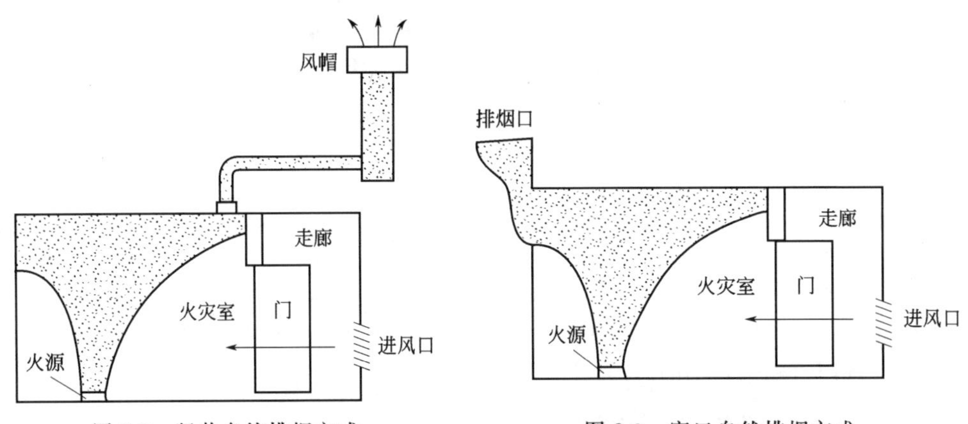

图 8-2 竖井自然排烟方式　　图 8-3 窗口自然排烟方式

自然排烟的方式有两种：①竖井排烟（见图 8-2）。其原理是依靠室内火灾时产生的热压和室外空气的风压形成“烟囱效应”排烟。该方法不需要能源，且设备简单；但排烟口和进风口需要两个较大的截面积（否则排烟效果不佳），占用建筑面积较多；排烟效果不均匀；适用性有局限。②利用建筑的阳台、凹廊或在外墙上设置便于开启的外窗进行无组织的排烟（见图 8-3）。这种排烟方式不需要专门设备，不需要能源，适用性广，可与建筑物原有构造结合；但是因受室外风向、风速和建筑本身的密封性或热压作用的影响，排烟效果不太稳定。

一、影响自然排烟的因素

自然排烟形成的条件，一是存在着室内外气体温度差和孔口高度差引起的浮力作用，即热压作用；二是存在着由室外风力引起的风压作用。这两个条件同时或单独存在都可以形成自然排烟。基于这一原理，影响自然排烟效果的因素有如下四个：①烟气和空气之间的温度差。温度差越大，烟气和空气间的容重差越大，所产生的浮力作用越大，排烟效果就越好。②排烟口和进风口之间的高度差。高度差越大，所产生的浮力越大，排烟效果越好。所以，提高排烟口的位置和降低进风口的位置是提高排烟效果的有效措施。③室外自然风力。当排烟口位于下风向时，排烟是顺风的，由于室外风力的吸引作用，有利于自然排烟，风速越高越有利；相反，当排烟口位于上风向时，排烟是逆风的，由于室外风力的阻挡作用，不利于自然排烟，风速越高越不利，当风速大到一定值时，自然排烟失效，该风速值称为临界风速。风速进一步扩大，将出现烟气倒灌现象。④高层建筑的热压作用。高层建筑中室内外温差引起的热压作用，在不同的季节是不同的。在冬季采暖期间，产生的是正热压作用，上部楼层排气，下部楼层进风。当下部楼层发生火灾时，在火灾初期，烟气将被进风带入走道、楼梯间，蔓延扩散到上部各楼层，而在夏季空调期间，产生的是反热压作用，上部楼层进风，下部楼层排气。当火灾发生在上部楼层时，火灾初期，烟气将被进风带入走道、楼梯间，蔓延扩散到下部各楼层。

在上述四个影响因素中，有三个是不稳定的：①室外风向和风速随季节变化；②火灾期间烟气的温度随时间变化；③高层建筑的热压作用随季节变化。这就导致自然排烟效果不稳定。

总之自然排烟方式结构简单，投资少，不需要外加动力，运行维护费用也少，但是也存在不少问题，除了上文提到的排烟效果不稳定外，还有对建筑物的结构有特殊要求，存在火灾通过排烟口向紧邻上层蔓延的危险性等。因此，考虑我国的消防设备现状和经济实力，一些具有重大影响的高层建筑除了采用设备简单、切实可行的自然排烟方式外，还有必要采用机械排烟。

二、自然排烟设施的设置场所

①《建筑设计防火规范》规定，下列场所宜设置自然排烟设施：

※丙类厂房中建筑面积大于 300m^2 的地上房间；人员、可燃物较多的丙类厂房或高度大于 32m 的高层厂房中长度大于 20m 的内走道；任一层建筑面积大于 5000m^2 的丁类厂房；

※占地面积大于 1000m^2 的丙类仓库；

※公共建筑中经常有人停留或可燃物较多，且建筑面积大于 300m^2 的地上房间；长度大于 20m 的内走道；

※中庭；

※设置在一、二、三层且房间建筑面积大于 200m² 或设置在四层及四层以上或地下、半地下的歌舞娱乐放映游艺场所；

※总建筑面积大于 200m² 或一个房间建筑面积大于 50m² 且经常有人停留或可燃物较多的地下、半地下建筑或地下室、半地下室；

※其他建筑中长度大于 40m 的疏散走道。

②《高层民用建筑设计防火规范》（GB 50045—1995）规定，除建筑高度超过 50m 的一类公共建筑和建筑高度超过 100m 的居住建筑之外，靠外墙的防烟楼梯间及其前室、消防电梯前室和合用前室，宜采用自然排烟方式。见图 8-4。

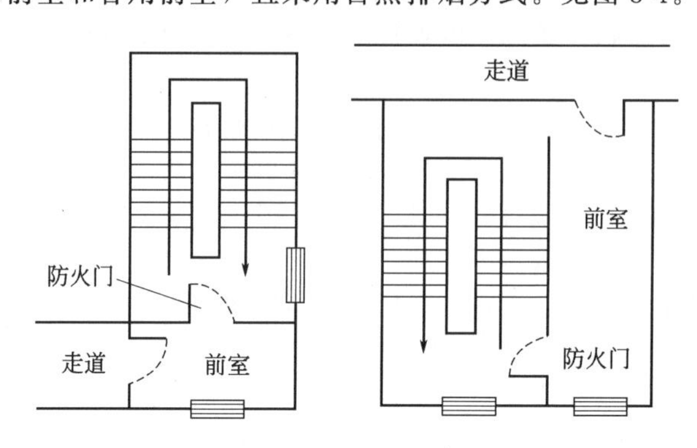

(a) 靠外墙的防烟楼梯间及其前室

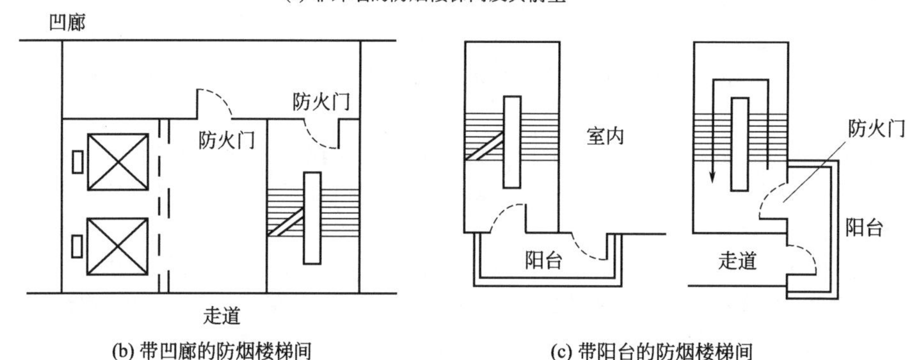

(b) 带凹廊的防烟楼梯间

(c) 带阳台的防烟楼梯间

图 8-4　自然排烟方式

三、自然通风方式的要求

1. 自然排烟口面积的计算

采用自然排烟方式所需通风面积按下列公式计算：

$$A_v C_v = \frac{M_\rho}{\rho_0}\left[\frac{T^2 + (A_v C_v / A_0 C_0)^2 T T_0}{2 g d_b \Delta T T_0}\right]^{1/2}$$

其中：

$$\Delta T = K Q_c / M_\rho C_p$$

式中　A_v——排烟口的截面积，m²；

A_0——所有进气口的总面积，m^2；

C_v——排烟口流量系数，通常选定在0.5～0.7之间；

C_0——进气口的流量系数，通常约为0.6；

ρ_0——环境温度下气体的密度，kg/m^3；

g——重力加速度，m/s^2；

d_b——排烟窗下烟气的厚度，m；

T——烟气的绝对温度，K，$T=\Delta T+T_0$；

T_0——环境的绝对温度，K；

K——烟气中对流放热量因子，一般取0.5。

注：公式中 A_vC_v 在计算时应采用试算法。

经计算出的所需通风面积也应当符合下要求：

① 当开窗角大于70°时，其面积可按其窗面积计算；

② 当开窗角小于70°时，其面积应按其水平投影面积计算；

③ 当采用侧拉窗时，其面积应按开启的最大窗口面积计算。

2. 自然排烟口的设置要求

① 设置自然排烟设施的场所，其自然排烟口的净面积应符合下列规定：

※防烟楼梯间前室、消防电梯间前室，不应小于$2m^2$；合用前室，不应小于$3m^2$；

※靠外墙的防烟楼梯间，每5层内可开启排烟窗的总面积不应小于$2m^2$（见图8-5）；

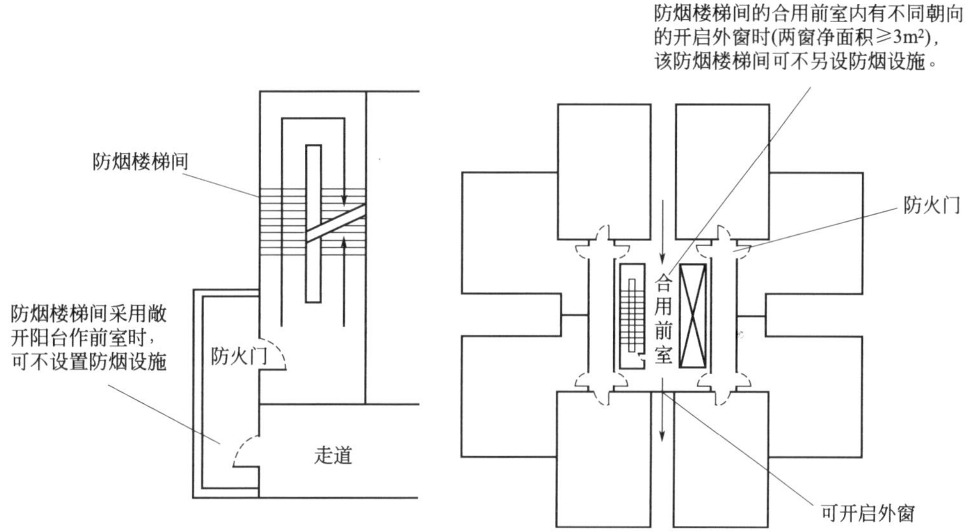

图8-5 防烟楼梯间及其前室、消防电梯间前室以及合用前室设置自然排烟条件

※中庭、剧场舞台，不应小于该中庭、剧场舞台楼地面面积的5%；

※其他场所，宜取该场所建筑面积的2%～5%。

② 作为自然排烟的窗口宜设置在房间的外墙上方或屋顶上，并应有方便开启的装置。自然排烟口距该防烟分区最远点的水平距离不应超过30m，见图8-6。

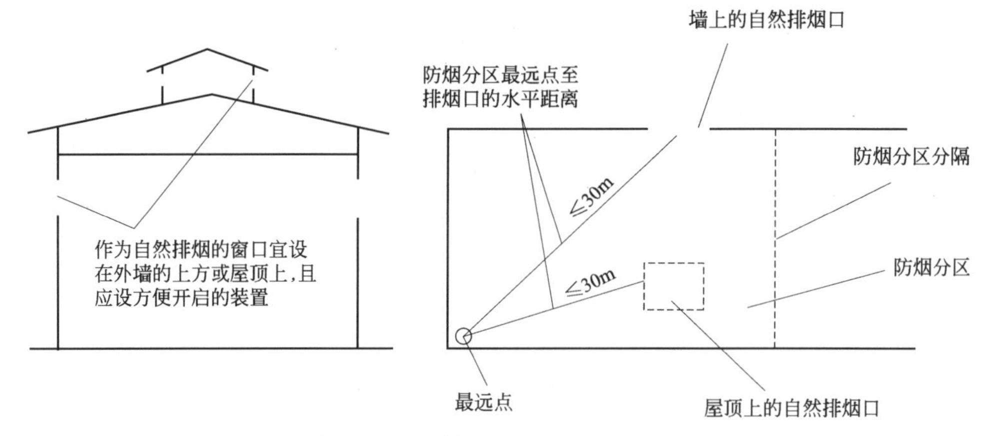

图 8-6　自然排烟口的设置部位和要求

四、自然排烟建筑设计

自然排烟除了可以利用外墙上设置的可开启的外窗或排烟口实现外，还可利用阳台、凹廊等实现。特别是当防烟楼梯间的前室和合用前室的自然排烟是采用敞开的阳台、凹廊或者前室内设置不同朝向的外窗完成时，其排烟效果受风力、风向、热压的因素影响较小，排烟效果能够得到保证。这样，其前室所在的防烟楼梯间就不必再设置防烟设施。

在实际设计中，应尽可能利用不同朝向开启的外窗排除前室的烟气。同样，内走道排烟口尽量设置在两个不同的朝向上。

排烟口的位置越高，排烟效果越好。所以，可开启外窗高度要尽可能靠近顶棚设置，但要设便于开启的装置。

第四节　机械防、排烟

机械排烟方式是用机械设备强制送风（或排烟）的手段来排除烟气的方式。送风和排烟可全部借助机械力作用，也可一个借助机械力的作用，另一个则借助自然通风或排烟作用，据此，机械排烟又具体分为三种方式。①全面通风排烟方式：对着火房间进行机械排烟，同时对走廊、楼梯（电梯）前室和楼梯间进行机械送风，控制送风量略小于排烟量，使着火房间保持负压，以防止烟气从着火房间漏出的排烟方式；②机械送风正压防烟方式：用送风机给防烟前室和楼梯间等送新鲜空气，使这些部位的压力比着火房间相对高些，着火房间的烟气经专设的排烟口或外窗以自然排烟的方式排出；③机械负压排烟方式：用排烟风机把着火房间内的烟气通过排烟口排至室外的方式。

一、机械防、排烟设施的设置

1. 机械防烟设施的设置场所及要求

① 下列场所应设置机械加压送风防烟设施：

※不具备自然排烟条件的防烟楼梯间；

※不具备自然排烟条件的消防电梯间前室或合用前室；

※设置自然排烟设施的防烟楼梯间，其不具备自然排烟条件的前室。

② 机械加压送风防烟系统的加压送风量应经计算确定。当计算结果与表 8-1 的规定不一致时，应采用较大值。

表 8-1　最小机械加压送风量

条件和部位		加压送风量/(m^3/h)
前室不送风的防烟楼梯间		25000
防烟楼梯间及其合用前室分别加压送风	防烟楼梯间	16000
	合用前室	13000
消防电梯间前室		15000
防烟楼梯间采用自然排烟，前室或合用前室加压送风		22000

注：表内风量数值系按开启宽×高＝1.5m×2.1m 的双扇门为基础的计算值。当采用单扇门时，其风量宜按表 8-1 的数值乘以 0.75 确定；当前室有 2 个或 2 个以上门时，其风量应按表 8-1 的数值乘以 1.50～1.75 确定。开启门时，通过门的风速不应小于 0.70m/s。

③ 防烟楼梯间内机械加压送风防烟系统的余压值应为 40～50Pa；前室、合用前室应为 25～30Pa。

④ 防烟楼梯间和合用前室的机械加压送风防烟系统宜分别独立设置。

⑤ 防烟楼梯间的前室或合用前室的加压送风口应每层设置 1 个。防烟楼梯间的加压送风口宜每隔 2～3 层设置 1 个。

⑥ 机械加压送风防烟系统中送风口的风速不宜大于 7.0m/s。

⑦ 高层厂房（仓库）的机械防烟系统的其他设计要求应按现行国家标准《高层民用建筑设计防火规范》(GB 50045) 的有关规定执行。

2. 机械排烟设施的设置场所

设置排烟设施的场所当不具备自然排烟条件时，应设置机械排烟设施。机械排烟方式，适合于一类高层建筑和建筑高度超过 32m 的二类高层建筑的下列部位：

① 无直接自然通风，且长度超过 20m 的内走道，或虽有直接自然通风，但长度超过 60m 的内走道。

② 面积超过 $100m^2$，且经常有人停留或可燃物较多的地上无窗房间或设固定窗的房间。

③ 不具备自然排烟条件或净空高度超过 12m 的中庭。

④ 除利用窗井等开窗进行自然排烟的房间外，各房间总面积超过 $200m^2$ 或一个房间面积超过 $50m^2$，且经常有人停留或可燃物较多的地下室。

机械排烟系统由挡烟垂壁、排烟口、防火排烟阀门、排烟风机和烟气排出口组成。机械排烟系统可兼作平时通风排风使用，如图 8-7 所示。

3. 机械排烟系统设置的一般要求

建筑物烟气控制区域机械排烟风量的设计和计算应遵循以下基本原则。

① 排烟系统与通风、空气调节系统宜分开设置。当合用时，应符合下列条件：系统的风口、风道、风机等应满足排烟系统的要求；当火灾被确认后，应能开启排烟区域

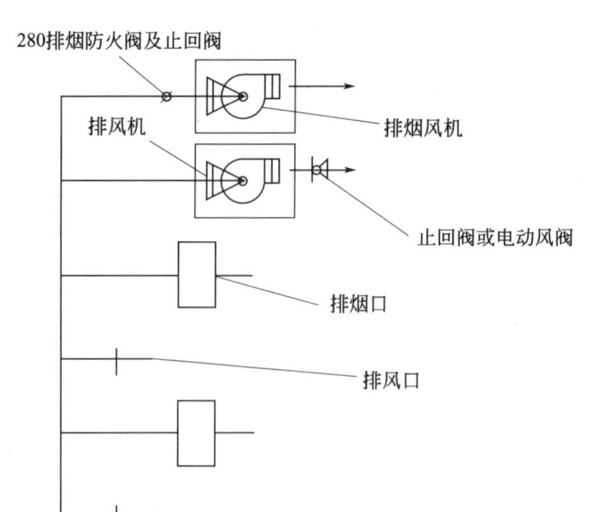

图 8-7　风机排烟和排风合用系统示意

的排烟口和排烟风机，并在 15s 内自动关闭与排烟无关的通风、空调系统。

② 走道的机械排烟系统宜竖向设置，如图 8-8 所示。房间的机械排烟系统宜按防烟分区设置。

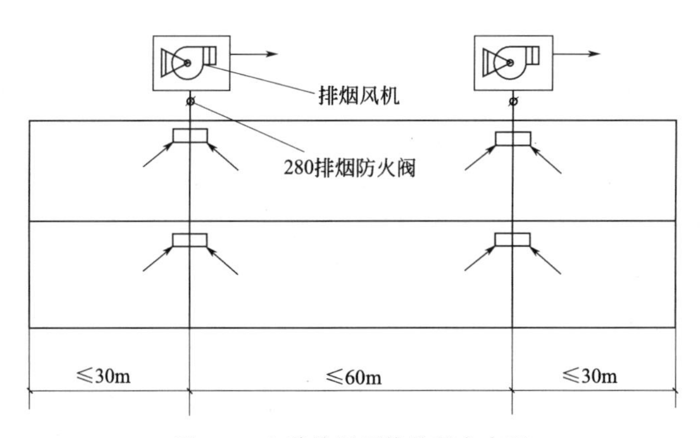

图 8-8　走道排烟系统的竖向布置

③ 排烟风机的全压应按排烟系统最不利管道进行计算，其排烟量应在计算的系统排烟量的基础上考虑一定的排烟风道漏风系数。金属风道漏风系数取 1.1～1.2，混凝土风道漏风系数取 1.2～1.3。

④ 人防工程机械排烟系统宜单独设置或与工程排风系统合并设置。当合并设置时，必须采取在火灾发生时能将排风系统自动转换为排烟系统的措施。

二、排烟系统排烟量要求

1. 排烟区域排烟时的补风要求

① 设置机械排烟的地下室，应同时设置送风系统，补风量不应小于排烟量的 50%，

空气应直接从室外引入。补风系统可采用疏散外门、手动或自动可开启外窗以及机械补风等方式。机械送风口或自然补风口应设在储烟仓以下。

② 机械送风口的风速不宜大于10m/s，公共聚集场所或面积小于500m^2的区域，送风口的风速不宜大于5m/s；自然补风口的风速不宜大于3m/s。

③ 设有机械排烟的走道或小于500m^2的房间，可不设补风系统。

④ 排烟区域所需的补风系统应与排烟系统联动开启。

⑤ 补风口与排烟口设置在同一空间内相邻的防烟分区时，补风口位置不限；当补风口与排烟口设置在同一防烟分区时，补风口应设在储烟仓下沿以下；补风口与排烟口水平距离不应少于5m。

2. 机械排烟量要求

机械排烟系统的排烟量不应小于表8-2的规定。

表8-2　机械排烟系统的最小排烟量

<table>
<tr><th colspan="2">条件和部位</th><th>单位排烟量/(m^3/h·m^2)</th><th>换气次数/(次/h)</th><th>备　注</th></tr>
<tr><td colspan="2">担负1个防烟分区</td><td rowspan="2">60</td><td rowspan="2">—</td><td rowspan="2">单台风机排烟量不应小于7200m^3/h</td></tr>
<tr><td colspan="2">室内净高大于6.0m且不划分防烟分区的空间</td></tr>
<tr><td colspan="2">担负2个及2个以上防烟分区</td><td>120</td><td>—</td><td>应按最大的防烟分区面积确定</td></tr>
<tr><td rowspan="2">中庭</td><td>体积小于等于17000m^3</td><td>—</td><td>6</td><td rowspan="2">体积大于17000m^3时,排烟量不应小于102000m^3/h</td></tr>
<tr><td>体积大于17000m^3</td><td>—</td><td>4</td></tr>
</table>

排烟系统风管水力计算不需进行风量平衡，应当选其中风量最大、风管较长的一支进行，然后对最远的支管进行校对。

下列场所一个防烟分区可按以下规定确定：

① 设有喷淋的客房、办公室，其走道或回廊的机械排烟量不应小于9000m^3/h；具备自然排烟条件的走道，当走道两侧自然排烟面积均不小于1.2m^2时可不设置机械排烟系统；

② 无喷淋的客房、办公室，或建筑面积小于100m^2且设有喷淋的房间，其走道或回廊的机械排烟量不应小于13000m^3/h；走道两侧自然排烟面积均不小于2m^2时可不设置机械排烟系统；

③ 隔间面积小于500m^2的区域，其排烟量可按60m^3/h·m^2计算，或设置不小于室内面积2%的排烟窗；

④ 设有喷淋的大空间办公室、汽车库，其排烟量可按6次/h换气计算且不应小于30000m^3/h，或设置不小于室内面积2%的排烟窗。

三、防烟系统设计计算

1. 加压防烟

加压控制室利用通风机所产生的气体流动和压力差来控制烟气蔓延的防烟措施。当建筑物发生火灾时，对着火区以外的走廊、楼梯间等疏散通道进行加压送风，使其保持一定的正压，以防止烟气侵入。此时，着火区应处于负压，着火区开口部位必须保持如图 8-9 所示的压力分布，即开口部位不出现中和面，开口部位上缘内侧压力的最大值不能超过外侧加压疏散通道的压力。

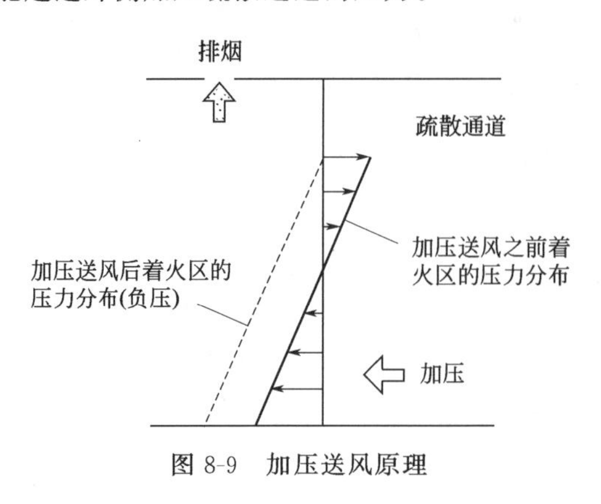

图 8-9 加压送风原理

着火区内外压差的大小一方面受阻止烟气逆流所需的空气流速和流量确定，同时需考虑门的开启所需的力的大小等因素。当分隔物上存在一个或几个大的开口，则无论对设计还是测量来说都适宜采用空气流速法确定加压控制设备；但对于门缝、裂缝等小缝隙，适宜使用压差法选择加压设备。但同时，需要分别对压差和空气流速进行校核。

2. 加压送风的原则和方式

加压送风系统设置的一般要求如下。

① 机械加压送风的防烟楼梯间和合用前室，宜分别独立设置送风系统，当必须共用一个系统时，应在通向合用前室的支风管上设置压差自动调节装置。

② 超过 32 层或建筑高度超过 100m 的高层建筑，其送风系统和送风量应分段设计。

③ 带裙房的高层建筑防烟楼梯间及其前室、消防电梯间前室或合用前室，当裙房以上部分利用可开启外窗进行自然排烟，裙房部分不具备自然排烟条件时，其前室或合用前室应设置局部正压送风系统。

④ 当系统的余压超过计算得到的系统最大压力差时，应设置余压调节阀或采用变速风机等措施。

加压送风系统主要有以下几种方式：

※仅对防烟楼梯间加压送风（前室不加压）；

※对防烟楼梯间及前室分别加压；

※对防烟楼梯间及有消防电梯的合用前室分别加压；

※仅对消防电梯的前室加压；

※防烟楼梯间具有自然排烟条件，仅对前室及合用前室加压。

机械加压送风方式防烟设计一般包括以下内容：加压风机的风压确定；加压送风风量的确定；加压送风系统与消防中心联动控制选择；加压送风道断面尺寸及其送风口断面尺寸确定。

3. 加压送风风压的计算

机械加压送风机的全压，除计算最不利管道压头损失外，尚应有余压。其余压值应符合下列要求：防烟楼梯间、防烟电梯井应为 40～50Pa；前室、合用前室、消防电梯间前室、封闭避难层（间）为 25～30Pa。当走道和前室同时设有机械加压送风或前室（合用前室）设有机械加压送风，而防烟楼梯间采用自然通风方式时，可不受此限制。

人防工程防烟楼梯间送风余压值不应小于 50Pa，前室或合用前室送风余压值不应小于 25Pa。避难走道的前室送风余压值不应小于 25Pa。

机械加压送风系统最大压力差应按以下公式计算：

$$\Delta P=\frac{2(F'-F_{dc})(W_1-d)}{W_1A_1}$$

式中　A_1——门的面积，m^2；

d——门的把手到门闩的距离，m；

F'——门的总推力，N，一般取 110N；

F_{dc}——门把手处克服闭门器所需的力，N；

W_1——门的宽度，m。

4. 加压送风量的计算

封闭楼梯间、防烟楼梯间及前室的机械加压送风的风量可以通过计算确定。《建筑防排烟技术规程》(DGJ 08-88-2006) 中规定了计算前室及楼梯间的机械加压送风量的计算方法。

前室或楼梯间的机械加压送风量由三部分组成，包括保持加压部位一定的正压值所需的送风量、开启着火层疏散时为保持门洞处风速所需的送风量以及送风阀门的总漏风量。

$$L=L_1+L_2+L_3$$

式中　L——加压送风系统的总风量，m^3/s

L_1——保持加压部位一定的正压值所需的漏风量，m^3/s；

L_2——开启着火层疏散门时为保持门洞处风速所需的送风量，m^3/s；

L_3——送风阀的总漏风量，m^3/s。

其中，

$$L_1=0.827\times A\times\Delta P^{1/n}\times1.25\times N_1$$

式中　A——每层电梯门或疏散门的有效漏风面积，m^2；其中，门缝宽度，疏散门为 0.002～0.004m；电梯门为 0.005～0.006m；

ΔP——压力差，Pa，楼梯间取 40～50Pa，前室取 25～30Pa；

n——指数，一般取 2；

1.25——不严密处附加系数；

N_1——漏风门的数量，当采用常开风口时，取楼层数；当采用常闭风口时，取 1。

$$L_2=A_kvN_2$$

式中　A_k——每层开启门的总断面积，m^2；

v——门洞断面风速，m/s，一般取 0.7～1.2；

N_2——开启门的数量，当采用常开风口时，20 层及以下取 2，20 层以上取 3；当采用常闭风口时，取 1。

$$L_3=0.083A_FN_3$$

式中　A_F——每层开启门的总断面积，m^2；

0.083——阀门单位面积的漏风量，m/s；

N_3——漏风阀门的数量。当采用常开风口时，取 0；当采用常闭风口时，取楼层数。

封闭楼梯间、防烟楼梯间的机械加压送风量可以通过计算确定，也可查表 8-3 和表

8-4 确定，当计算值和本表不一致时；应按两者中较大值确定；前室的机械加压送风的风量应由以上公式计算确定。

表 8-3　封闭楼梯间、防烟楼梯间（前室不送风）**的机械加压送风量**

系统负担层数/层	加压送风量/(m^3/h)
＜20	25000～30000
20～32	35000～40000

表 8-4　封闭楼梯间、防烟楼梯间（前室送风）**的机械加压送风量**

系统负担层数/层	送风部位	加压送风量/(m^3/h)
＜20	防烟楼梯间	16000～20000
	合用前室	12000～16000
20～32	防烟楼梯间	20000～25000
	合用前室	18000～22000

注：1. 表 8-3 与表 8-4 的风量按开启 2.00m×1.60m 的双扇门确定。当采用单扇门时，其风量可乘以 0.75 系数；当有两个或两个以上出入口时，其风量应乘以 1.50～1.75 系数。开启门时，通过门风速不宜小于 0.7m/s。

2. 风量上下限选取应按层数、风道材料、防火门漏风量等因素综合比较确定。

5. 加压送风风机的要求

机械加压送风风机可采用轴流风机或中、低压离心风机，其安装位置应符合下列要求：

① 送风机的进风口宜直接与室外空气相联通；

② 送风机的进风口不宜与排烟机的出风口设在同一层面。如必须设在同一层面时，送风机的进风口应不受烟气影响；

③ 送风机应设置在专用的风机房内或室外屋面上。风机房应采用耐火极限不低于 2.5h 隔墙和 1.5h 的楼板与其他部位隔开，隔墙上的门应为甲级防火门；

④ 设常开加压送风口的系统，其送风机的出风管或进风管上应加装单向风阀；当风机不设于该系统的最高处时，应设与风机联动的电动风阀。

四、排烟系统设计计算

火灾发生时，着火区域内产生大量高温烟气，导致烟气体积膨胀，压力上升，一般平均压力高出其他区域 10～15Pa，短时可能达到 35～40Pa，这将使烟气能够通过门窗缝隙、开口及其他缝隙处泄漏出去。机械排烟的目的就是将着火区域内的烟气抽吸至室外，保持着火区域内一定的负压，这样既可防止烟气扩散又可减小烟气浓度，便于人员疏散。

1. 排烟量计算要求

机械排烟量的计算按以下要求进行。

① 当排烟风机负担一个防烟分区时（包括不划分防烟分区的大房间），应按该防烟分区面积每平方米不小于 $60m^3/h$ 计算；当负担两个或两个以上防烟分区时，应按最大

防烟分区面积每平方米不小于120m^3/h计算。

一个排烟系统可以担负几个防烟分区，其最大排烟量为60000m^3/h；最小排烟量为7200m^3/h。

② 室内中庭的排烟量以其体积大小按（4～6）次/h换气计算。当室内中庭体积大于17000m^3时，其排烟量按其体积的4次/h换气计算；当室内中庭体积小于17000m^3时，其排烟量按其体积的6次/h换气计算。但必须注意，按规定计算出来的总风量，不应小于102000m^3/h。

③ 带裙房的高层建筑防烟楼梯间及其前室，消防电梯前室和合用前室外，当裙房以上部分能采用可开启外窗自然排烟措施时，其裙房以内部分如不具备自然排烟条件的前室或合用前室，应设置局部机械排烟设施。其排烟量按每平方米不小于60m^3/h计算。选择排烟风机，应附加漏风系数，一般采用10%～30%。排烟系统的管道，应按系统最不利条件考虑，也就是按最远两个排烟口同时开启计算。

2. 排烟量的计算

为保持着火区域的负压，机械排烟量应大于火灾时产生的已受热膨胀的烟气发生量。根据下式可以计算出火灾烟气的发生量。

$$V=\frac{M_\rho T_p}{\rho_0 T_0}$$

式中 V——排烟量，m^3/s；

M_ρ——烟缕质量流量，kg/s；

ρ_0——环境温度下的气体密度，kg/m^3，通常情况下当温度为20℃时，ρ_0取1.2；

T_0——环境的绝对温度，K；

T_p——烟气的平均绝对温度，K。

其中，烟缕质量流量应分以下情况计算。

（1）轴对称型烟缕

当$Z>Z_1$时：

$$M_\rho=0.071Q_c^{1/3}Z^{5/3}+0.0018Q_c$$

当$Z\leqslant Z_1$时：

$$M_\rho=0.032Q_c^{3/5}Z$$

$$Z_1=0.166Q_c^{2/5}$$

式中 Q_c——热释放量的对流部分，kW，一般取值为$0.7Q$。

Z——燃料面到烟层底部的高度，m；

Z_1——火焰极限高度，m。

（2）阳台溢出型烟缕

$$M_\rho=0.36(QW^2)^{1/3}(Z_b+0.25H_1)$$

$$W=w+d$$

式中 H_1——燃料至阳台的高度，m；

Z_b——从阳台下缘至烟层底部的高度，m；

W——烟缕扩散宽度，m；

w——火源区域的开口宽度，m；

d——从开口至阳台边沿的距离，m，$d\neq0$。

当 $Z_b \geqslant 13W$ 时，阳台型烟缕的质量流量可使用对称型烟缕公式进行计算。

(3) 窗口型烟缕

$$M_\rho = 0.68 \cdot (A_w H_w{}^{1/2})^{1/3} (Z_w + \alpha_w)^{5/3} + 1.59 A_w H_w{}^{1/2}$$

$$\alpha_w = 2.4 A_w^{2/5} H_w{}^{1/5} - 2.1 H_w$$

式中 A_w——窗口开口的面积，m^2；

H_w——窗口开口的高度，m；

Z_w——开口的顶部到烟层的高度，m；

α_w——窗口烟缕型的修正系数。

(4) 墙型烟缕

当 $Z > Z_1$ 时：

$$M_\rho = 0.0355 \cdot (2Q_c)^{1/3} Z^{5/3} + 0.0018 Q_c$$

当 $Z = Z_1$ 时：

$$M_\rho = 0.035 Q_c$$

当 $Z < Z_1$ 时：

$$M_\rho = 0.016 \cdot (2Q_c)^{3/5} Z$$

式中 Q_c——热释放量的对流部分，kW，一般取值为 $0.7Q$；

Z——燃料面到烟层底部的高度，m；

Z_1——火焰极限高度，m。

(5) 角型烟缕

当 $Z > Z_1$ 时：

$$M_\rho = 0.01775 \cdot (4Q_c)^{1/3} Z^{5/3} + 0.0018 Q_c$$

当 $Z = Z_1$ 时：

$$M_\rho = 0.035 Q_c$$

当 $Z < Z_1$ 时：

$$M_\rho = 0.008 \cdot (4Q_c)^{3/5} Z$$

式中 Q_c——热释放量的对流部分，kW，一般取值为 $0.7Q$；

Z——燃料面到烟层底部的高度，m；

Z_1——火焰极限高度，m。

另外，机械排烟系统中，每个排烟口的排烟量不应大于临界排烟量 V_{crit}，V_{crit} 按以下公式计算。

$$V_{crit} = 0.00887 \beta d_b^{5/2} (\Delta T_p T_0)^{1/2}$$

$$d_b / D \geqslant 2$$

式中 V_{crit}——临界排烟量，m^3/s；

β——无因次系数，当排烟口设于吊顶并且其最近的边离墙小于 0.5m 或排烟口设于侧墙并且其最近的边离吊顶小于 0.5m 时，β 取 2.0；当排烟口设于吊顶并且其最近的边离墙大于 0.5m 时，β 取 2.8。

d_b——排烟窗（口）下烟气的厚度，m；

T_0——环境的绝对温度，K；

ΔT_p——烟层平均温度与环境温度之差，℃；

D——排烟口的当量直径，m，当排烟口为矩形时，$D = 2ab/(a+b)$；

a，b——排烟口的长和宽，m。

排烟量也可通过查表 8-5 火灾烟气速查表选取。

表 8-5　火灾烟气速查

Q=1MW 火灾烟气			Q=1.5MW 火灾烟气			Q=2.5MW 火灾烟气		
M_ρ/(kg/s)	ΔT/℃	V/(m^3/s)	M_ρ/(kg/s)	ΔT/℃	V/(m^3/s)	M_ρ/(kg/s)	ΔT/℃	V/(m^3/s)
4	175	5.32	4	263	6.32	6	292	9.98
6	117	6.98	6	175	7.99	10	175	13.31
8	88	6.66	10	105	11.32	15	117	17.49
10	70	10.31	15	70	15.48	20	88	21.68
12	58	11.96	20	53	19.68	25	70	25.8
15	47	14.51	25	42	24.53	30	58	29.94
20	35	18.64	30	35	27.96	35	50	34.16
25	28	22.8	35	30	32.16	40	44	38.32
30	23	26.9	40	26	36.28	50	35	46.6
35	20	31.15	50	21	44.65	60	29	54.96
40	18	35.32	60	18	53.1	75	23	67.43
50	14	43.6	75	14	65.48	100	18	88.5
60	12	52	100	10.5	86	120	15	105.1
Q=3MW 火灾烟气			Q=4MW 火灾烟气			Q=5MW 火灾烟气		
M_ρ/(kg/s)	ΔT/℃	V/(m^3/s)	M_ρ/(kg/s)	ΔT/℃	V/(m^3/s)	M_ρ/(kg/s)	ΔT/℃	V/(m^3/s)
8	263	12.64	8	350	14.64	9	525	21.5
10	210	14.3	10	280	16.3	12	417	24
15	140	18.45	15	187	20.48	15	333	26
20	105	22.64	20	140	24.64	18	278	29
25	84	26.8	25	112	28.8	24	208	34
30	70	30.96	30	93	32.94	30	167	39
35	60	35.14	35	80	37.14	36	139	43
40	53	39.32	40	70	41.28	50	100	55
50	42	49.05	50	56	49.65	65	77	67
60	35	55.92	60	47	58.02	80	63	79
75	28	68.48	75	37	70.35	95	53	91.5
100	21	89.3	100	28	91.3	110	45	103.5
120	18	106.2	120	23	107.88	130	38	120
140	15	122.6	140	20	124.6	150	33	136

续表

Q=6MW 火灾烟气			Q=8MW 火灾烟气			Q=20MW 火灾烟气		
M_ρ/(kg/s)	ΔT/℃	V/(m³/s)	M_ρ/(kg/s)	ΔT/℃	V/(m³/s)	M_ρ/(kg/s)	ΔT/℃	V/(m³/s)
10	420	20.28	15	373	28.41	20	700	56.48
15	280	24.45	20	280	32.59	30	467	64.85
20	210	28.62	25	224	36.76	40	350	73.15
25	168	32.18	30	187	40.96	50	280	81.48
30	140	38.96	35	160	45.09	60	233	89.76
35	120	41.13	40	140	49.26	75	187	102.4
40	105	45.28	50	112	57.79	100	140	123.2
50	84	53.6	60	93	65.87	120	117	139.9
60	70	61.92	75	74	78.28	140	100	156.5
75	56	74.48	100	56	90.73			
100	42	98.1	120	46	115.7			
120	35	111.8	140	40	132.6			
140	30	126.7						

第五节 通风空调系统防火

现代建筑中，各种设备的管道系统越来越多，它们纵横交错，连接于楼层与楼层之间、房间与房间之间。这些管道系统若没有完善的防火防烟措施，则必将成为火势、烟气传播的天然渠道，使火灾迅速蔓延到管道系统所经过的区域。因此，在消防技术中，切断火灾扩散的通道，尽可能将火势和烟气控制在有限的区域内，是减少火灾损失的重要环节。这些管道系统中，通风空调管道的流通截面积最大，这使它成为火灾扩散最危险的途径。在过去的火灾案例中，风道成为火势、烟气扩散通路的情况经常发生。

通风空调系统的阻火隔烟主要从两个方面着手，首先是实现材料的非燃化，其次是在一定的区位，在管路上设置切断装置，把管路隔断，阻止火势、烟气的流动。

一、管道系统及材料

从防灾安全的角度，通风空调系统的管道材料（风管和水管）都应该采用非燃材料，包括管道本身及与管道相连的保温材料、消声材料、黏结剂、阀门等。但接触腐蚀性介质的风管，使用不燃材料难以满足防腐要求，为抵抗化学腐蚀、延长管道寿命常采用有机材料制作风道及接头，其防火标准可能有所下降，但允许使用难燃材料。在选用保温材料时（包括黏结剂），首先考虑使用不燃保温材料，如超细玻璃棉、岩棉等。由于我国目前保温材料品种构成不全面，完全采用不燃材料还有一定困难，因此管道和设备的保温材料、消声材料允许采用难燃材料，但黏结剂和保温层的外包材料仍要采用不燃材料，如玻璃布、铝箔等。

有些部位的保温材料必须要用不燃材料，如风管穿越变形缝和防火墙时，往往是穿越两个防火分区，因此，防火要求更为严格，风管穿越防火墙后的 2m 范围内、变形缝前后 2m 范围内的保温材料均应为不燃材料。当风管内设有电加热器时，电热管的温度较高，对风管内壁的辐射热量较大，易引起保温材料的温度升高，因此，在电加热器前后各 0.8m 范围内，保温材料应采用不燃材料。此外，电加热器还应与风机连锁，当风机停机时，加热器应断电，以防电加热器在系统已停止工作时，仍继续加热，从而引发火灾。

通风空调系统穿越楼板的垂直风道是火势和烟气垂直蔓延的主要途径，因此，风管穿越楼层的层数应有所限制。在高层建筑中，竖向一般不超过五层，横向则按每个防火分区设置。在有些工程中，通风空调系统的垂直风管如果按竖向不超过五层的原则布置，从经济、技术上都很困难。如宾馆、饭店的集中新风系统和排风系统的垂直管道，往往要超过五层，这时，支管应当要采取防止气流回流的措施，或者在支管上安装防火阀。如图 8-10 和图 8-11 所示，这样可以防止火灾蔓延到垂直风道所经过的其他楼层。同时各楼层还要设自动喷水灭火系统，作为灭火的手段。

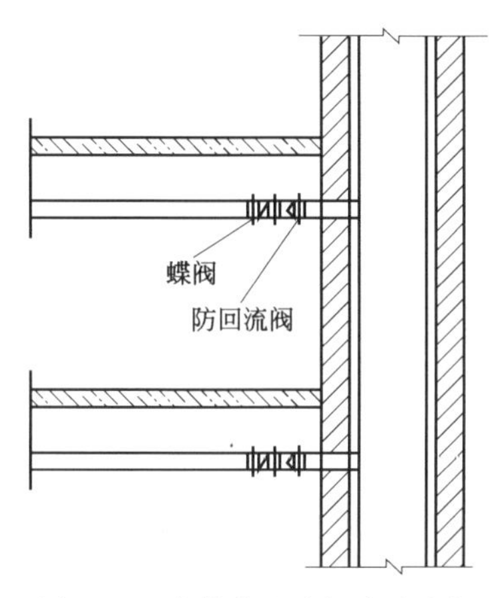

图 8-10　支管装回流阀或防火阀

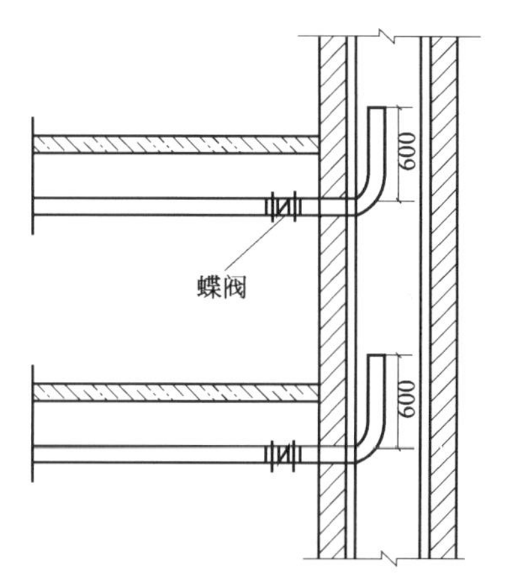

图 8-11　增加各层通风管垂直高度

与之类似的，厨房、卫生间的垂直排风管道，往往也穿越许多楼层，其各层的支管都应采取防止回流的措施，或者支管上设置防火阀。

二、防火阀的设置

1. 防火阀的原理与特点

前面已经介绍了防火阀是起阻火隔烟作用防、排烟设备。它是在一定时间内能满足耐火稳定性和耐火完整性要求，用于管道内阻火的活动式封闭装置。其最根本的作用是在火灾发生时，切断管道内的气流通路，使火势及烟气不能沿风道传播开来。

防火阀的构造如图 8-12 所示。

正常工作时，防火阀的叶片常开，气流能顺利流过；发生火灾时，管内气体的温度上升，管内气体温度达到 70℃时，认为已发生火灾（阀门中金属温度熔断器的熔点设置为 70℃），熔断器熔化时，阀体上的扭转弹簧使叶片受到扭力作用而发生转动，从而

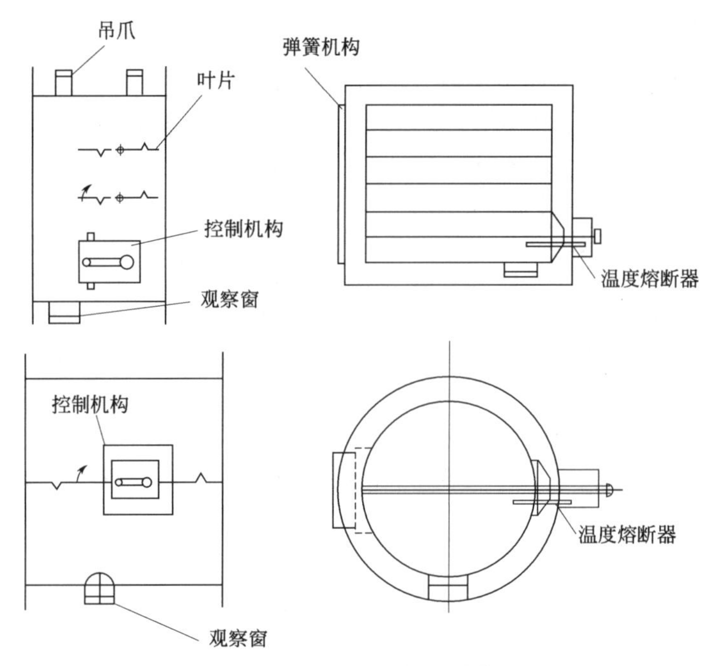

图 8-12　矩形、圆形防火阀

关闭阀门。防火阀的必备功能是通过熔断器断开使防火阀关闭。除此之外，防火阀还可根据需要通过消防控制中心的信号关闭，也可手动关闭。防火阀关闭时，还可输出信号，供消防控制中心监视。有的防火阀还同时具有风量调节能力，丰富了防火阀的功能。

2. 防火阀的设置要求

下列情况之一的通风、空气调节系统的风管上应设置防火阀：

① 穿越防火分区处；

② 穿越通风、空气调节机房的房间隔墙和楼板处；

③ 穿越重要的或火灾危险性大的房间隔墙和楼板处；

④ 穿越变形缝处的两侧；

⑤ 垂直风管与每层水平风管交接处的水平管段上，但当建筑内每个防火分区的通风、空气调节系统均独立设置时，该防火分区内的水平风管与垂直总管的交接处可不设置防火阀。

⑥ 公共建筑的浴室、卫生间和厨房的垂直排风管，应采取防回流措施或在支管上设置防火阀。公共建筑的厨房的排油烟管道宜按防火分区设置，且在与垂直排风管连接的支管处应设置动作温度为 150℃的防火阀。

防火阀的设置应符合下列规定：

① 除另有规定外，防火阀的动作温度应为 70℃；

② 防火阀宜靠近防火分隔处设置；

③ 防火阀暗装时，应在安装部位设置方便检修的检修口；

④ 在防火阀两侧各 2m 范围内的风管及其绝热材料应采用不燃材料；

⑤ 防火阀应符合现行国家标准《通风建筑和排烟系统用防火阀门》（GB 15930—2007）的有关规定。

所有防火阀均应配备单独的支吊架，以防止风管变形而影响防火阀的关闭，从而提高防火阀的可靠性。

三、通风和空气调节

通风和空气调节系统的管道布置，横向宜按防火分区设置，竖向不宜超过 5 层。当管道设置防止回流设施或防火阀时，其管道布置可不受此限制。垂直风管应设置在管井内。有爆炸危险的厂房内的排风管道，严禁穿过防火墙和有爆炸危险的车间隔墙。甲、乙、丙类厂房中的送、排风管道宜分层设置。当水平或垂直送风管在进入生产车间处设置防火阀时，各层的水平或垂直送风管可合用一个送风系统。

空气中含有易燃易爆危险物质的房间，其送、排风系统应采用防爆型的通风设备。当送风机设置在单独隔开的通风机房内且送风干管上设置了止回阀门时，可采用普通型的通风设备。含有燃烧和爆炸危险粉尘的空气，在进入排风机前应采用不产生火花的除尘器进行处理。对于遇水可能形成爆炸的粉尘，严禁采用湿式除尘器。

通风、空气调节系统的风管应采用不燃材料，但下列情况除外：

① 接触腐蚀性介质的风管和柔性接头可采用难燃材料；

② 体育馆、展览馆、候机（车、船）楼（厅）等大空间建筑、办公楼和丙、丁、戊类厂房内的通风、空气调节系统，当风管按防火分区设置且设置了防烟防火阀时，可采用燃烧产物毒性较小且烟密度等级小于等于 25 的难燃材料。

设备和风管的绝热材料、用于加湿器的加湿材料、消声材料及其黏结剂，宜采用不燃材料，当确有困难时，可采用燃烧产物毒性较小且烟密度等级小于等于 50 的难燃材料。风管内设置电加热器时，电加热器的开关应与风机的启停连锁控制。电加热器前后各 0.8m 范围内的风管和穿过设置有火源等容易起火房间的风管，均应采用不燃材料。

燃油、燃气锅炉房应有良好的自然通风或机械通风设施。燃气锅炉房应选用防爆型的事故排风机。当设置机械通风设施时，该机械通风设施应设置导除静电的接地装置，通风量应符合下列规定：

① 燃油锅炉房的正常通风量按换气次数不少于 3 次/h 确定；

② 燃气锅炉房的正常通风量按换气次数不少于 6 次/h 确定；

③ 燃气锅炉房的事故排风量按换气次数不少于 12 次/h 确定。

第九章 火灾自动报警系统

第一节 火灾自动报警系统简介

火灾自动报警系统是人们为了早期发现和通报火灾，并及时采取有效措施，控制和扑灭火灾，而设置在建筑物中或其他场所的一种自动消防设施，它是依据主动防火对策，以被监测的各类建筑物为警戒对象，通过自动化手段实现早起火灾探测、火灾自动报警和消防设备联动控制。它完成了对火灾的预防和控制功能，是现代消防不可缺少的安全技术设施之一。

一、火灾自动报警系统的组成

火灾自动报警系统是由触发器件、火灾报警装置、火灾警报装置以及具有其他辅助功能的装置组成的火灾报警系统。它能够在火灾初期，将燃烧产生的烟雾，热量和光辐射等物理量，通过感温、感烟和感光等火灾探测器变成电信号，传输到火灾报警控制器，并同时显示出火灾发生的部位，记录火灾发生的时间。一般火灾自动报警系统和自动喷水灭火系统、室内消防栓系统、防、排烟系统、通风系统、空调系统、防火门、防火卷帘、挡烟垂壁等相关设备联动，自动或手动发出指令、启动相应的灭火装置。图 9-1 表示火灾自动报警系统的组成。

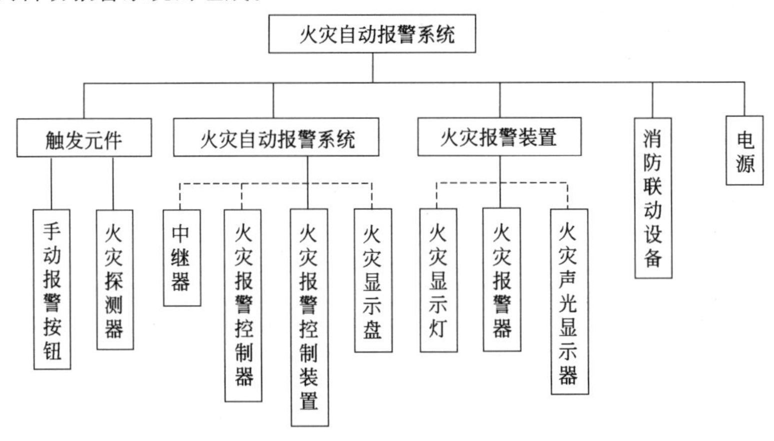

图 9-1　火灾自动报警系统组成

1. 触发元件

在火灾自动报警系统中，自动或手动产生火灾报警信号的器件称为触发器件，主要包括火灾探测器和手动报警按钮。火灾探测器是能对火灾参数（如烟、温、光、火焰辐射、气体浓度等）响应，并自动产生火灾报警信号的器件，按照响应火灾参数的不同，火灾探测器分成感温火灾探测器、感烟火灾探测器、感光火灾探测器、可燃气体探测器和复合火灾探测器五种基本类型。不同类型的火灾探测器适用于不同类型的火灾和不同的场所。手动火灾报警按钮是手动方式产生火灾报警信号、启动火灾自动报警系统的器件，也是火灾自动报警系统中不可缺少的组成部分之一。

(1) 感温式火灾探测器

火灾时物质的燃烧产生大量的热量，使周围温度发生变化。感温式火灾探测器（见图 9-2）是对警戒范围中某一点或某一线路周围温度变化时响应的火灾探测器。它是将温度的变化转换为电信号以达到报警目的。根据监测温度参数的不同，一般用于工业和民用建筑中的感温式火灾探测器有定温式、差温式、差定温式等几种。

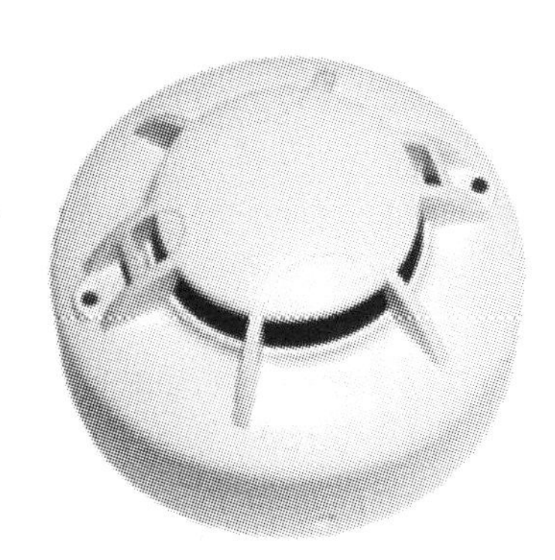

图 9-2　感温式火灾探测器

感温式火灾探测器根据其作用原理分为 3 类。

① 定温式探测器　定温式探测器是在规定时间内，火灾引起的温度上升超过某个定值时启动报警的火灾探测器。它有线型和点型两种结构。其中线型是当局部环境温度上升达到规定值时，可熔绝缘物熔化使两导线短路，从而产生火灾报警信号。点型定温式探测器利用双金属片、易熔金属、热电偶热敏半导体电阻等元件，在规定的温度值上产生火灾报警信号。

② 差温式探测器　差温式探测器是在规定时间内，火灾引起的温度上升速率超过某个规定值时启动报警的火灾探测器。它也有线型和点型两种结构。线型差温式探测器是根据广泛的热效应而动作的，点型差温式探测器是根据局部的热效应而动作的，主要感温器件是空气膜盒、热敏半导体电阻元件等。

图 9-3 是膜盒型差温火灾探测器结构示意。

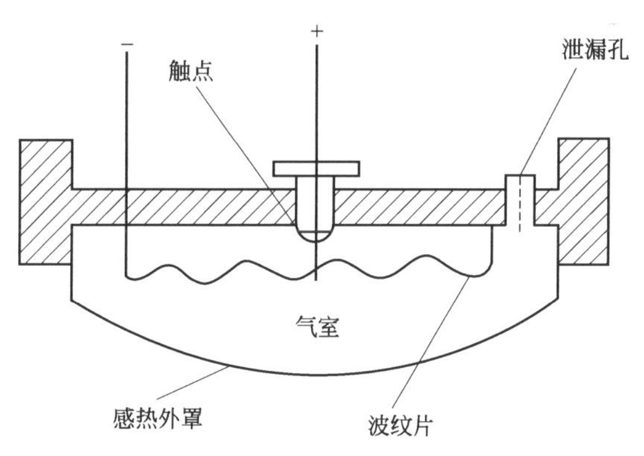

图 9-3　膜盒型差温火灾探测器结构示意

当火灾发生时，建筑物室内局部温度将以超过常温数倍的异常速率升高，膜盒型差温探测器就是利用这种异常速率产生感应的并输出火灾报警信号。它的感热外罩与底座形成密闭的气室，只有一个很小的泄漏孔能与大气相通。当环境温度缓慢变化时，气室内外的空气可通过泄漏孔进行调节，使内外压力保持平衡。如遇有火灾发生时，环境温升速率很快，气室内空气由于急剧受热膨胀而来不及从泄漏孔外逸，致使气室内空气压力增高，将波纹片鼓起与中心接线柱相碰，于是接通了电触点，便发出火灾报警信号。这种探测器具有灵敏度高，可靠性好，不受气候变化影响的特点，因而应用十分广泛。

③ 差定温式探测器　差定温式探测器结合了定温和差温两种作用原理并将两种探测器结构组合在一起。差定温式探测器一般多是膜盒式或热敏半导体电阻式等点型组合式探测器。

感温探测器对火灾发生时温度参数的敏感，其关键是由组成探测器的核心部件——热敏元件决定。热敏元件是利用某些物体的物理性质随温度变化而发生变化的敏感材料制成。例如：易熔合金或热敏绝缘材料、双金属片、热电偶、热敏电阻、半导体材料等。定温、差定温探头各级灵敏度探头的动作温度分别不大于1级62℃、2级70℃、3级78℃。

感温式火灾探测器适宜安装于起火后产生烟雾较小的场所。平时温度较高的场所不宜安装感温式火灾探测器。

(2) 感烟式火灾探测器

火灾的起火过程一般都伴有烟、热、光三种燃烧产物。在火灾初期，由于温度较低，物质多处于阴燃阶段，所以产生大量烟雾。烟雾是早期火灾的重要特征之一，感烟式火灾探测器（见图9-4）是能对可见的或不可见的烟雾粒子响应的火灾探测器。它是将探测部位烟雾浓度的变化转换为电信号实现报警的一种器件。感烟式火灾探测器有离子感烟式、光电感烟式、红外光束感烟式等几种形式。

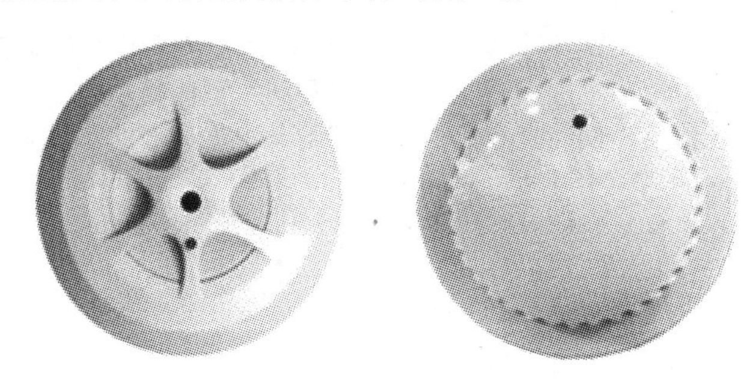

图9-4　点型光电感烟式火灾探测器

① 离子感烟式探测器　离子感烟式探测器是点型探测器，它是在电离室内含有少量放射性物质，可使电离室内空气成为导体，允许一定电流在两个电极之间的空气中通过，射线使局部空气成电离状态，经电压作用形成离子流，这就给电离室一个有效的导电性。当烟粒子进入电离化区域时，它们由于与离子相接合而降低了空气的导电性，形成离子移动的减弱。当导电性低于预定值时，探测器发出警报。

② 光电感烟式探测器　光电感烟探测器也是点型探测器，它是利用起火时产生的烟雾能够改变光的传播特性这一基本性质而研制的。根据烟粒子对光线的吸收和散射作

用。光电感烟探测器又分为遮光型和散光型两种。图 9-5 表示光电感烟式火灾探测器的工作原理。

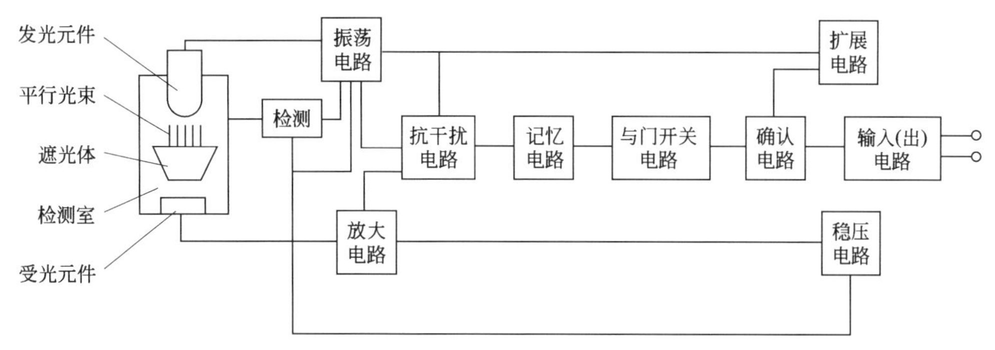

图 9-5　光电感烟式火灾探测器工作原理

③ 红外光束感烟式探测器　红外光束感烟式探测器是线型探测器，它是对警戒范围内某一线状窄条周围烟气参数响应的火灾探测器。它同前面两种点型感烟探测器的主要区别在于线型感烟探测器将光束发射器和光电接收器分为两个独立的部分，使用时分装相对的两处，中间用光束连接起来。红外光束感烟式探测器又分为对射型和反射型两种。

感烟式火灾探测器适宜安装在发生火灾后产生烟雾较大或容易产生阴燃的场所；它不宜安装在平时烟雾较大或通风速度较快的场所。

(3) 感光式火灾探测器

物质燃烧时，在产生烟雾和放出热量的同时，也产生可见或不可见的光辐射。感光式火灾探测器又称火焰探测器，它是用于响应火灾的光特性，即扩散火焰燃烧的光照强度和火焰的闪烁频率的一种火灾探测器。根据火焰的光特性，目前使用的火焰探测器有两种：一种是对波长较短的光辐射敏感的紫外探测器，另一种是对波长较长的光辐射敏感的红外探测器。

紫外线探测器（见图 9-6）是敏感高强度火焰发射紫外光谱的一种探测器，它使用一种固态物质作为敏感元件，如碳化硅或硝酸铝，也可使用一种充气管作为敏感元件。

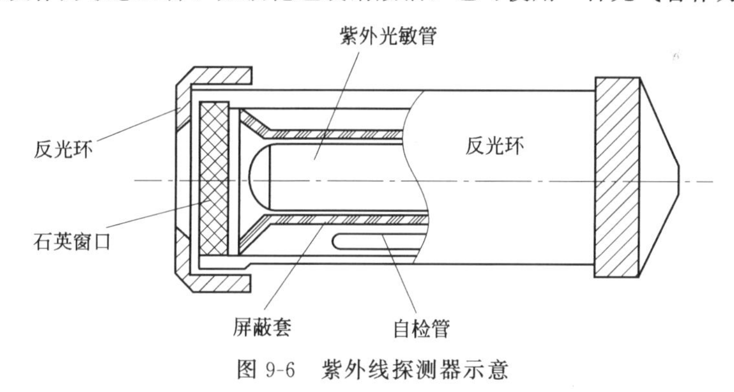

图 9-6　紫外线探测器示意

红外光探测器基本上包括一个过滤装置和透镜系统，用来筛除不需要的波长，而将收进来的光能聚集在对红外光敏感的光电管或光敏电阻上。

感光式火灾探测器宜安装在有瞬间产生爆炸的场所，如石油、炸药等化工制造的生产存放场所等。

（4）可燃气体探测器

可燃气体探测器是对单一或多种可燃气体浓度响应的探测器。可燃气体探测器有催化型和半导体型两种类型。

催化型可燃气体探测器是利用难熔金属铂丝加热后的电阻变化来测定可燃气体浓度。当可燃气体进入探测器时，在铂丝表面引起氧化反应（无焰燃烧），其产生的热量使铂丝的温度升高，而铂丝的电阻率便发生变化。

半导体型可燃气体探测器要用灵敏度较高的气敏半导体元件，它在工作状态时，遇到可燃气体，半导体电阻下降，下降值与可燃气体浓度有对应关系。

（5）复合式火灾探测器

复合式火灾探测器是对两种或两种以上火灾参数响应的探测器，它有感烟感温式、感烟感光式，感温感光式等几种形式。

2. 火灾自动报警装置

火灾报警装置是指在火灾自动报警系统中，用以接收、显示和传递火灾报警信号，并能发出控制信号和具有其他辅助功能的控制指示设备称为火灾报警装置。火灾报警控制器担负着为火灾探测器提供稳定的工作电源；监视探测器及系统自身的工作状态；接受、转换、处理火灾探测器输出的报警信号；进行声光报警；指示报警的具体部位及时间；同时执行相应辅助控制等任务。是火灾报警系统中的核心组成部分。

火灾自动报警系统可按以下标准分类。

（1）按用途分类

火灾报警控制器按其用途不同，可分为区域火灾报警控制器、集中火灾报警控制器和通用火灾报警控制器三种基本类型。近年来，随着火灾探测报警技术的发展和模拟量、总线制、智能化火灾探测报警系统的逐渐应用，在许多场合，火灾报警控制器已不再分为区域、集中和通用三种类型，而统称为火灾报警控制器。

区域火灾报警控制器的主要特点是控制器直接连接火灾探测器，处理各种报警信号，是组成自动报警系统最常用的设备之一。

集中火灾报警控制器的主要特点是一般不与火灾探测器相连，而与区域火灾报警控制器相连，处理区域级火灾报警控制器送来信号，常使用在较大型系统中。

通用火灾报警控制器的主要特点是它兼有区域、集中两级火灾报警控制器的双重特点。通过设置或修改某些参数（可以是硬件或者是软件方面）即可作区域级使用，连接探测器；又可作集中级使用，连接区域火灾报警控制器。

（2）按信号处理方式分类

火灾报警控制器按其信号处理方式可分为，有阈值火灾报警器和无阈值模拟量火灾报警控制器。

（3）按系统连接方式分类

火灾报警控制器按其系统连接方式，可分为多线式火灾报警控制器和总线式火灾报警控制器。

多线式火灾报警控制器的主要特点是其探测器与控制器连接采用一一对应方式。每个探测器对应三根线与控制器连接，因而其连线较多，仅适用于小型火灾报警控制器系统。

总线式火灾报警控制器的主要特点是控制器与探测器要用总线（少线）方式连接。所有探测器均并联或串联在总线上（一般总线数量为2～4根），具有安装、调试、使用方便的特点，适用于大型火灾报警控制器系统。

在火灾报警装置中，还有一些如中继器、区域显示器、火灾显示盘等功能不完整的报警装置，它们可视为火灾报警控制器的演变或补充。在特定条件下应用，与火灾报警控制器同属火灾报警装置。

火灾报警控制器的基本功能主要有：主电、备电自动转换、备用电源充电功能，电源故障监测功能，电源工作状态指示功能，为探测器回路供电功能，探测器或系统故障声光报警，火灾声、光报警，火灾报警记忆功能，时钟单元功能，火灾报警优先功能，声报警音响消音及再次声响报警功能。

3. 火灾警报装置

在火灾自动报警系统中，用以发出区别于环境声、光的火灾警报信号的装置称为火灾警报装置，火灾警报器是一种最基本的火灾警报装置，通常与火灾报警控制器组合在一起，它以声、光音响方式向报警区域发出火灾警报信号，以警示人们采取安全疏散、灭火救灾措施。警铃是一种火灾警报装置，用于将火灾报警信号进行声音中继的一种电气设备，警铃大部分安装于建筑物的公共空间部分，如走廊、大厅等。

4. 消防控制设备

在火灾自动报警系统中，当接收到来自触发器件的火灾报警信号后，能自动或手动启动相关消防设备并显示其状态的设备，称为消防控制设备。主要包括火灾报警控制器，自动灭火系统的控制装置，室内消火栓系统的控制装置，防烟排烟系统及空调通风系统的控制装置，常开防火门、防火卷帘的控制装置，电梯回降控制装置，以及火灾应急广播、火灾警报装置、消防通信设备、火灾应急照明与疏散指示标志的控制装置等十类控制装置中的部分或全部。消防控制设备一般设置在消防控制中心，以便于实行集中统一控制，也有的消防控制设备设置在被控消防设备所在现场（如消防电梯控制按钮），但其动作信号则必须返回消防控制室，实行集中与分散相结合的控制方式。

5. 电源

火灾自动报警系统属于消防用电设备，其主电源应当采用消防电源，备用电源采用蓄电池。系统电源除为火灾报警控制器供电外，还为与系统相关的消防控制设备等供电。

二、火灾自动报警系统的基本形式

火灾自动报警系统基本形式有三种，即区域报警系统（见图9-7）、集中报警系统（见图9-8）和控制中心报警系统。

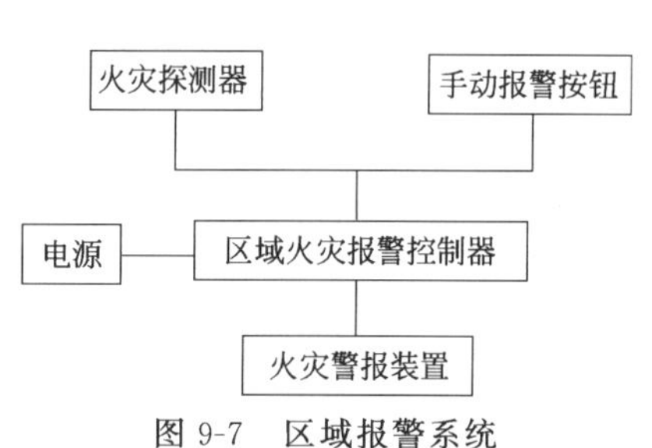

图9-7　区域报警系统

区域报警系统指由区域火灾报警控制器和火灾探测器等组成，或由火灾报警控制器和火灾探测器组成，功能简单的火灾自动报警系统，适用于较小范围的保护。

集中报警系统指由集中火灾报警控制器、区域火灾报警控制器组成，或由火灾报警控制器、区域显示器和火灾探测器等组成，功能较复杂的火灾自动报警系统。适用于较大范围内多个区域的保护。

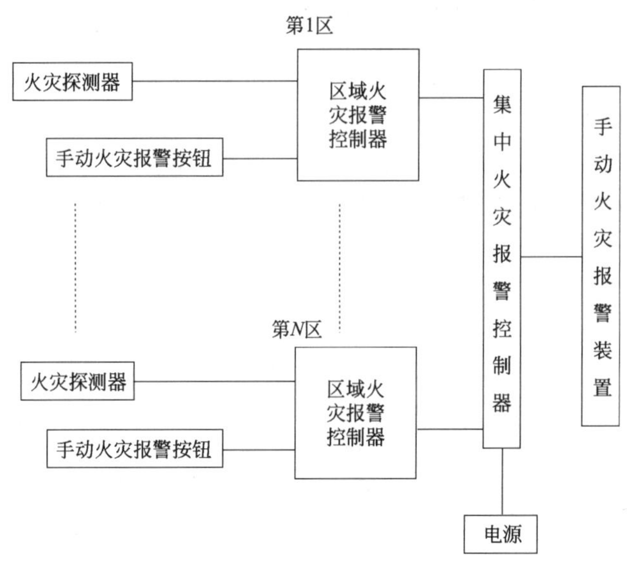

图 9-8　集中报警系统

控制中心报警系统指由消防控制室的消防控制设备、集中火灾报警控制器、区域火灾报警控制器和火灾探测器等组成；或由消防控制室的消防控制设备、火灾报警控制器、区域显示器和火灾探测器等组成，功能复杂的火灾自动报警系统。系统的容量较大，消防设施控制功能较全，适用于大型建筑的保护。

三、火灾自动报警系统的工作过程

设置火灾自动报警系统是为了防止和减少火灾带来的损失和危害，保护生命和财产安全。火灾自动报警系统工作原理如图 9-9 所示。安装在保护区的火灾探测器实时监测被警戒的现场或对象。当监测场所发生火灾时，火灾探测器将检测到火灾产生的烟雾、高温、火焰及火灾特有的气体等信号并转换成电信号，通过总线传送至报警控制器。若现场人员发现火情后，也应立即直接按动手动报警按钮，发出火警信号。火灾报警控制器接收到火警信号，经确认后，通过火灾报警控制器上的声光报警显示装置显示出来，通知值班人员发生了火灾。同时火灾自动报警系统通过火灾报警控制器自启动报警装置，通过消防广播或消防电话通知现场人员投入灭火操作或从火灾现场疏散；相应地自启动防、排烟设备、防火门、防火卷帘、消防电梯、火灾应急照明、切断非消防电源等减灾装置，防止火灾蔓延、控制火势及求助消防部门支援等；启动消火栓、水喷淋、水幕及气体灭火系统及装置，及时扑救火灾，减少火灾损失。一旦火灾被扑灭，整个火灾自动报警系统又回到正常监控状态。

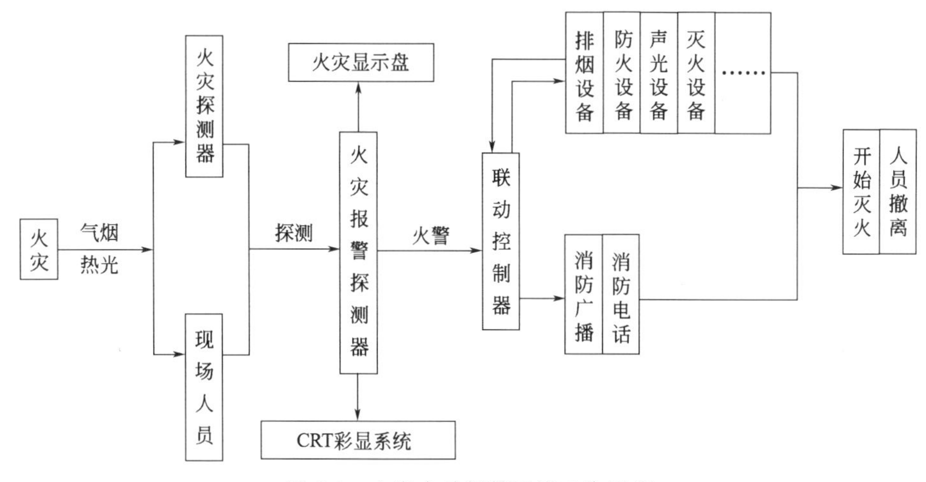

图 9-9　火灾自动报警系统工作原理

第二节　火灾报警系统的选择与布置

一、系统保护对象的分级

火灾自动报警系统的基本保护对象是工业与民用建筑和场所。不同保护对象的使用性质、火灾危险性、疏散扑救难度等也不同。要根据不同情况和火灾自动报警系统设计的特点与实际需要，有针对性地采取相应的防护措施。国家标准《火灾自动报警系统设计规范》明确规定："火灾自动报警系统的保护对象应根据其使用性质、火灾危险性、疏散和扑救难度等分为特级、一级和二级。"

① 特级保护对象是建筑高度超过 100m 的高层民用建筑。

② 一级保护对象包括：《高层民用建筑设计防火规范》范围内的建筑高度不超过 100m 的一类建筑；《建筑设计防火规范》范围内的甲、乙类生产厂房和物品库房，以及面积 $1000m^2$ 及以上的丙类库房，建筑高度不超过 24m 的重要的民用建筑及建筑高度超过 24m 的单层公共建筑；《人民防空工程防火设计规范》范围内的重要地下工业建筑和地下民用建筑。

③ 二级保护对象包括：《高层民用建筑设计防火规范》范围内的二类建筑；《建筑设计防火规范》范围内的建筑高度不超过 24m 的重要民用建筑和工业建筑；《人民防空工程防火设计规范》范围内的非重要小型地下民用建筑。

火灾自动报警系统保护对象分级见表 9-1。

二、探测区域与报警区域

报警区域是指人们在设计中将火灾自动报警系统的警戒范围按防火分区或楼层划分的部分空间，是设置区域火灾报警控制器的基本单元。一个报警区域可以由一个防火分区或同楼层相邻几个防火分区组成；但同一个防火分区不能在两个不同的报警区域内；同一报警区域也不能保护不同楼层的几个不同的防火分区。

表 9-1　火灾自动报警系统保护对象分级

<table>
<tr><th>等级</th><th colspan="2">保护对象</th></tr>
<tr><td>特级</td><td colspan="2">建筑高度超过 100m 的高层民用建筑</td></tr>
<tr><td rowspan="16">一级</td><td rowspan="8">建筑高度不超过 24m 的民用建筑及建筑高度超过 24m 的单层公共建筑</td><td>①200 床及以上的病房楼，每层建筑面积 1000m² 及以上的门诊楼</td></tr>
<tr><td>②每层建筑面积超过 3000m² 的百货楼、商场、展览楼、高级旅馆、财贸金融楼、电信楼、高级办公楼</td></tr>
<tr><td>③藏书超过 100 万册的图书馆、书库</td></tr>
<tr><td>④超过 3000 座位的体育馆</td></tr>
<tr><td>⑤重要的科研楼、资料档案楼</td></tr>
<tr><td>⑥省级（含计划单列市）的邮政楼、广播电视楼、电力调度楼、防灾指挥调度楼</td></tr>
<tr><td>⑦重点文物保护场所</td></tr>
<tr><td>⑧大型以上的影剧院、会堂、礼堂</td></tr>
<tr><td rowspan="4">工业建筑</td><td>①甲、乙类生产厂房</td></tr>
<tr><td>②甲、乙类物品库房</td></tr>
<tr><td>③占地面积或总建筑面积超过 1000m² 的丙类物品库房</td></tr>
<tr><td>④总建筑面积超过 1000m² 的地下丙、丁类生产车间及物品库房</td></tr>
<tr><td rowspan="4">地下民用建筑</td><td>①地下铁道、车站</td></tr>
<tr><td>②地下电影院、礼堂</td></tr>
<tr><td>③使用面积超过 1000m² 的地下商场、医院、旅馆、展览厅及其他商业或公共活动场所</td></tr>
<tr><td>④重要的实验室、图书、资料、档案库</td></tr>
<tr><td rowspan="12">二级</td><td>建筑高度不超过 100m 的高层民用建筑</td><td>二类建筑</td></tr>
<tr><td rowspan="5">建筑高度不超过 24m 的民用建筑</td><td>①设有空气调节系统的或每层建筑面积超过 2000m²、但不超过 3000m² 的商业楼、财贸金融楼、电信楼、展览楼、旅馆、办公楼、车站、海河客运站、航空港等公共建筑及其他商业或公共活动场所</td></tr>
<tr><td>②市、县级的邮政楼、广播电视楼、电力调度楼、防灾指挥调度楼</td></tr>
<tr><td>③中型以下的影剧院</td></tr>
<tr><td>④高级住宅</td></tr>
<tr><td>⑤图书馆、书库、档案楼</td></tr>
<tr><td rowspan="3">工业建筑</td><td>①丙类生产厂房</td></tr>
<tr><td>②建筑面积大于 50m²，但不超过 1000m² 的丙类物品库房</td></tr>
<tr><td>③总建筑面积大于 50m²，但不超过 1000m² 的地下丙、丁类生产车间及地下物品库房</td></tr>
<tr><td rowspan="2">地下民用建筑</td><td>①长度超过 500m 的城市隧道</td></tr>
<tr><td>②使用面积不超过 1000m² 的地下商场、医院、旅馆、展览厅及其他商业或公共活动场所</td></tr>
</table>

注：1. 一类建筑、二类建筑的划分，应符合现行国家标准《高层民用建筑设计防火规范》（GB 50045）的规定；工业厂房、仓库的火灾危险性分类，应符合现行国家标准《建筑设计防火规范》（GBJ 16）的规定。

2. 本表未列出的建筑的等级可按同类建筑的类比原则确定。

探测区域就是将报警区域按照探测火灾的部位划分的单元，是火灾探测部位编号的基本单元。一般一个探测区域对应系统中一个独立的部位编号。

探测区域的划分应符合下列规定。

① 探测区域应按独立房（套）间划分，一个探测区域的面积不宜超过 500m^2；从主要人口能看清其内部，且面积不超过 1000m^2 的房间，也可划为一个探测区域。

② 红外光束线型感烟火灾探测器的探测区域长度不宜超过 100m，缆式感温火灾探测器的探测区域不宜超过 200m；空气管差温火灾探测器的探测区域长度宜在 20～100m 之间。

③ 符合下列条件之一的二级保护对象，可将几个房间划为一个探测区域。

※ 相邻房间不超过 5 间，总面积不超过 400m^2，并在门口设有灯光显示装置。

※ 相邻房间不超过 10 间，总面积不超过 1000m^2，在每个房间门口均能看清其内部，并在门口设有灯光显示装置。

④ 下列场所应分别单独划分探测区域：

※ 敞开或封闭楼梯间；

※ 防烟楼梯间前室、消防电梯前室、消防电梯与防烟楼梯间合用的前室；

※ 走道、坡道、管道井、电缆隧道；

※ 建筑物闷顶、夹层。

三、火灾探测器的选择

在火灾自动报警系统的设计中，火灾探测器的选择是一个关键，它决定了火灾自动报警系统的效率、性能和经济性。

1. 一般要求

所有的火灾探测器的选择，一般都应满足下列基本要求。

① 对火灾初期有阴燃阶段，产生大量的烟和少量的热，很少或没有火焰辐射的场所，应选择感烟探测器。

② 对火灾发展迅速，可产生大量热、烟和火焰辐射的场所，可选择感温探测器、感烟探测器、火焰探测器或其组合。

③ 对火灾发展迅速，有强烈的火焰辐射和少量的烟、热的场所，应选择火焰探测器。

④ 对火灾形成特征不可预料的场所，可根据模拟试验的结果选择探测器。

⑤ 对使用、生产或聚集可燃气体或可燃液体蒸气的场所，应选择可燃气体探测器。

2. 探测器的灵敏度

(1) 感烟探测器灵敏度

点型感烟探测器是针对保护区域中某一点周围烟雾参数响应的探测部件，探测器本身处于长期监视的连续工作状态。因此，它的灵敏度是衡量火灾探测器质量优劣、火灾探测报警系统是否处于最佳工作状态的主要技术指标之一。感烟探测器的灵敏度，即探测器响应火灾烟参数灵敏程度、在实际应用中，常采用减光率来表示感烟火灾探测器的三级灵敏度，即：

Ⅰ级：减光率为 5%/m，用于禁烟场所；

Ⅱ级：减光率为（10～15）%/m，用于一般场所、允许吸烟的客房和居室；

Ⅲ级：减光率为20%/m，用于吸烟室、楼道走廊等场所。

这里要注意，灵敏度的高低表示对烟浓度大小敏感的程度，而不代表探测器质量的好坏。应用时需根据使用场合在正常情况下有无烟或者烟量多少来选择不同灵敏度的探测器。在有烟的场合不宜选用灵敏度高的探测器，否则会引起误报（根据统计调查表明，不少宾馆因客房内客人吸烟而导致报警的增多，其误报次数占报警总次数的33%～61%）。试验表明，在一个16m² 标准客房内有4～6人同时吸烟时，如选用Ⅰ级灵敏度的感烟探测器即可引起报警。一般来说，对于禁烟、清洁、环境条件较稳定的场所，如书库及计算机房等，选用Ⅰ级灵敏度；对于一些场所，如卧室、起居室等，选用Ⅱ级灵敏度；对于经常有少量烟、环境条件常变化的场所，如会议室、商场等，宜选用Ⅲ级灵敏度。

(2) 感温探测器灵敏度

感温探测器的灵敏度是指火灾发生时，探测器达到动作温度（或温升速率）时发出报警信号所需时间的快慢，并用动作时间表示。我国将定温、差定温探测器的灵敏度分为三级：Ⅰ级、Ⅱ级、Ⅲ级，并分别在探测器上用绿色、黄色和红色三种色标表示、表9-2给出了定温探测器各级灵敏度对应的动作时间范围。

表9-2　定温探测器各级灵敏度的动作时间

级别	动作时间下限/s	动作时间上限/s
Ⅰ	30	40
Ⅱ	90	110
Ⅲ	200	280

差定温探测器的灵敏度也分为三级，各级灵敏度差温部分的动作时间范围与温升速率间的关系由表9-3给出；定温部分在温升速率小于1℃/min时，各级灵敏度的动作温度均不得小于54℃，也不得大于各自的上限值，即：

Ⅰ级灵敏度：54℃＜动作温度＜62℃标志绿色；

Ⅱ级灵敏度：54℃＜动作温度＜70℃标志黄色；

Ⅲ级灵敏度：54℃＜动作温度＜78℃标志红色。

表9-3　定温、差定温探测器的响应时间

升温速率	响应时间下限		响应时间上限					
	各级灵敏度		Ⅰ级		Ⅱ级		Ⅲ级	
℃/min	min	s	min	s	min	s	min	s
1	29	0	37	20	45	10	54	0
3	7	3	12	40	15	40	18	40
5	4	9	7	44	9	40	11	36
10	0	30	4	2	5	10	6	18
20	0	22.5	2	11	2	55	3	37
30	0	15	1	34	2	8	2	42

差温探测器的灵敏度没有分级，其响应时间由表9-4给出，它的动作时间比差定温

探测器的差温部分来得快。

表 9-4　差温探测器的响应时间

升温速率	响应时间上限		响应时间下限	
℃/min	min	s	min	s
5	2	0	10	30
10	0	30	4	2
20	0	22.5	1	30

由上面各表可见，灵敏度为一级的，动作时间最快，即当环境温度变化达到动作温度后，报警所需时间最短，常用在需要对温度上升做出快速反应的场所。

3. 点型火灾探测器的选择

① 对不同高度的房间，可按表 9-5 选择点型火灾探测器。

表 9-5　根据房间高度选用探测器

房间高度 h/m	感烟探测器	感温探测器			火焰探测器
		Ⅰ级	Ⅱ级	Ⅲ级	
$12<h\leqslant 20$	不适合	不适合	不适合	不适合	适合
$8<h\leqslant 12$	适合	不适合	不适合	不适合	适合
$6<h\leqslant 8$	适合	适合	不适合	不适合	适合
$4<h\leqslant 6$	适合	适合	适合	不适合	适合
$h\leqslant 4$	适合	适合	适合	适合	适合

② 饭店、旅馆、教学楼、办公楼的厅堂、卧室、办公室；电子计算机房、通信机房、电影或电视放映室；楼梯、走道、电梯机房；书库、档案库以及有电气火灾危险的场所，宜选择点型感烟探测器。

③ 相对湿度经常大于 95%；气流速度大于 5m/s；有大量粉尘、水雾滞留；可能产生腐蚀性气体；在正常情况下有烟滞留；产生醇类、醚类、酮类等有机物质的场所不宜选择离子感烟探测器。

④ 可能产生黑烟、蒸气和油雾；有大量粉尘、水雾滞留；在正常情况下有烟滞留的场所不宜选择光电感烟探测器。

⑤ 相对湿度经常大于 95%；有大量粉尘；在正常情况下有烟和蒸气滞留；厨房、锅炉房、发电机房、烘干车间、吸烟室以及其他不宜安装感烟探测器的厅堂和公共场所，应选择感温式探测器。

⑥ 可能产生阴燃火或发生火灾不及时报警将造成重大损失的场所，不宜选择感温探测器；温度在 0℃以下的场所，不宜选择定温探测器；温度变化较大的场所，不宜选择差温探测器。

⑦ 火灾时有强烈的火焰辐射；液体燃烧火灾等无阴燃阶段的火灾以及需要对火焰做出快速反应的场所宜选用火焰探测器。

⑧ 可能发生无烟焰火灾；在火焰出现前有浓烟扩散；探测器的镜头易被污染或遮

挡、易受阳光或其他光源直接或间接照射；在正常情况下有明火作业以及X射线、弧光等影响的场所，不宜选择火焰探测器。

⑨ 在使用管道煤气或天然气的场所；煤气站和煤气表房以及存储液化石油气罐的场所；其他散发可燃气体和可燃蒸气的场所；有可能产生一氧化碳气体的场所，宜选择可燃气体探测器。

⑩ 装有联动装置、自动灭火系统以及用单一探测器不能有效确认火灾的场合，宜采用感烟探测器、感温探测器、火焰探测器的组合。

4. 线型火灾探测器的选择

① 无遮挡大空间或有特殊要求的场所，宜选择红外光束感烟探测器；

② 电缆隧道、电缆竖井、电缆夹层、电缆桥架、配电装置、开关设备、变压器、各种皮带输送装置；控制室、计算机室的闷顶内、地板下及重要设施隐蔽处以及其他环境恶劣不适合点型探测器安装的危险场所，应当考虑使用缆式线型定温探测器。

③ 在可能产生油类火灾且环境恶劣的场所，以及不易安装点型探测器的夹层、闷顶等部位宜选择空气管式线型差温探测器。

四、点型火灾探测器的设置数量和布置

1. 探测器的保护范围

感烟探测器、感温探测器的保护面积和保护半径，应按表9-6确定。

表9-6 感烟探测器、感温探测器的保护面积和保护半径

火焰探测器的种类	地面面积 S/m^2	房间高度 h/m	一只探测器的保护面积 A 和保护半径 R					
			房间坡度 θ					
			$\theta\leqslant15°$		$15°<\theta\leqslant30°$		$\theta>30°$	
			A/m^2	R/m	A/m^2	R/m	A/m^2	R/m
感烟探测器	$S\leqslant80$	$h\leqslant12$	80	6.7	80	7.2	80	8.0
	$S>80$	$6<h\leqslant12$	80	6.7	100	8.0	120	9.9
		$h\leqslant6$	60	5.8	80	7.2	100	9.0
感温探测器	$S\leqslant30$	$h\leqslant8$	30	4.4	30	4.9	30	5.5
	$S>30$	$h\leqslant8$	20	3.6	30	4.9	40	6.3

2. 探测器数量确定

在探测区域内的每个房间应至少设置一只火灾探测器、当某探测区域较大时，探测器的设置数量应根据探测器不同种类、房间高度以及被保护面积的大小而定；另外，若房间顶棚有0.6m以上梁隔开时，每个隔开部分应划分一个探测区域，然后再确定探测器数量。

据探测器监视的地面面积 S、房间高度 h、屋顶坡度 θ 及火灾探测器的类型，由表9-6确定不同种类探测器的保护面积和保护半径，由下式可计算出所需设置的探测器数量：

$$N\geqslant\frac{S}{K\cdot A}$$

式中　N——一个探测区域内所需设置的探测器的数量，取整数，只；

S——探测区域面积，m^2；

A——探测器保护面积，m^2；

K——修正系数，重点保护建筑 0.7～0.9，一般保护建筑 1.0。

3. 火灾探测器的布置

（1）探测器的安装间距

探测器的安装间距为两只相邻探测器中心之间的水平距离，如图 9-10 所示、当探测器矩形布置时，a 称为横向安装间距，b 为纵向安装间距。图 9-10 中，1 号探测器的安装间距是指其与之相邻的 2、3、4、5 号探测器之间的距离。

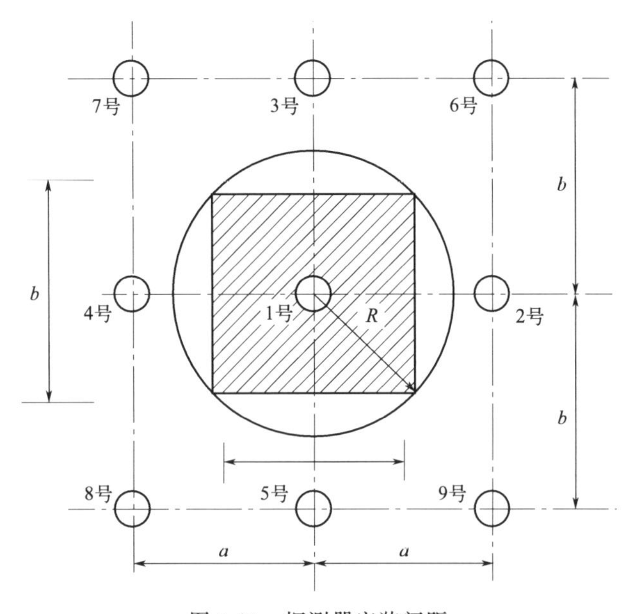

图 9-10　探测器安装间距

（2）探测器的平面布置

布置的基本原则是被保护区域都要处于探测器的保护范围之中，一个探测器的保护面积是以它的保护半径 R 为半径的内接正四边形面积，而它的保护区域是一个保护半径为 R 的圆（见图 9-10）、A、R、a、b 之间近似符合如下关系：

$$A=a \cdot b$$

$$R=\sqrt{\left(\frac{a}{2}\right)^2+\left(\frac{b}{2}\right)^2}$$

$$D=2R$$

工程设计中，为了减少探测器布置的工作量，常借助于“安装间距 a、b 的极限曲线”（见图 9-11）确定满足 A、R 的安装间距，其中 D 称为保护直径。图 9-11 中的极限曲线 D_1～D_4 和 D_6 适用于感温探测器，极限曲线 D_7～D_{11} 和 D_5 适用于感烟探测器。

当从表 9-6 查得保护面积 A 和保护半径 R 后，计算保护直径 $D=2R$，根据算得的 D 值和对应的保护面积 A，在图 9-11 上取一点，此点所对应的坐标即为安装距离 a、b。

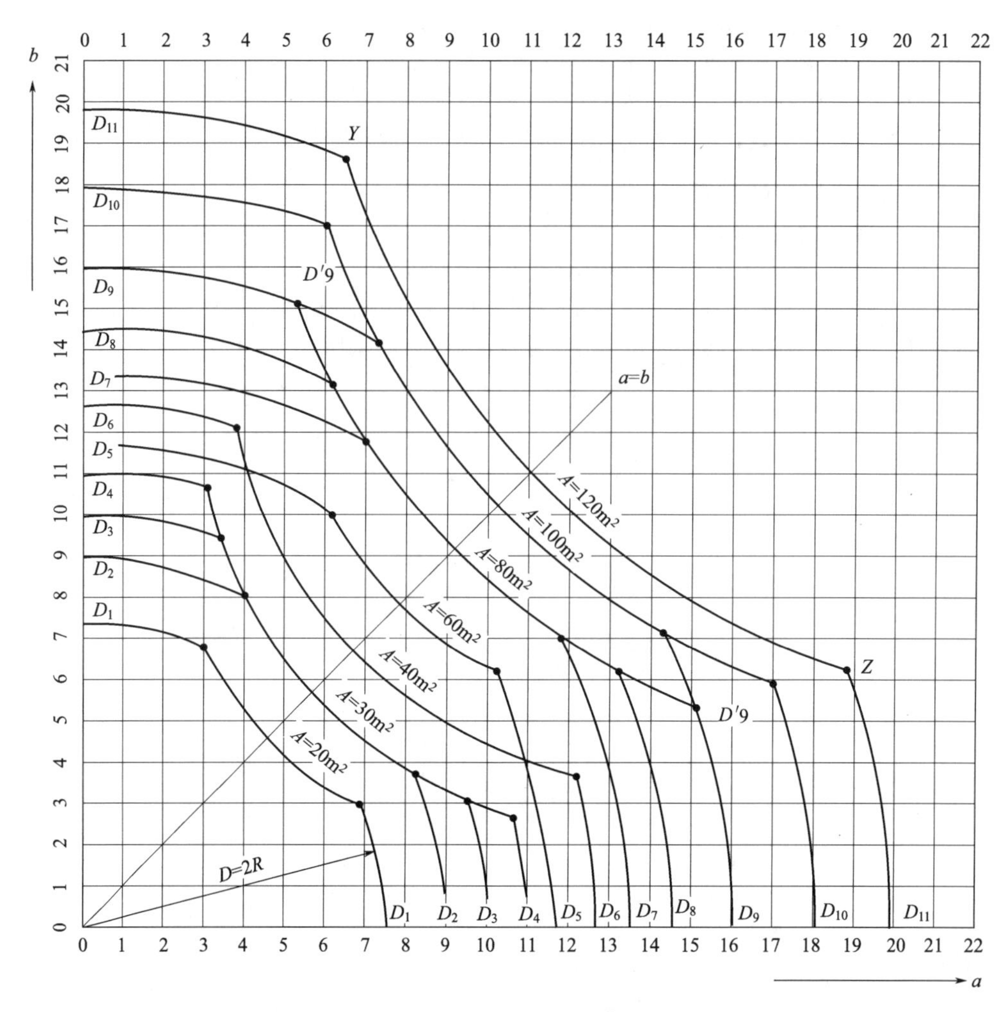

图 9-11　安装间距极限曲线

具体布置后，再检验探测器到最远点水平距离是否超过了探测器的保护半径，如果超过，则应重新布置或增加探测器的数量。

除了上述根据极限曲线图确定探测器的布置间距外，实际工程中往往用到经验法和查表法对探测器进行布置。

4. 火灾探测器安装实例

某小型影剧院被划为一个探测区域，占地面积为 30m×40m，房顶坡度 15°，房间高 10m，试问设计该影剧院内应选用何种类型的探测器、探测器的数量为多少只、探测器的安装间距多少为合理？

(1) 计算法

分析：① 根据所用场所可知，该影剧院属于二级保护对象、选感温或感烟探测器均可。根据表 9-5，由于房间高度 $h=10$m，8m＜10m＜12m，因此仅能选感烟探测器。

② 该建筑属二级保护对象，故 K 值取 1，地面面积 $S=30\text{m}\times40\text{m}=1200\text{m}^2>80\text{m}^2$，

房间高度 $h=10\text{m}$，房间坡度 $\theta=15°$，查表 9-6 得，保护面积 $A=80\text{m}^2$，保护半径 $R=6.7\text{m}$。

③ 计算所需探测器设置数量

$$N=\frac{S}{K\cdot A}=\frac{1200}{1\times 80}=15\text{ 只}$$

④ 确定探测器的安装间距 a、b。

由保护半径 R，确定保护直径 $D=2R=2\times 6.7=13.4$（m）由图 9-10 可确定 $D_i=D_7$，应利用 D_7，极限曲线确定 a 和 b 值、根据现场实际，选取 $a=8\text{m}$（极限曲线两端点间值），得 $b=10\text{m}$、其布置方式见图 9-12。

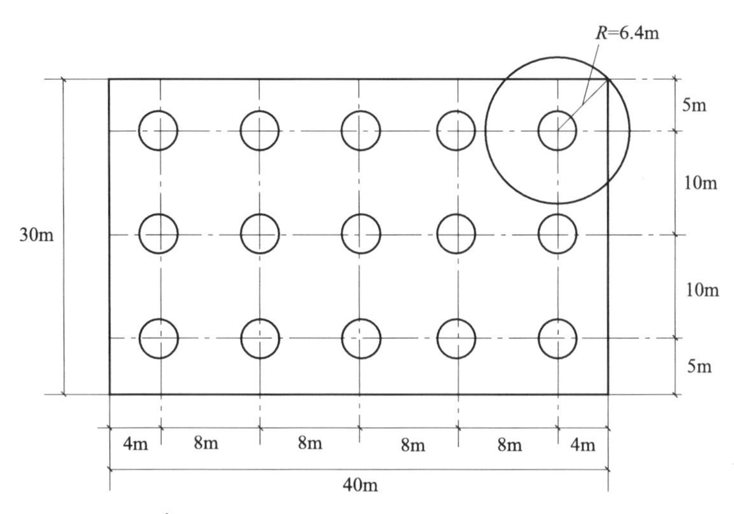

图 9-12 探测器布置

⑤ 验证、根据图 9-12 可得探测器间最远半径 R 应满足：

$$R=\sqrt{\left(\frac{a}{2}\right)^2+\left(\frac{b}{2}\right)^2}=\sqrt{\left(\frac{8}{2}\right)^2+\left(\frac{10}{2}\right)^2}=6.4\text{m}<6.7\text{m}$$

距墙最大距离为 5m，不大于安装间距 10m 的一半，因此该布置方式合理。

(2) 经验法

一般情况下，点型探测器的布置为均匀布置法，根据工程实际，可以用探测区域的长度处以安装间距个数加一的方法来确定横向和纵向间距，即：

$$\text{横/纵向间距}=\frac{\text{探测区域长/宽度}}{\text{安装间距个数}+1}=\frac{\text{该探测区域长/宽度}}{\text{纵向探测器个数}}$$

因为距墙的最大距离为安装间距的一半，两侧墙为 1 个安装间距，故上例中

$$a=\frac{40}{4+1}\text{m}=8\text{m};$$

$$b=\frac{30}{2+1}\text{m}=10\text{m}。$$

(3) 查表法

根据实际工程经验，也可以由保护面积 $A(\text{m}^2)$ 和保护半径（R）根据表 9-7 确定最佳安装间距。

表 9-7　由保护面积和保护半径决定最佳安装间距选择

探测器种类	保护面积 A/m^2	R 极限值	参照极限曲线	最佳安装间距 a、b 及其保护半径 R 值/m									
				$a\times b$	R	$a\times b$	R	$a\times b$	R	$a\times b$	R	$a\times b$	R
感温探测器	20	3.6	D_1	4.5×4.5	3.2	5.0×4.0	3.2	5.5×3.6	3.3	6.0×3.3	3.4	6.5×3.1	3.6
	30	4.4	D_2	5.5×5.5	3.9	6.1×4.9	3.9	6.7×4.8	4.1	7.3×4.1	4.2	7.9×3.8	4.4
	30	4.9	D_3	5.5×5.5	3.9	6.5×4.6	4.0	7.4×4.1	4.2	8.4×3.6	4.6	9.2×3.2	4.9
	30	5.5	D_4	5.5×5.5	3.9	6.8×4.4	4.0	8.1×3.7	4.5	9.4×3.2	5.0	10.6×2.8	5.5
	40	6.3	D_6	6.5×6.5	4.6	8.0×5.0	4.7	9.4×4.3	5.2	10.9×3.7	5.8	12.2×3.3	6.3
感烟探测器	60	5.8	D_5	7.7×7.7	5.4	8.3×7.2	5.5	8.8×6.8	5.6	9.4×6.4	5.7	9.9×6.1	5.8
	80	6.7	D_7	9.0×9.0	6.4	9.6×8.3	6.3	10.2×7.8	6.4	10.8×7.4	6.5	11.4×7.0	6.7
	80	7.2	D_8	9.0×9.0	6.4	10.0×8.0	6.4	11.0×7.3	6.6	12.0×6.7	6.9	13.0×6.1	7.2
	80	8.0	D_9	9.0×9.0	6.4	10.6×7.5	6.5	12.1×6.6	6.9	13.7×5.8	7.4	15.4×5.3	8.0
	100	8.0	D_9'	10.0×10.0	7.1	11.1×9.0	7.1	12.2×8.2	7.3	13.3×7.5	7.6	14.4×6.9	8.0
	100	9.0	D_{10}	10.0×10.0	7.1	11.8×8.5	7.3	13.5×7.4	7.7	15.3×6.5	8.3	17.0×5.9	9.0
	120	9.9	D_{11}	11.0×11.0	7.8	13.0×9.2	8.0	14.9×8.1	8.5	16.9×7.1	9.2	18.7×6.4	9.9

5. 安装火灾探测器的注意事项

以上计算只能说明在一个探测区域内火灾探测器的最少数量，是一个理想化的模型。在工程实际中必须要考虑到建筑结构、房间分隔等因素的影响，从而影响探测器应设置的数量。

(1) 房间梁的影响

在无吊顶棚房间内，如装饰要求不高的房间、车库、地下停车场、地下设备层的各种机房等处，常有突出顶棚的梁、不同房间高度下的不同梁高，对烟雾、热气流的蔓延影响不同，会给探测器的设置和反应效率带来不同程度的影响。若梁之间区域面积较小时，梁对热气流或烟气流除了形成障碍，还会吸收一部分热量，是探测器的保护面积减

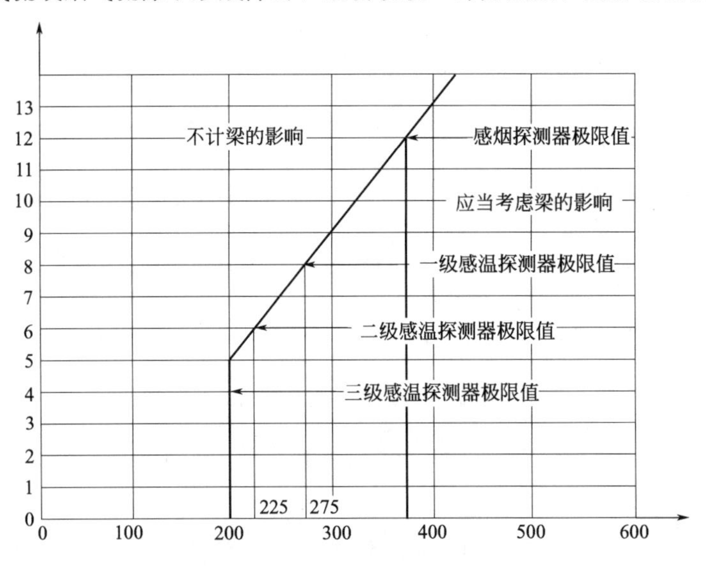

图 9-13　不同高度的房间梁对探测器设置的影响

少。图 9-13 和表 9-8 给出了不同梁间区域对探测器保护面积和不同房间高度下梁高对探测器设置的影响。

表 9-8 按梁间区域面积确定一只探测器保护的梁间区域个数

探测器的保护面积 A/m^2		梁隔断的梁间区域面积 Q/m^2	一只探测器保护的梁间区域个数
感温探测器	20	$Q>12$	1
		$8<Q\leqslant 12$	2
		$6<Q\leqslant 8$	3
		$4<Q\leqslant 6$	4
		$Q\leqslant 4$	5
	30	$Q>18$	1
		$12<Q\leqslant 18$	2
		$9<Q\leqslant 12$	3
		$6<Q\leqslant 9$	4
		$Q\leqslant 6$	5
感烟探测器	60	$Q>36$	1
		$24<Q\leqslant 36$	2
		$18<Q\leqslant 24$	3
		$12<Q\leqslant 18$	4
		$Q\leqslant 12$	5
	80	$Q>48$	1
		$32<Q\leqslant 48$	2
		$24<Q\leqslant 32$	3
		$16<Q\leqslant 24$	4
		$Q\leqslant 16$	5

在有梁的顶棚上设置感烟探测器、感温探测器时：

① 当房间高度在 5m 以上、梁突出顶棚的高度小于 200mm 时，可不计梁对探测器保护面积的影响。

② 当房间高度在 5m 以上、梁突出顶棚的高度为 200～600mm 时，应按表 9-8 和图 9-13 确定梁对探测器保护面积的影响和一只探测器能够保护的梁间区域的个数。

③ 当梁突出顶棚的高度超过 600mm 时，被梁隔断的每个梁间区域至少应设置一只探测器。

④ 当被梁隔断的区域面积超过一只探测器的保护面积时，被隔断的区域视为一个探测区，通过计算以及规范的要求确定探测器的实际安装数量。

⑤ 当梁间净距小于 1m 时，可不计梁对探测器保护面积的影响。

⑥ 在宽度小于 3m 的内走道顶棚上设置探测器时，宜居中布置、感温探测器的安装间距不应超过 10m；感烟探测器的安装间距不应超过 15m；探测器至端墙的距离，不应大于探测器安装间距的一半。见图 9-14。

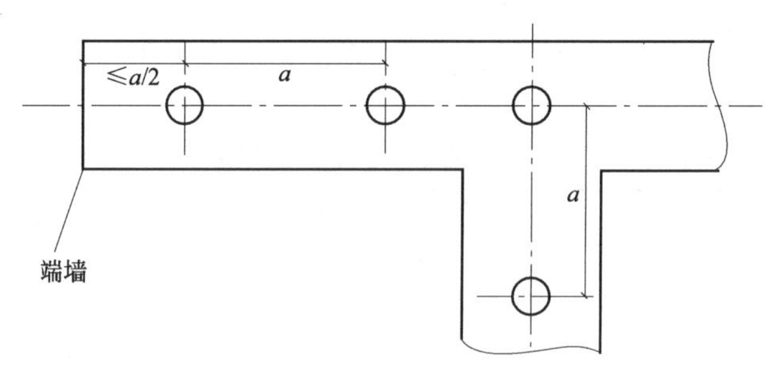

图 9-14　探测器在走道顶棚的安装

⑦ 探测器至墙、梁的水平距离，不应小于 0.5m。见图 9-15。

⑧ 探测器周围 0.5m 内，不应有遮挡物。

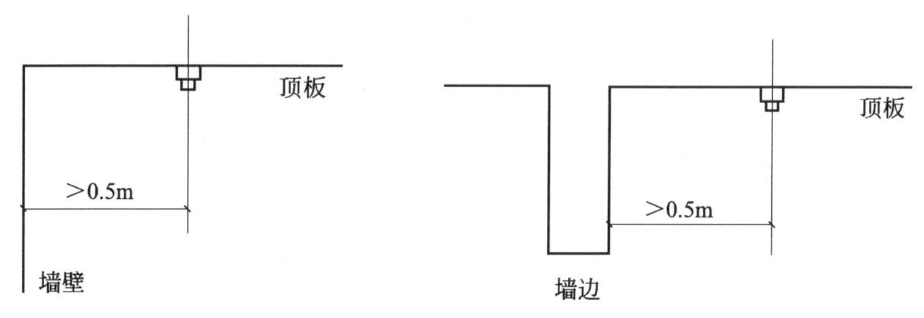

图 9-15　探测器靠墙、梁的安装

⑨ 房间被书架、设备或隔断等分隔，其顶部至顶棚或梁的距离小于房间净高的 5% 时，每个被隔开的部分至少应安装一只探测器。

⑩ 探测器至空调送风口边的水平距离不应小于 1.5m，并宜接近回风口安装，探测器至多孔送风顶棚孔口的水平距离不应小于 0.5m。见图 9-16。

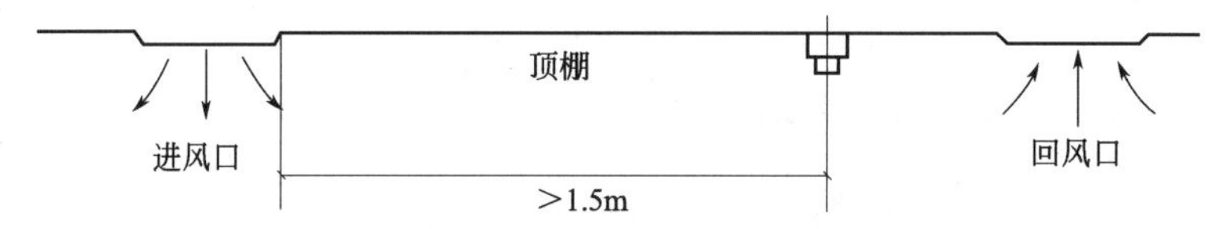

图 9-16　探测器在有空调房间时的布置方式

⑪ 当屋顶有热屏障时，感烟探测器下表面至顶棚或屋顶的距离，应符合表 9-9 的规定：

表 9-9　感烟探测器下表面至顶棚或屋顶的距离

探测器的安装高度 h/m	感烟探测器下表面至顶棚或屋顶的距离 d/mm					
	顶棚或屋顶坡度 θ					
	$\theta \leqslant 15°$		$15° < \theta \leqslant 30°$		$\theta > 30°$	
	最小	最大	最小	最大	最小	最大
$h \leqslant 6$	30	200	200	300	300	500
$6 < h \leqslant 8$	70	250	250	400	400	600
$8 < h \leqslant 10$	100	300	300	500	500	700
$10 < h \leqslant 12$	150	350	350	600	600	800

⑫ 锯齿形屋顶和坡度大于15°的人字形屋顶，应在每个屋脊处设置一排探测器，探测器下表面至屋顶最高处的距离，也应符合表9-9的规定。探测器在不同角度屋顶的安装见图9-17。

⑬ 探测器宜水平安装、当倾斜安装时，倾斜角不应大于45°。当屋顶坡度大于45°时，应加垫木胎等方法安装探测器。

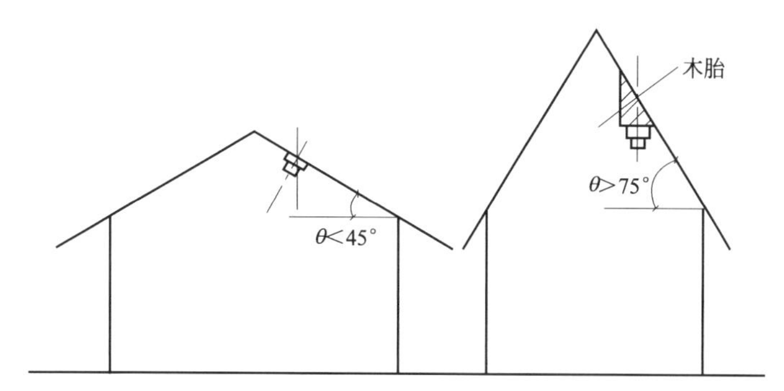

图9-17　探测器在不同角度屋顶的安装

⑭ 在电梯井、升降机井设置探测器时，探测器位置宜在井道上方的机房顶棚上。

(2) 房间隔离屋的影响

因功能需要，一些房间被轻质活动间隔、玻璃或书架、档案架、货架、柜式设备等将房间分隔成若干空间。当各类分隔物的顶部至顶棚或梁的距离小于房间净高的5%时，会影响烟雾、热气流从一个空间向另一空间扩散，这时应将每一个被隔断的空间当成一个房间对待，但每一个隔断空间至少应装一个探测器。至于分隔物的宽度无明确规定，可参考套间门宽的做法。除此之外，一般情况下整个房间应当做一个探测区处理。

五、线型火灾探测器的设置

线型火灾探测器对于点型火灾探测器有特别要求，《火灾自动报警系统设计规范》(GB 50116—1998) 规定。

① 红外光束感烟探测器的光束轴线至顶棚的垂直距离宜为0.3～1.0m，距地高度不宜超过20m。

② 相邻两组红外光束感烟探测器的水平距离不应大于14m、探测器至侧墙水平距离不应大于7m，且不应小于0.5m、探测器的发射器和接收器之间的距离不宜超过100m。

③ 缆式线型定温探测器在电缆桥架或支架上设置时，宜采用接触式布置；在各种皮带输送装置上设置时，宜设置在装置的过热点附近。

④ 设置在顶棚下方的空气管式线型差温探测器，至顶棚的距离宜为0.1m；相邻管路之间的水平距离不宜大于5m；管路至墙壁的距离宜为1～1.5m。

六、手动火灾报警按钮的设置

《火灾自动报警系统设计规范》对火灾报警按钮的设置也做了明确的规范。

① 每个防火分区应至少设置一个手动火灾报警按钮、从一个防火分区内的任何位置到最邻近的一个手动火灾报警按钮的距离，不应大于30m。

② 手动火灾报警按钮宜在下列部位装设：各楼层的楼梯间、电梯前室、大厅、过厅、主要公共活动场所出入口、餐厅、多功能厅等处的主要出入口、主要通道等经常有人通过的地方，应安装手动火灾报警按钮。

③ 火灾手动报警按钮应在火灾报警控制器或消防控制（值班）室的控制、报警盘上有专用独立的报警显示部位号，不应与火灾自动报警显示部位号混合布置或排列，并有明显的标志。

④ 手动火灾报警按钮系统的布线宜独立设置。

⑤ 手动火灾报警按钮安装在墙上的高度可为1.3～1.5m，按钮盒应具有明显的标志和防误动作的保护措施。

第三节 消防联动系统

一、消防控制室

消防控制室也称为消防集中控制中心，是对整个建筑物的各种消防设备，包括火灾报警控制器及其他控制设备进行集中控制，以便施行统一管理和集中救火。根据防火的要求，凡需要考虑防火设施的高层建筑（例如旅馆、酒店和其他公共活动场所）及其他重要工业、民用建筑，都应该设消防控制室，负责整座大楼或一个建筑群的火灾监测与消防工作的指挥。消防控制室可以看作防火管理中心、警卫管理中心、设备管理中心、信息情报中心、消防机关的灭火指挥中心。

1. 消防控制室的设备组成

消防控制设备应由下列部分或全部控制装置组成。

① 火灾集中报警控制器；

② 自动灭火系统的控制装置；

③ 室内消火栓系统的控制装置；

④ 防烟、排烟系统及空调通风系统的控制装置；

⑤ 常开防火门、防火卷帘的控制装置；

⑥ 电梯控制装置；

⑦ 火灾事故应急广播报警控制装置；

⑧ 火灾应急照明与疏散指示标志的控制装置。

2. 消防控制室设备设置原则

消防控制室的设置应符合国家现行的有关建筑设计防火规范的规定、消防控制室的设置应遵循以下原则。

① 独立设置的消防控制室，其耐火等级不应低于二级、附设在建筑物内的控制室，宜设在建筑物内的底层或地下一层，应采用耐火极限分别不低于3h的隔墙和2h的楼板并与其他部位隔开和设置直通室外的安全出口；

② 消防控制室的门应向疏散方向开启，并应在入口处设置明显的标志；

③ 消防控制室内应有显示被保护建筑的重点部位、疏散通道及消防设备所在位置

的平面图或模拟图等；

④ 消防控制室的送、回风管在其穿墙处应设防火阀；

⑤ 消防控制室内严禁与其无关的电器线路及管道穿过。

二、消防设备的控制

1. 消防专用设备的控制

（1）室内消火栓灭火联动系统

由储水池、消防水泵、管路及消火栓等主要设备组成、这些设备的控制包括水池水位的显示、消防泵的控制。

消防泵的控制应采用就地和集中、手动和自动相结合的方式，一般手动控制应能在消防泵房、消防控制中心、值班室等处控制消防泵的启动、停止；在消防控制中心应设消防泵的运行、故障显示；消防泵的自动启动是受火灾自动报警设备的连锁触点、管路水流指示器的触点以及室内消火栓内的消防按钮等控制的。消防泵当工作泵电气故障时，备用泵应自动投入运行。

此线路有自动和手动两种工作方式，由选择开关确定，自动控制是由各消火栓内消防按钮实现的。正常时，消防按钮被玻璃压住，其常触头断开。火灾发生时，将消防按钮玻璃击碎，按钮自动复位，中间继电器通电动作，启动消防泵。

（2）自动喷水灭火联动控制系统

自动喷水灭火系统是目前应用最广泛的室内固定灭火设备。按照《自动喷水灭火系统设计规范》的要求，自动喷水灭火联动控制系统能够控制系统的启、停；显示报警阀、闸阀及水流指示器工作状态；显示消防水泵的工作、故障状态；预作用自动喷水灭火系统的最低气压以及干式喷水灭火系统的最高和最低气温等。

湿式自动喷水灭火系统集报警（定温喷头感温元件动作）与灭火为一体，火灾发生时不需要另外的火灾报警系统驱动。

（3）气体灭火联动控制系统

气体灭火系统主要由灭火剂瓶组、喷头、管路及启动、控制装置组成。气体灭火系统启动方式有自动启动、紧急启动和人工手动启动，自动启动信号要求来自不同火灾探测器的组合（防止误动作）。自动启动不能正常工作时，可采用紧急启动；紧急启动不能正常工作时，可采用人工手动启动。

（4）防烟排烟联动控制系统

防、排烟系统有自然排烟、机械排烟、自然与机械排烟并用或机械加压送风排烟四种方式。防、排烟系统的联动控制是由联动控制盘（或手动开关）向各防、排烟设施的执行机构发出指令，使其进行工作并发出动作信号的。

2. 事故照明和疏散指示标志灯

发生火灾时，电线可能烧断，同时为了防止事故扩大，必须人为地切断非消防用电源。因此，为了保证人员安全疏散和重要房间继续正常工作和组织扑救，设计中应考虑事故照明和疏散指示标志灯。

高层民用建筑的下列部位需设置火灾事故照明：

① 疏散楼梯、消防电梯及其前室；

② 配电室、消防控制室、消防水泵房和自备发电机房；

③ 电信楼、广播楼、省级邮政楼等重要机房或房间。

高层建筑的下列部位应设置火灾疏散指示灯：

① 观众厅、展览厅、多功能厅、餐厅和商场营业厅等人员密集的地方；

② 公共建筑内疏散走道和居住建筑内长度超过 20m 的内走道；

③ 建筑物（二类建筑住宅除外）的疏散通道和公共出入口应设疏散指示标志灯。

疏散标志灯一般安装于走道，厅、堂、楼梯口、太平门等部位，其中走道内的疏散标志灯一般设在门上部；位于厅、堂的标志灯常设在墙面或顶棚上；楼梯口等部位的疏散灯设在顶棚或墙面上口。

事故照明要求照度值达到正常工作时所要求的水平，疏散指示标志灯应保证主要通道上的照度不低于 0.5lx。

第四节 系统供电与布线

一、系统供电

火灾自动报警系统的供电要求如下。

① 火灾自动报警系统应设有主电源和直流备用电源。

② 火灾自动报警系统的主电源应采用消防电源，直流备用电源宜采用火灾报警控制器的专用蓄电池或集中设置的蓄电池、当直流备用电源采用消防系统集中设置的蓄电池时，火灾报警控制器应采用单独的供电回路，并应保证在消防系统处于最大负载状态下不影响报警控制器的正常工作。

③ 火灾自动报警系统中的 CRT 显示器、消防通信设备等的电源，宜由 UPS 装置供电。

④ 火灾自动报警系统主电源的保护开关不应采用漏电保护开关。

二、系统布线一般规定

火灾自动报警系统的传输线路和 50V 以下供电控制线路，应采用电压等级不低于交流 250V 的铜芯绝缘导线或铜芯电缆。采用交流 220/380V 的供电和控制线路应采用电压等级不低于交流 500V 的铜芯绝缘导线或铜芯电缆。

火灾自动报警系统的传输线路的线芯截面选择，除应满足自动报警装置技术条件的要求外，还应满足机械强度的要求。铜芯绝缘导线和铜芯电缆线芯的最小截面面积不应小于表 9-10 的规定。

表 9-10 铜芯绝缘导线和铜芯电缆线芯的最小截面面积

序号	类　别	线芯的最小截面面积/mm^2
1	穿管敷设的绝缘导线	1.00
2	线槽内敷设的绝缘导线	0.75
3	多芯电缆	0.50

三、屋内布线

火灾自动报警系统屋内布线形式应符合以下要求。

① 火灾自动报警系统的传输线路应采用穿金属管、经阻燃处理的硬质塑料管或封闭式线槽保护方式布线。

② 消防控制、通信和警报线路采用暗敷设时，宜采用金属管或经阻燃处理的硬质塑料管保护，并应敷设在不燃烧体的结构层内，且保护层厚度不宜小于30mm、当采用明敷设时，应采用金属管或金属线槽保护，并应在金属管或金属线槽上采取防火保护措施。

采用经阻燃处理的电缆时，可不穿金属管保护，但应敷设在电缆竖井或吊顶内有防火保护措施的封闭式线槽内。

③ 火灾自动报警系统用的电缆竖井，宜与电力、照明用的低压配电线路电缆竖井分别设置、如受条件限制必须合用时，两种电缆应分别布置在竖井的两侧。

④ 从接线盒、线槽等处引到探测器底座盒、控制设备盒、扬声器箱的线路均应加金属软管保护。

⑤ 火灾探测器的传输线路，宜选择不同颜色的绝缘导线或电缆、正极“+”线应为红色，负极“—”线应为蓝色、同一工程中相同用途导线的颜色应一致，接线端子应有标号。

⑥ 接线端子箱内的端子宜选择压接或带锡焊接点的端子板，其接线端子上应有相应的标号。

⑦ 火灾自动报警系统的传输网络不应与其他系统的传输网络合用。

第十章 性能化防火设计简介

第一节 性能化防火设计的基本概念与基本要求

一、性能化防火设计的基本概念

随着社会经济的发展和建筑科技的进步，现代化的城市中具有新的设计概念和结构形式的公共建筑不断涌现，成为城市建设与发展的特色标志。这些新型建筑的大量出现给目前的建筑防火设计规范提出了巨大的挑战。

传统处方式的建筑防火设计规范和方法越来越满足不了建筑防火目标的要求，而且制约了建筑艺术和建筑形式多样化的发展。因此必须建立一种更安全、合理的新型建筑防火设计方法，即性能化防火设计方法。

性能设计是一种新型的防火系统设计思路，是建立在更加理性条件上的一种新的设计方法。它不是根据确定的、一成不变的模式进行设计，而是运用消防安全工程学的原理和方法首先制定整个防火系统应该达到的性能目标，并针对各类建筑物的实际状态，应用所有可能的方法对建筑的火灾危险和将导致的后果进行定性、定量的预测与评估，以期得到最佳的防火设计方案和最好的防火保护。

性能化防火设计自从出现就成为各国研究开发的重点，目前许多国家在建筑消防性能化设计方面进行了大量的研究工作，并且取得了巨大的成就。我国在建筑性能化防火设计的理论和实际应用中存在许多空白，因此加强建筑性能化防火设计方法理论及相关模型的研究显得尤为重要。

性能化消防设计是建立在消防安全工程学基础上的一种新的建筑防火设计方法，它运用消防安全工程学的原理与方法，根据建筑物的结构、用途和内部可燃物等方面的具体情况，由设计者根据建筑的各个不同空间条件、功能条件及其他相关条件，自由选择为达到消防安全目的而应采取的各种防火措施，并将其有机地组合起来，构成该建筑物的总体防火安全设计方案，然后用已开发出的工程学方法，对建筑的火灾危险性和危害性进行定量的预测和评估，从而得到最优化的防火设计方案，为建筑结构提供最合理的防火保护。

性能化消防设计的两个关键点，第一是确认危害，第二是明确设计目标。具体来说，它针对建筑物的特点，建筑物内人员特点，建筑物内部操作方式，建筑物外部特征，消防灭火组织特点等。从而针对每种危害或者每个设计区域选择设计方法及评估方法。这种设计方法突破了传统设计针对建筑物结构类型、相应的层高及面积的限制，同时提供了更加灵活而有效的设计选择性。

性能化消防设计包括确立消防安全目标，建立可量化的性能要求，分析建筑物及内部情况，设定性能设计指标，建立火灾场景和设计火灾，选择工程分析计算方法和工具，对设计方案进行安全评估，制订设计方案并编写设计报告等步骤。在设计过程中需要对建筑物可能发生的火灾进行量化分析，并对典型火灾场景下火灾及烟气的发展蔓延过程进行模拟计算，因此计算的工作量以及各类基础数据的需要量非常大，往往需要采用计算机火灾模拟软件等分析和计算工具。

二、性能化防火设计的内容

建筑物性能化消防设计的内容，一是保证建筑内人员安全疏散的性能设计，二是保证建筑构件耐火的性能设计。

人员安全疏散的性能设计是从建筑内人员安全方面进行考虑的，通过综合考虑各种火灾因素对人员逃生的影响，采用性能化的设计方法来保证建筑物内人员的火灾安全性，从而防止人员伤亡。其性能化的设计准则是：烟层下降高度和烟气浓度达到人不能忍耐的时间大于人员安全疏散所需的时间。

构件耐火的性能化设计是从建筑物的稳定性方面进行考虑的，通过分析建筑构件在火灾中的反应，采用性能化的设计方法来保证建筑物结构的火灾稳定性，从而防止建筑物的倒塌。其性能化设计准则是：火灾持续时间小于构件的耐火时间。

性能化防火设计方法包括确立消防安全目标、建立可量化的性能要求、分析建筑物及内部情况、设定性能设计目标、建立火灾场景和设计火灾、选择工程分析计算方法和工具、对设计方案进行安全评估、制订设计方案并编写设计报告等步骤，是一个比较复杂的体系，其应用需要社会环境和技术条件的支持。一般地说，性能化防火设计的流程如图 10-1 所示。

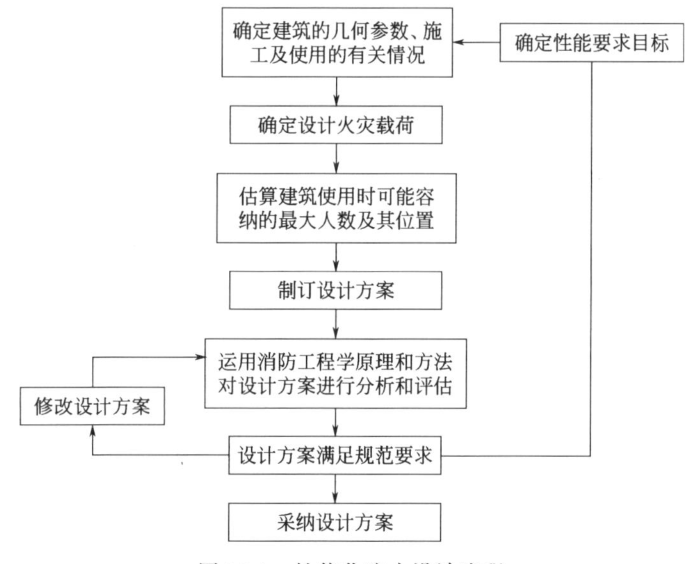

图 10-1　性能化防火设计流程

由性能化设计的流程图看出，实现性能设计首先要有性能规范确定防火安全的系统目标。包括社会性目标，即希望建筑物能够满足社会安全所需要达到的基本目标。功能性目标，即为实现社会性目标而在建筑功能设计中所采用的技术方法、性能要求，即为了实现了社会性目标和功能性目标所必须达到的具体的性能标准。

其次，要有与性能规范相配套的技术指南提供一些比较成熟的设计办法供设计人员参考，其中还包括实现规范中的性能目标所应达到的性能参数的取值范围。如澳大利亚消防工程设计指南包含如下主要内容：概念设计、制订初步设计方案、定量分析、火灾场景分析、设计方案的评估、设计方案的确定和编写设计报告。

最后，要用建立在科学实验、计算模型和概率分析基础上的评估模型对设计方案在建筑火灾中的实际应用效果进行测算和模拟，并判断其是否能实现既定的性能目标。在火灾安全评估中有许多评估模型，其中有两种较复杂的评估模型被认为是评价性能设计的最重要的评估模型：区域模型和场模型。

三、性能化防火设计的特点

1. 性能化防火设计的优点

与传统的消防设计方法相比，实行性能化防火设计具有以下优势：

① 性能化设计思想强调建筑物消防设计的整体性，综合考虑消防设计的各个技术要素，有助建筑消防设计实现科学化、合理化和成本效益最优化。

② 有利于发挥设计人员的主观创造性。因为性能化防火设计注重安全目标，而采用什么方式则完全由设计人员自己掌握。

③ 有利于加强设计人员的责任感。性能设计以系统的实际工作效果为目标，要求设计人员通盘考虑系统的各个环节，减小对规范的依赖，不能以规范规定不足为理由忽视一些重要因素。这对于提高建筑防火系统的可靠性和提高设计人员的技术水平都是很重要的。

④ 有利于新产品和新材料的开发研制以及新技术的推广，适应现代建筑的高科技化和艺术化的要求。

⑤ 有利于设计规范和标注的国际化。

⑥ 为建筑设计及消防监督部门和受保护的居民提供了一个较好的交流渠道；因为性能化防火设计必须先要预设火灾可能发生的场景，因此便于管理部门制定防火预案，有利于居民参加。

⑦ 有利于保险部门参与建筑的消防工作等。

处方式和性能化设计的主要差异见表 10-1。

表 10-1　处方式设计和性能化设计的主要差异

处方式设计	性能化设计
1. 直接从规范中选定参数和指标，不必提任何问题	1. 依照规范性能要求能被证明，允许给出任何解释
2. 主要关心怎么建造建筑	2. 主要关心建筑火灾行为
3. 原则上规范中没有规定的不做	3. 所提供的性能只要是合适的，允许采用技术革新
4. 重视细节、忽略整体	4. 强调消防系统的综合集成

2. 性能化防火设计的不足

① 局限性　一方面，性能化设计与评估是针对特殊建筑工程，其解决的主要问题

是建筑的防火分区、安全疏散、烟气控制、消防设施配置和建筑钢结构防护等，而不是适用任何建筑、解决所有问题。另一方面，经过性能化设计的建筑，一旦日后改变用途，需要进行重新设计。这就是性能化设计的局限性。

② 复杂性　性能化设计需要有大量实验数据以及专门的设计与评估工具作为支撑。目前我国的基础试验数据比较零散，数量也不丰富，而且目前还没有开发出完整的大型工程应用程序，已开发的计算机软件绝大部分尚未经过大量实际工程和火灾试验的验证，还存在不完善的地方，这些都可能影响到设计方案的优化和计算的准确性。

③ 难度性　性能化设计与评估是一门新兴的技术，涉及火灾科学、数理统计、火灾动力学、计算机、人在火灾中的行为与心理等多门学科的知识，加之性能化设计的要求又具有很大的弹性，因此性能化设计与评估较处方式设计难度大得多，需要从业人员具备扎实的基础理论知识和丰富的实际工程经验，要求设计人员经过专门的严格训练，具备专门的知识和高尚的职业道德。

④ 耗时性　性能化设计与评估的复杂性、难度性，加之性能化设计确定的目标需要业主、设计人员与有关政府行政主管部门反复商研，因此，对同一建筑工程项目，性能化设计所需的时间较处方式设计要多。也可以说，性能化设计的产品是业主、设计人员和行政主管人员共同智慧的结晶，或是说是多方反复协商、妥协的产物。

四、建筑性能化防火设计的应用与注意事项

1. 性能化设计与评估应用需注意问题

(1) 正确处理性能化设计与处方式设计的关系

处方式的建筑设计防火规范对建筑物的结构耐火要求、材料的燃烧性能和消防设施配置、安全疏散设施等均提出了具体的技术设计要求和性能参数指标，设计人员只需根据设计建筑物的要求对照规范照方抓药，一一对号入座即可。处方式的设计方法，是长期以来人们与火灾斗争过程中总结出来的防火灭火经验的体现，在规范建筑物的防火设计、减少火灾造成的损失方面起到了重要作用。但这种设计方法存在一定的局限性，它不能很好地满足新材料、新结构、新工艺、新方法在建筑中的应用，也不同程度地会影响建筑师的艺术创造，乃至建筑物的功能。性能化设计方法具有目标性、灵活性、综合性的特点，为出现的新问题提供了一种新的解决方案。两者的安全目标一致，但解决问题的方式和手段不同。

性能化规范主要用于解决一些功能复杂、建筑空间超大或建筑高度超高等特殊建筑的设计，而处方式规范对于大量存在的常规建筑的防火设计则无疑更加适合且简单方便。因此，性能化规范不可能取代处方式规范，性能化设计方法也不能完全替代处方式设计方法，性能化设计方法是处方式设计方法的有益补充，两者将会在相当长的一段时间内并存。另外，我国在性能化设计领域的科学研究和工程实践还处于发展阶段，尚未建立性能化设计规范和设计指南，因此，熟练掌握处方式规范对恰当运用性能化规范、提高性能化设计水平也是有益的。

(2) 正确处理性能化设计与消防安全评估的关系

建筑防火性能化设计是通过工程分析的方法，针对现行标准与实际需求不相适应或不完善的规定所带来的问题，提出性能化的设计方案。其中，设计方案整体消防安全性能的评估，是建筑防火性能化设计的核心。

消防安全评估既是为了验证其设计方法及其结果是否能达到与该建筑相适应的消防安全水平，也是为了便于进一步修改和完善现有设计方案。因此，任何一项性能化设计均必须在设计后经过相应的消防安全性能评估程序。此外，消防安全评估不仅局限于对新建建筑设计的安全性能进行评估，而且还可以单独对现有建筑或新建筑设计中采用的新材料等的消防安全性能进行评估，以确定其是否需要改造以及如何改造。

设计方案的整体消防安全水平应与我国相关规范、标准的要求相适应，因此消防安全性能评估应以我国相关规范、标准为基础，同时可参考国外的相关规范、标准或设计指南，以及国内外的火灾统计数据和模拟试验结果。

(3) 正确处理积极推广应用与稳步发展的关系

尽管性能化设计方法为解决当前面临的消防设计新问题提供了一条有效的解决途径，并逐渐被越来越多的人接受，但是由于性能化设计方法还处在发展阶段，在某些方面还不够完善，因此还不能认为性能化设计是解决所有消防问题的一种选择。

就目前而言，建筑物的消防设计一般应依据国家现行的防火设计规范及相关的工程建设规范进行。只有现行规范中未涵盖或性质特殊的建筑才应用性能化的设计方法。事实上，目前在一些开展这方面工作较早的国家也只有1%～5%的建筑项目需要采用性能化的方式进行设计，如美国约1%，新西兰和澳大利亚约3%～5%，德国约1.5%。在我国，目前采用性能化设计的项目总体不会超过0.5%。所以我们既要积极推广应用性能化设计与评估的方法，解决一些特殊的建筑工程的消防安全问题，又要克服性能化设计万用论，做到稳步发展，防止性能化设计与评估的滥用。要结合现有条件，有的放矢地谨慎探索，不能将所有的工程矛盾都寄希望于通过性能化去解决，更不能将一些可以按现行规范设计的建筑工程消防技术变通并冠以性能化的幌子随意突破。

2. 性能化设计发展亟待解决的问题

(1) 制定性能化设计规范与导则

建筑性能化防火设计规范与导则是推动性能化设计与评估技术的应用与发展，指导实际工程的性能化设计与评估的基础之一，也是基本定量认识建筑物的整体消防安全性能，使其达到预定的消防安全目标，有效地满足社会公众和建筑物业主对建筑物消防安全要求的重要依据，应该尽快制定。在我国相关火灾与烟气数学模型和火灾危险性分析方法还不太成熟的条件下，应研究和参照国外的研究成果，尽快编制一个指导性技术文件，推动和规范性能化设计技术的发展。

(2) 开发分析计算工具

我国还没有单位面积上的热释放速率和火灾荷载密度方面的统计数据。因此，应对我国典型民用及工业建筑的火灾荷载密度进行统计调查和分类，开展民用建筑中常见纤维类火灾的实验及理论研究工作。实际建筑工程的情况千差万别，应积极分析研究国外的相关火灾发展与蔓延、烟气运动、人员安全疏散和结构耐火分析方面的模型与方法，开发具有自主知识产权的分析与计算工具。

(3) 建立基础数据库

性能化设计中使用的火灾模型都是根据大量火灾试验数据建立起来的。由于全尺寸的火灾试验设备昂贵，每次试验的成本也很高，因此全尺寸火灾试验在我国开展得较少，目前我们使用的火灾模型也主要来自于国外。在今后的研究工作中，一方面需要广泛进行各类场所内各种典型火灾场景的火灾实验，丰富补充目前的火灾实验数据库。另一方面也要进行燃料燃烧过程数值模拟的研究，并尽早将其纳入火灾模型中。除此之外，还应积累和建立与消防安全有关的基础数据，如消防设施的故障率、人员密集场所的人员密度等。

(4) 培训专业人才

建筑物性能化消防设计是一门专业要求较高的技术性工作，是火灾科学和消防安全工程涉及的多门学科知识的综合运用。从业人员不仅应该熟悉消防技术法规，能够根据设计对象的功能与用途、高度和内部建筑特征确定其消防设计目标（如保证建筑物内使用人员的人身安全、结构稳定性等）以及相关的定量性能标准，而且能够准确地确定和描述设计火灾场景和设定火灾，采用合适的方法，选用适当的分析预测工具，对火灾自动报警系统、自动灭火系统、防、排烟系统等消防系统有相当了解，能够预测和分析评价其可行性、有效性和可靠性。从事性能化设计与评估的技术人员应当系统地学习火灾科学、消防安全工程、消防法规等专业课程，具有火灾燃烧方面的知识和火灾风险分析能力。

(5) 营造社会基础

性能化设计与评估的推广应用是一项艰巨而长期的工作，人们认识观念上的不一致，技术层面上相关人才资源上的匮乏，会在一定程度上延长我国性能化设计成熟周期。为此我们需要开展宣传，提高人们对性能化设计与评估方法的正确认识，力求从行政管理层面给予性能化工作以支持和政策上的引导，使性能化设计与评估的推广应用有一个良好的社会环境。

澳大利亚于 1996 年颁布了性能化防火设计规范的《澳大利亚建筑设计规范》(《Building Code of Australia》，简称“BCA”)，并自 1997 年 7 月 1 日起，在各州政府陆续推行。

巴西于 1999 年颁布了新的《钢结构防火设计》和《对建筑构件耐火极限的要求》两部标准。标准中引入了如时间计算方法与风险评估方法以及其他消防安全工程设计方法等性能化的新概念，允许建筑物的火灾安全根据其火灾荷载、建筑物高度、建筑总面积以及灭火设备的安装与否等条件确定，而对建筑物的耐火等级不做要求。

第二节 我国性能化防火设计的应用

随着科学技术的进步和社会的发展，中国也正在加紧性能化设计方法的研究和性能化设计规范的制定。公安部所属消防研究所承担了几项有关性能化设计的国家十五科技攻关课题，如公安部天津消防研究所承担的“建筑物性能化防火设计技术导则”的研究和制定，公安部四川消防研究所承担的“高层建筑性能化防火设计安全评估技术研究”等。

在中国香港，性能化防火设计的基本思想同其他国家相符。在香港消防安全条例中，有明文说明消防性能化设计是其中的一种可以采用的方法。特别是对一些大型的、复杂的、特别功能的或用途的建筑物，消防性能化设计是唯一的方法。

一、性能化防火设计的应用情况

建筑防火性能化设计在进行基础研究的同时，其工程应用也得到了逐步开展。我国较早典型的性能化设计工程体现于上海的金茂大厦，它的消防设计是由美国设计单位完成的。该工程带来了国外先进的防火设计理念和风格，促进了建筑防火性能化设计在国内的工程应用。

随后国内有关科研单位相继独立完成了济南遥墙国际机场新航站楼、国家大剧院、国家奥林匹克体育馆、北京五棵松体育文化中心、青岛颐中皇冠假日大酒店等性能化设计或评估工程，为建筑防火性能化设计方法走向应用进行了积极的探索。随着现代建筑结构的复杂化、功能的综合化、风格的多样化，对性能化防火设计的需求将越来越大，其应用也必将越来越广泛。

总体而言，我国的建筑防火性能化设计研究刚起步，其应用还处于摸索阶段。因此，在性能化防火设计的规范化方面以及在实际工程应用中，仍有许多需要解决的问题。严格界定性能化防火设计的应用范围、制定严格的性能化防火设计执行流程、规范从业人员的资质要求、进行性能化设计的有效性分析等，都是性能化防火设计规范化过程中的重要内容，也是工程应用中需关注的地方。

二、我国性能化研究与实践工作的重点

我国性能化研究与实践工作应体现以下几个重点。

1. 工作的基本方向

性能规范属于柔性法规，它适用于：规范规章没有规定的情况；规范规章虽有标准规定，但不能或不足以应付现实情况；使设计者能在安全无虞又合乎经济利益的情形下，自由地设计合乎需求的使用空间。从国外现行情况来看，目前的性能设计规范并不复杂，但支撑这类规范的性能设计体系却是一项非常庞大的系统工程，它需要多方面的共同努力。从理论上讲，性能设计应体现以下一些原则。

① 性能规范的各项规定和目标应能保证不同类型建筑物的整体安全水平。

② 性能规范应具有长期的适用性，新技术、新方法的出现和使用不会导致与规范的冲突。

③ 可以使用可变式的计算模式内插计算结果。采用模拟的办法检验计算结果的正确与否。

④ 所有的性能设计计算均可在微机上实现，并且要保证一般的设计人员都可以非常容易地操作这些人工智能计算系统。

2. 火灾发展模式及预期损害度的分析评估

性能设计的核心就是运用大量的定量分析去解决工程安全的评估。定量分析包含两类程序。

① 决定性程序。将火灾成长、扩展、烟气流动及对人员的影响予以定量化（利用理论分析、经验关系推论、使用方程式及火灾模拟方法）。

② 概率性程序。估算发生某种不预期火灾情景的可能性（利用火灾发生频率的统计数据、系统可靠度、建筑背景资料及决定性程序所获得资料）。火灾模式的影响因子

应考虑模式的输出量（如温度、速度、热通量）及合格标准（如侦测所需时间、达到人类无法承受的时间）。火灾模式也为概率模式，主要进行火灾风险评估、分析事件树与概率，使人们因火灾而丧命的风险降低。

我国在今后的若干年中，要实现对火灾的定量评估，至少要建立下述6个分析子系统。

① 起火空间内火灾发生与发展的过程模拟。

② 烟及有毒气体蔓延规律的模拟。

③ 火势沿起火空间之外空间的蔓延。

④ 火灾报警、灭火及防、排烟系统综合工况的模拟。

⑤ 消防救援行为介入状况的模拟。

⑥ 人员安全疏散的路径与行为的模拟。

3. 建立各类建筑物的火灾荷载数据库

在从事性能化设计时，最重要的一步是确立火灾载荷的大小与位置，因为一个错误的火源设计可能导致整个性能设计的失败。

火灾载荷密度与设计火灾发展过程密切相关，而后者正是防火设计中最基本的输入参数之一，因此火灾载荷数据的确定对防火系统的性能设计具有至关重要的影响。

可以说，我国目前基本上没有火灾载荷的相关统计方法和确定的数值。因此应通过试验和统计的方法立即建立适合于中国国情的火灾荷载密度数据库。

4. 性能计算方式的选择

在以往，所谓的性能化设计似乎只是空谈，要真正地落实几乎是一项不可能的任务，但近年来世界各先进国家纷纷将这个梦想实现，并一一应用在现实社会中。而我国也感受到性能化设计的发展确实有其必要性，只是踏出第一步是相当艰苦的。

性能化设计的关键是如何建立计算模型和采用适合的计算方法。目前流行的做法有两类：一是以日本为主的简算预测法；二是以欧美为主的电算模拟法。鉴于我国目前的实际情况，可以采取简算预测与电脑模拟相结合的方法。

5. 安全疏散模拟

消防安全系统的目的不外乎是确保人身安全和减少财产损失两个方面。而人身安全有赖于安全疏散系统的可靠，因此，各国的性能法规中安全疏散设计都占有重要的地位。

避难安全设计的最终要求为验证实际所需的避难时间应低于避难容许时间，所以避难安全设计时，需先分析建筑物特性（楼板面积、走道、步行距离、出口宽度、楼梯宽度、数量及分布、建筑物高度和排烟设备等）及人员特性（人数、步行速度、反应能力、分布情形和环境熟悉度等）等资料后，设计火源及火灾场景，推算避难所需时间和避难容许时间，验算合理后，完成设计。

随着性能法规的发展，英国、美国、日本、澳大利亚和新西兰等先进国家已提出许多电脑模式、验算模式和概率模式等避难安全检验方法。在我国，目前为止尚未自行研发相关避难验算模式，因此建立避难安全设计法时，建议采用现有已成熟、已开发的评估模式，分析评估各项检验模式理论框架，探讨其输入、输出等诸多使用参数，分析其假设条件及使用特性，判断其对我国国情特色（建筑物空间规划、使用特性、人员活动）是否适用可行等，并进而以引用国外技术为主，而不需要再重复花费庞大的人力、物力重新建立避难安全检验模式。

6. 烟气控制系统

在浓烟密布的火场中，由于能见度低引起的人员心理恐慌会加大安全疏散的难度，而烟气中包含的烟粒子、刺激物及毒性物质可以快速地使人窒息。因此防、排烟系统的设计与评估是性能设计的另一支柱。在对烟气蔓延过程评估时，常常综合考虑烟气固有的浮力特性、体积变化、夹带作用及天花板喷流等效应。对烟气蔓延规律模拟的目的在于从设计上提高烟层的流动高度，稀释烟团的浓度，降低烟流的温度以及阻止烟气进入特定的区域空间。烟气模拟要设定火源模式，即考虑燃烧的状态与火势的发展、质量容积的流速等，继而估算烟流量值、温度值和烟层沉降速度等，接下来要确定排烟系统的工作时机（同时考虑风机、通风口和阀门等），以及综合考虑自动灭火系统开始工作后对烟气过程的影响等。我国目前已具备深入开展用区域模拟计算方法进行设计计算的设计方法研究的基础。

建立一个好的评估体系才能保证性能设计的安全性，并给人们一个比较完整的系统安全概念，因此这是一项非常重要的基础性工作。

上述几条都是建立性能规范所必需的最基本的条件，除此以外还有许多工作要做。只要有一个好的开头，打实基础，就一定会开创出性能设计的全新时代。

三、性能化防火设计的研究展望

目前，我国建筑防火性能化设计研究和应用很多都是借鉴国外的研究成果和经验。但由于国情不同，必然也会带来一系列问题。性能化防火设计中有些内容是具有一定共性的，例如：性能化防火设计的方法与步骤、烟气运动模拟、人员与建筑结构的安全判据等。另外，一些内容则是具有明显的差异，例如：建筑物内的火灾荷载密度、消防设施的有效性、人员密度分布、人员行为的基本特征等。因此，建立和完善适合我国国情的性能化防火设计技术法规体系迫在眉睫。

我国应该加快性能化规范及配套技术的研究步伐，充分发挥性能设计的优越性。今后应从以下几个方面入手，促进性能化设计技术的发展。

① 加强各种火灾预测模型和火灾风险评估模型的研究，拓展性能化设计方法的应用空间。

② 加强新材料、新技术研究，规范材料性能参数，建立和完善消防数据库，提供准确的性能化指标，为性能化应用积累基础性数据。

③ 深入研究火灾规律、火灾情况下建筑内人员逃生规律和构件变化规律，为各种火灾模型的建立提供坚实的理论依据，并拓展计算机技术在消防中的应用。人员在对待性能化设计和处方式设计在能否保证建筑消防安全，以及火灾模型是否足以支持性能化设计的态度进行了一个调查，并进行了比较。发现半数以上的管理人员认为性能化设计不能保证建筑的安全，三分之二以上的管理人员认为处方式设计能保证建筑的安全，以及三分之二以上的人认为火灾模型不足以支持性能化设计。

④ 积极向建筑设计师和建筑管理人员介绍性能化设计方法，使他们从认识、理解并自觉接受性能化设计方法。

⑤ 出台可操作性强的性能化设计指南，使建筑设计师能尽快地掌握性能化设计方法的使用。

⑥ 制定性能化消防设计规范，为性能化设计方法的应用提供法律依据。

参 考 文 献

[1] 张培红，王增欣．建筑消防．北京：机械工业出版社，2008.
[2] 龚延风，张九根．建筑消防技术．北京：科学出版社，2009.
[3] 程远平，李增华．消防工程学．徐州：中国矿业大学出版社，2002.
[4] JAMES A. MILKE，JOHN H. KLOTE. Smoke Management in Large Spaces in Buildings unpublished.
[5] 程远平等．火灾过程中羽流模型及其评价．火灾科学，2002，11（3）.
[6] 丁顺利．大空间建筑火灾中烟气流动规律的研究．郑州：华北水利水电学院，2007.
[7] 严治军．火灾建筑的室温预测法．重庆建筑大学学报，1998.
[8] 严治军．火灾建筑的热传导解析．重庆建筑大学学报，1997.
[9] 《建筑材料燃烧性分级方法》（GB 8624—1997）.
[10] 《建筑构件耐火试验方法》（GB/T 9978—1999）.
[11] 《建筑设计防火规范》（GB 50016—2006）.
[12] 李引擎．建筑防火工程．北京：化学工业出版社，2004.
[13] 史毅，李磊，仝玉．钢结构的防火保护．消防技术与产品信息，1999，（09）.
[14] 《建筑构件耐火试验方法》（GB 9987.1—2008）.
[15] 《钢结构防火涂料》（GB 14907—2002）.
[16] 龚延风，陈卫．建筑消防技术．北京：科学出版社，2007.
[17] 徐志嫱，李梅．建筑消防工程．北京：中国建筑工业出版社，2009.
[18] 《消防给水及消火栓系统技术规范》（征求意见稿）.
[19] 《建筑给水排水设计规范》（GB 50015—2003）.
[20] 汤万龙，刘晓勤．建筑给水排水工程．北京：清华大学出版社，2004.
[21] 《建筑灭火器配置设计规范》（GB 50140—2005）.
[22] 《自动喷水灭火系统设计规范》（GB 50084—2001）.
[23] 《建筑内部装修设计防火规范》（GB 50222—1995）.
[24] 《建筑防排烟系统技术规范》（征求意见稿）.
[25] 《建筑防排烟技术规程》（DGJ 08-88-2006）.
[26] 程远平等．火灾过程中羽流模型及其评价．火灾科学，2002，11（3）.
[27] 兰彬，钱建民．国内外防排烟技术研究的现状和研究方向．消防技术与产品信息，2001（02）.
[28] 《火灾自动报警系统设计规范》（GB 50116—98）.
[29] 程彩霞．建筑性能化消防设计方法理论及示范工程研究．武汉大学，2004.
[30] 梅秀娟．建筑物性能化消防设计方法及其应用情况．消防技术与产品信息，2004（01）.
[31] 沈友弟．建筑性能化防火设计的应用与注意事项．上海消防，2007（09）.
[32] 庄磊，黎昌海，陆守香．我国建筑防火性能化设计的研究和应用现状．中国安全科学学报，2007（03）.
[33] 《高层民用建筑防火设计规范》（GB 50045—1995）.
[34] 《高压细水雾系统设计规范（草案）》（BJ 1234—2000）.
[35] 《火力发电厂与变电所设计防火规范》（GB 50229—2006）.
[36] 《关于高层建筑消防扑救场地设计若干问题的处理意见》（沪消防字［2001］65号）.
[37] 《卤代烷1211灭火系统设计规范》（GBJ 110—1987）.
[38] 《二氧化碳灭火系统设计规范》（GB 50193—1993）.
[39] 《水喷雾灭火系统设计规范》（GB 50219—1995）.
[40] 《七氟丙烷（HFC-227ea）洁净气体灭火系统设计规范》（建议草案）.
[41] 《气体灭火系统施工及验收规范》（GB 50263—2007）.
[42] 《冷拔或冷轧精密无缝钢管》（GB 3639—2009）.
[43] 《不锈钢软管》（GB/T 3642—2002）.
[44] 《建筑灭火器配置设计规范》（GB 50140—2005）.
[45] 《消防产品型号编制方法》（GN 11—1982）.